흥미롭고 다양한

세계의 음식문화

정정희 · 정수근 · 권오천 · 한재원 · 이상민 · 조미정 공저

光文閣

머리말

　우리나라의 빠른 경제 성장은 국민들의 교육과 의식, 문화 수준과도 밀접한 관계가 있는데, 이는 우리의 음식 문화에도 많은 영향을 끼쳤다. 농업이 중심이었던 1960년대의 일차 산업과, 공업과 건설업이 중심이었던 1970년대의 이차 산업의 발전은 우리나라의 경제 성장을 이룰 수 있는 밑거름이 되었고, 컴퓨터와 자동차, 항공기의 발달과 함께 빠른 경제 성장을 이루게 되었다.

　이러한 경제 성장과 더불어 1980년대에는 86아시안게임과 88올림픽을 개최함으로써 우리나라를 세계에 알리게 되었고, 외국여행 자율화를 시행함으로써 국민들의 외국여행이 시작되었다. 이를 계기로 세계 각국의 다양한 문물(文物)을 접할 수 있는 기회가 많아졌으며, 이때부터 삼차 산업인 서비스업이 발전하게 되었는데, 우리나라의 문화 성장과 함께 음식 문화의 변화를 가지고 왔다.

　현대의 우리나라는 단일 민족이었던 과거의 역사를 뒤로 한 채 외국여행과 이민, 유학, 취업, 국제결혼 등의 이유로 유럽의 다민족 다가구의 형태를 닮아가고 있다. 맞벌이 부부가 늘어났으며, 독신 세대와 사회생활을 하는 경제인이 증가하였으며, 외식을 하는 사람들이 늘어났다. 이러한 사회 현상은 외식 산업이 발전하게 되는 동기가 되었고, 무분별한 외식업의 발전은 사회에 나쁜 영향도 미쳤지만 각종 프랜차이즈(franchise)와 대리점(agent), 뷔페(buffet) 등 다양한 형태의 외식업(레스토랑)을 생산해 내기도 했다.

세계 각국의 다양한 음식문화를 접함으로 기후와의 관계, 종교와의 관계, 그들 문화와의 관계 등을 이해할 수 있으며, 급변하는 음식문화에 대응하는 자세와 꾸준한 연구와 개발로 우리나라를 찾는 외국인들을 조금 더 가까이에서 포용하며, 세계 속의 한가족으로 성장할 수 있으리라 여겨진다. 우리는 전통 한식을 계승 발전시키며, 외국인의 입맛에 맞는 한식의 상품화에 대한 꾸준한 노력이 필요하며, 한식의 세계화에 앞장서야 할 것이다.

이 책을 마무리하면서 음식문화에 대한 연구와 자료의 부족함을 느끼며, 음식문화를 연구하는 관계자들의 끊임없는 연구와 노력이 더 많이 필요하다고 본다. 더불어 이 책을 펴내는데 도움을 주신 광문각출판사 박정태 회장님과 임직원들께 진심으로 감사함을 전한다.

2018년 2월
저자 일동

::: CONTENTS :::

목차

Chapter 01. 아시아의 음식문화

Chapter 02. 중동의 음식문화

Chapter 03. 유럽의 음식문화

Chapter 04. 아메리카의 음식문화

Chapter 05. 오세아니아의 음식문화

Chapter 06. 아프리카의 음식문화

Chapter 07. 자연환경과 종교, 의식에 관한 식생활

Chapter 08. 기호식품에 따른 분류

01
아시아의 음식문화

1. 한국

나라 이름: 대한민국 (Republic of Korea)

수도: 서울(Seoul)

언어: 한국어

면적: 99,720㎢ 세계109위 (CIA 기준)

인구: 약 51,779,148명 (2018.01. 행정자치부기준) 세계 27위 (2017.07. est. CIA 기준)

종교: 불교, 유교, 기독교, 종교의 자유

기후: 기온 측면에서는 대륙성기후, 강수나 바람 측면에서는 몬순기후

위치: 아시아대륙 동쪽

전압: 220V, 60Hz를 사용

국가번호: 82 (전화)

www.korea.go.kr

GDP(명목기준): 1조 5,297억$ 세계11위 (2017 IMF 기준)

GDP(1인당기준): 2만 9,730$ 세계27위 (2017 IMF 기준)

1. 개요

한국은 지리적으로 삼면이 바다로 이루어져 있어서 해산물의 이용이 자유롭고, 대륙성, 몬순 기후로 인하여 사계절이 뚜렷하여 계절마다 좋은 음식 재료를 구입하기 좋은 위치에 있다. 또한, 강을 끼고 있는 낮은 지대의 평야가 발달하여, 벼농사하기에 좋은 조건을 갖추고 있으며, 국토의 약 70% 이상이 산으로 구성되어 있어서, 산에서의 나물 채취가 자유롭고, 밭을 개간하여 밭농사하기에 좋을 여건을 갖추고 있다. 따라서 한국의 식생활은 다양한 음식을 구성하고 있는 면에서 훌륭한 자연적인 여건을 가지고 있다.

2. 역사

1) 구석기~청동기 시대(기원전 70만 년~1000년)

구석기 시대에는 시베리아계의 사람들이 만주 남부에서부터 한반도에 이르기까지 넓은 지역에 분포하여 빗살무늬 토기를 사용하며 살고 있었다. 구석기인들은 동물의 뼈나 나뭇가지, 타제석기 등을 이용하여 짐승을 사냥하였고, 야생에서 나는 과일이나 식물을 채취하였으며, 특히 불을 사용하여 사냥한 동물과 음식을 익혀 먹었다. 그 당시의 식량 공급원은 대부분 들짐승이나 산짐승과 같은 야생동물이었으며, 강이나 바닷가에서 잡은 어패류와 그들이 직접 채취한 식물들이었다.

신석기 시대에 들어서면서부터 이들은 원시적인 농경도 하게 되었는데, 중국으로부터 농사를 아는 이주민이 들어옴으로써 농경이 시작되었다고 알려지고 있다. 이때에는 살기 좋은 곳으로 이주를 하기 시작하였고, 한 지역에 정착하여 살게 되었으며, 문명이 발생한 시기이기도 하다. 여러 문양의 토기를 구워 식기로 사용하였으며, 신석기 시대의 토기로는 덧무늬 토기와 빗살무늬 토기가 있다.

| 메주

청동기 시대의 고인돌은 선사 시대 유적 중 가장 특징적인 성격을 가진 것으로, 일본 규슈[九州], 중국 랴오둥반도 등에 퍼져 있으나 제주도를 포함한 한반도 전 지역에 가장 조밀하게 분포되고 있다. 이때에 합금인 청동의 야금술이 개발되었고, 청동은 동과 주석을 섞어 만든 합금인데, 주석의 양이 10%를 넘으면 합금은 흰빛을 띠는 백동이 되어 거울의 재료로 쓰였다. 이 당시에 찜용 조리 용기로 시루가 고안되어 찐 밥, 찐 떡, 어패류 찜 등 찜 요리가 많이 이용되었던 것으로 보인다. 《삼국지》〈위지동이전〉에 "고구려 사람은 장양(발효식품)을 잘한다."라는 기록이 있는데, 이로 미루어 보아 이 시기부터 장, 술, 김치, 장아찌 등의 발효식품 제조법이 일반화되었음을 알 수 있으며, 생활수준이 높아지고 음식문화의 발판이 되기도 한 시기이다.

2) 초기 철기~연맹 국가 시대(500~58년)

집단생활과 농경생활이 정착된 시기로 철제 용구가 제작되어 전국적으로 보급되었는데, 이로써 농기구의 발전과 함께 벼농사도 함께 널리 퍼졌다. 벼농사 외에도 오곡 등 다양한 작물 재배 기술이 발전하였고, 농업이 주산업으로써 자리를 잡게 되었는데, 벼농사가 일본으로 전수된 것도 철기 문화 때의 일이다.

또한, 유목계의 영향으로 가축을 기르는 것에도 힘을 기울였으며 고구려, 부여, 동예, 옥저, 삼한 등의 부족 국가 가운데 가장 일찍 발달한 부여는 왕 아래에 가축의 이름을 딴 관직명[마가(馬加), 우가(牛加), 저가(猪加), 구가(狗加)]이 있었는데, 이로 미루어볼 때 부여를 비롯한 맥족에서 축산이 활발하였음을 짐작할 수 있다. 벼를 비롯한 여러 곡물이 국가의 재정원이 되어 국가는 농경을 권장하였다.

3) 삼국 시대~통일신라 시대(57~기원후 676년)

이 시기에는 왕권 중심의 국가 체제로 식생활에서도 식기류와 상차림의 차별화, 계승화(귀족식, 서민식)가 이루어졌다. 쌀이 증산되고 무쇠솥에 밥 짓는 방법으로 뜸들이는 방식이 일반화되면서 밥이 주식으로 자리 잡게 되었다. 주식과 부식이 분리되고 장과 채소 절임, 젓갈 등이 상용 반찬으로 이용되면서 식생활 구조가 성립되었다. 특히 약밥, 설병, 백결 선생의 떡방아 이야기 등, 떡에 대한 언급이 자주 문헌에 등장하는데, 떡은 상용 음식이기보다는 의례용, 선물용 등 특별 음식으로 자리를 잡고 있었고, 식품가공기술이 전통적인 방법으로 쌀밥을 엿기름에 삭힌 식혜(감주)나 수정과에 관한 기록도 볼 수 있다. 구이, 찜, 무침과 같은 조리식품과 술, 장과 같은 발효식품의 가공기술도 함께 발전하여 일반화되었다. 농사에 있어서는 벼농사에 필요한 관개 공사를 적극 추진하였고, 곡류 외에도 서류나 두류(밀, 보리, 조, 기장, 수수와 같은 잡곡과 콩, 팥, 녹두 등) 같은

| 재래식 주방

주요 곡물의 경작으로 주식 부분의 식생활이 다양해 졌다. 삼국 시대에 들어오면서 요리를 할 수 있는 공간의 부엌은 거의 완전한 모양을 갖추게 되었고, 조리 용구가 고안되면서 기본 식품의 조리법이 더욱 발달하게 되었다.

통일신라 시대에는 삼국의 문화적 경제적 교류와 무역, 유통으로 형성된 문화가 고르게 조화되어, 각 지역의 특수성과 삼국의 조화를 이룬 특수한 음식문화가 공존하는 형태로 발전하게 되었다.

4) 고려 시대(918~1392년)

고려 시대에는 중국으로부터 전래된 불교를 정치 이념으로 삼으며, 사찰 음식과 제사상 형식이 체계적인 발달을 하게 된다. 불교의 살생 금지로 육식이 제한을 받는 대신 채소나 나물 등의 식물성 식품을 보다 맛있게 먹는 연구가 이루어졌다.

고기 대신 차(茶)를 마시는 풍습이 지배층을 중심으로 퍼져 나가 차와 함께 먹는

| 다기

유밀과나 다식 등의 과자류도 이 시기에 발달하게 되었다. 《고려사》에도 진다례에 대한 기록이 있고 궁 안에 차를 담당하는 부서가 있었던 것은 음식의 문화적 요소가 확대되고 한국식 생활 문화의 근세 단계로서 의미가 깊은 시기라고 하겠다.

5) 조선 시대(1392~1910년)

조선 시대에는 불교가 크게 쇠퇴하였고, 유교가 국가 이념의 중심이 되었다. 이에 따라 고려 시대에 불교와 함께 널리 퍼졌던 차 마시는 풍습이 조선 시대에 와서 쇠퇴하였는데, 일부 스님들이나 귀양살이하던 학자, 예술인들 사이에서만 면면히 이어지는 정도였다. 대신 일상 음료로 숭늉, 기호 음료로 술과 각종 꽃을 말려 만든 화채, 각종 과일이나 열매, 뿌리 등을 말려 조리한 화채, 수정과, 식혜, 오미자차 등의 음청류가 음용되었다.

유교로 인해 조선 시대에는 개고기를 널리 먹게 되었는데, 중국에서는 공자가 살고 있던 춘추 시대에 왕도 개고기를 즐겨 먹었고, 제사에도 쓸 정도로 널리 식용하였으나 당나라 때부터 점차 먹지 않게 되다가 명, 청 시대에 와서는 거의 자취를 감추었다. 개를 의리의 동물로 보고 인정상 차마 먹지 못한 것이 그 이유였다.

그러나 우리나라에서는 고대부터 고려 시대까지 계속 개고기를 먹고 있었다. 삼복에는 신분의 고하를 가리지 않고 보신탕[狗醬]을 즐겨 먹었다는 기록이 자세히 나와 있다. 조선 시대에도 숭유주의에 의해 공자 시대로의 복고주의가 만연하게 되면서 아무런 저항감 없이 개고기 먹는 풍습이 이어져 왔다.

요즈음엔 동물 애호가들이나 동물들을 그냥 짐승이 아님 반려 동물로 함께 하는 인구가 늘어나면서, 개고기를 멀리하는 사람들이 많아지고 있는 추세이다.

조선 시대 유학자들은 의례를 중요시함으로써 이때에 의례식이 등장하였다. 가부장제와 남존여비, 내외법 등의 확립으로 의례상차림의 규범, 세시음식, 식사예절 등과 같은 식문화가 재정비되고, 일정한 형식을 갖추게 되었는데, 남녀는 같은 밥상에서 식사를 할 수 없었으며, 가장과 남자 식구들은 모두 독상을 받았으며, 여성들은 대체로 부엌에서 식사를 하였다. 부엌에는 독상을 차리기 위해 상을 보관하는 공간이 필요하였고 혼례, 장례, 제례 등의 의례적 행위가 모두 주택 안에서 이루어졌기 때문에 식재료의 저장이나 조리, 조리된 음식물의 저장과

| 제기고

상보기 등을 기존의 부엌에서 모두 행하기에는 공간상 부족한 상황이었다. 이에 따라 부엌 앞마당이나 대청 등에서 이런 행위를 수행하게 되었고, 제사 등에 사용되는 그릇은 제기고(祭器庫)에 따로 보관하게 되었다.

이 시기에는 일본이나 청을 통해 고구마, 감자, 고추, 호박을 비롯한 여러 농작물이 전래되었는데, 특히 고추의 전래로 인해 우리의 음식문화는 큰 변화를 맞이하게 되었다. 고추를 말려 가루로 내어 여러 가지 음식의 양념으로 이용하였고, 고추장도

만들게 되었으며, 하얗던 김치의 색깔도 붉게 바꿔 놓았다. 고려 시대에 비해 조선 시대에는 식품이 다양해지고 조리법이 다듬어져 상차림의 형식도 세워지게 되었다.

이렇게 식생활이 다양해지자 반가에서는 음식을 만드는 조리서와 술 만드는 법의 서적을 출간하기도 하였고, 지방에서는 그 지역의 특수한 작물을 이용한 특색 있는 향토 음식과 시절식도 발전하게 되었다.

조선 후기인 17~18세기에는 천재지변으로 인한 가뭄이나 홍수 등으로 인해 기근이 빈발하여 흉년이 드는 해가 많아서 '보릿고개'라는 말도 생겨났다. 굶주림을 극복하기 위해 백성들은 요리가 아닌 구명식으로써 나무껍질, 열매 등 먹을 수 있는 것은 모두 먹게 되었고, 이때에 나물을 먹는 채식 문화의 전통을 확고히 하는 계기가 되었는데, 식용으로 쓸 수 있는 각종 나물과 채소 뿌리류를 발견하게 되었다. 식기도 고려 시대의 청자에서 백자로 바뀌었으며, 서민들은 옹기나 뚝배기 같은 질그릇을 만들어 사용하였다.

6) 개화기~현재

1900년대에 이르러 개화의 물결이 들어와 일본, 중국, 서양과의 활발한 교류가 이루어졌다. 외국의 다양한 식생활 습관과 요리법이 유입되어 일부 상류층은 서양요

| 밀가루 반죽

리, 중국요리, 외국 술, 양과자 등을 맛보게 되었고 우리나라의 식생활은 한식과 양식이 혼합된 형태를 띠게 되었다.

일제의 식민 통치를 겪는 동안 우리나라는 일본에서 생산된 가공식품의 시장이 되어 어묵, 스시, 단무지, 우동, 모찌 등 일본의 음식문화가 깊숙이 수용, 유입되는 계기가 되었다. 또한, 주세를 징수하기 위해 다채롭던 전통 명주에 통제를 가하여 탁주, 약주, 과하주 등 몇 가지만으로 생산을 제한하였다. 일본의 야만적인 식민 지배와

전쟁, 6·25사변 등으로 화려하던 우리의 식생활은 실로 비참한 상황에 처하게 되었고 급기야 UN 원조 식량과 외국으로부터 밀가루 원조를 받게 되었다. 전쟁 이후 정책적으로 분식의 장려가 일어나 쌀 위주였던 식생활에 변화가 생겨나게 되었다.

급속한 경제 성장을 이룬 1960년대 이후부터 지금까지는 서구화된 식생활과 동물성단백질 및 지방의 과잉 섭취로 인한 갖가지 성인병의 발병률이 증가하였고, 1980년대 들어 외식산업이 급속히 발전하여 외식비가 전체 식료품비에서 차지하는 비율이 점차 높아지고 있다. 현재에는 건강에 좋은 음식을 먹고자 하는 참살이(Well-being)와 친환경 바람을 타고 과거의 음식문화를 연구, 현대의 것으로 새롭게 계승하고자 하는 움직임이 일고 있다.

3. 한국 음식문화의 일반적 특징

- 곡류를 중심으로 가공식품(죽, 국수, 식혜, 떡 등) 및 발효식품(간장, 된장, 엿, 고추장 등)이 발전하였다.
- 한식은 주식인 밥과 부식인 반찬의 구분이 명확하고, 반찬의 종류가 다양하고 조리법도 다양하다.
- 국토의 약 70% 이상이 산악지대로 지역에 따라 다양한 종류의 야생 나물이 많으며, 음식이나 약재로도 사용하였다. 제철 나물을 많이 섭취하였으며, 그 계절에 나는 산채들은 말려두었다가 가을이나 겨울, 추운 계절에 재료의 특징과 성질에 맞게 조리하는 방법을 개발해 먹음으로써 채소와 나물류가 발달하였다.
- 국토의 삼면이 바다로 둘러싸여 있기 때문에 해산물과 더불어 어패류와 해조류가 많이 채취된다. 해조류는 우리나라를 비롯하여 일본과 중국에서 오래전부터 즐겨 먹던 음식이다.
- 지역에 따라 각기 다른 여러 종류의 양념을 사용하여 식품 자체의 맛을 다양하게 변화시켰다.

- 발효식품으로 만든 찬류가 많으며, 뿌리류와 잎류, 육류, 어류 등 오래두고 먹을 수 있는 반찬도 전통적으로 내려오고 있다. 장아찌류, 게장류, 고추찌류, 김치류, 젓갈류 등 다양하게 발전하였고, 저장식품의 발달은 생선이나 육류에도 나타나는데 홍어나 안동 간고등어는 우리나라의 특산 식품이라고 할 수 있다.

- 음양오행 사상으로 인하여 양념과 고명을 사용함에 있어서도 오색(청, 적, 황, 백, 흑)과 오미, 즉 다섯 가지의 맛(짠맛, 단맛, 신맛, 매운맛, 쓴맛)를 알맞게 맞추어 사용하였다.

- 우리 음식은 상극인 음식과, 음식의 궁합을 조화롭게 적용하여 각각의 사람에게 맞춤형 식단으로 보완할 수 있는 과학적인 음식이라 할 수 있다.

- 식사 도구에서도 숟가락과 쇠젓가락을 사용함으로써 음식을 다양하게 집어 먹을 수가 있다.

- 우리나라 음식은 건강을 지키기 위한 하루 세 끼의 식사를 중요시했으며, '약과 음식은 그 근원이 같다'라는 뜻의 약식동원(藥食同源)의 정신에 기초하여 음식이 발달하였으며, 건강을 지키기 위한 식사의 중요성을 인식하고 있다. 허준의 《동의보감》에서는 "음식이 바로 약이고 음식을 바르게 먹는 것이 바로 의(醫)의 행위이므로 병이 나면 음식으로 먼저 다스리고, 그 다음에 약을 쓰는 것"이라고 하였다. 삼복더위에 먹는 삼계탕은 닭과 함께 인삼, 찹쌀, 마늘, 대추, 당귀, 밤 등의 약재를 넣어서 푹 고아서 먹고, 인삼, 생강, 감초, 대추, 계피, 구기자, 오미자 등 한약재를 달여 먹는 차나 술 등은 약으로 이용하며, 약식동원의 좋은 예라고 볼 수 있다.

- 또한, 한국음식의 문화는 좌식 테이블 문화로 상에 밥을 차려 먹었고, 한 번에 모든 음식이 나오는 공간 전개형의 음식문화가 발달하였는데, 이는 밥과 반찬으로 구성된 우리의 밥상이 밥과 반찬을 같이 먹어야 하기 때문이다. 식사 후엔 가마솥 밑에 눌러붙은 누룽지를 긁어 물을 붓고 끓여서 마셨다. 따뜻한 숭늉으로 부족할 수 있는 철분을 섭취할 수 있었고, 서양의 커피 대신 부드러운 숭늉으로 식사를 마무리할 수 있다.

- 조선 시대 유교의 영향을 받아 식생활 예절에도 어른을 공경하는 마음이 표현되는데, 어른이 먼저 수저를 들고 나서 아랫사람이 먹는 것은 현재에도 이어져 오고 있는 식사 예절이다.

4. 지역별 음식의 특징

1) 서울

서울은 조선 시대부터 600년 이상 우리나라의 수도였기에 궁중 음식문화의 전통이 이어져 내려오고 있다. 또한, 반가 음식의 전통도 전해오고 있는데 양반 계급과 일반 중인 계급의 음식문화에도 많은 영향을 주었다. 서울의 음식은 음식 가짓수는 많지만 양은 많지 않으며, 작고 예쁘게 만들어 화려하고 담백한 멋과 맛을 추구하고 있다. 열구자탕, 용봉탕, 신선로, 구절판, 탕평채 등의 화려한 음식이 대표 음식이며, 새우젓국이나 장으로 음식의 간은 하여 싱겁게 하는 편이다.

| 구절판

| 신선로

2) 경기도

경기도 음식은 개성 음식을 제외화고는 소박하고 수수하다. 음식의 간은 싱겁지도 짜지도 않은 보통이며 양념도 적게 들어가는 편이다. 용인오이지, 개성주악, 경단, 야채순대, 보리고추장, 수수경단 등이 대표하는 음식이다.

| 버섯무침

| 호박찜

| 호박전

3) 충청도

주요 산업이 농업인 지역이기 때문에 쌀, 보리, 고구마, 무, 배추 등의 농산물이 많이 생산된다. 서쪽 해안 지방은 서해안과 인접하여 해산물이 풍부하고, 충청도 내륙 지방은 교통이 편리하지 않았기 때문에 말린 생선이나 소금에 절인 생선 위주로 먹었다.

꾸밈이 없는 충청도의 음식은 사치스럽지 않은 자연 그대로의 맛을 살리는 것이 특징이다. 산에서 나는 산채와 버섯을 식재료로 자주 이용하고, 된장, 간장으로 맛을 낸다. 대표 음식으로는 간월도 어리굴젓, 구기자차, 장떡, 도라지 정과, 메밀묵, 무보쌈말이, 버섯탕, 올갱이국, 청국장, 호박꿀단지, 버섯 수제비, 호두조림, 호박죽 등 여러 가지가 있다.

4) 강원도

영서 지방과 영동 지방으로 크게 나눌 수 있는 강원도에서는 산악 지방에 해당하는 영서 지방에 옥수수, 메밀, 감자 등이 많이 생산되고 태백산맥으로 인해 논농사보다는 밭농사가 많고, 영동 지방에서는 동해와 맞닿아 있기에 명태, 오징어, 미역 등 해초가 많이 나고, 이를 가공한 황태, 마른 오징어, 마른 미역, 명란젓, 창란젓 등이 유명하다. 전체적으로 소박한 맛이 특징인 강원도의 음

| 감자떡

| 닭강정

식은, 어촌 지역에서는 멸치나 조개 등 해안 산물을 이용하여 음식 맛을 돋우고, 산악 지방에서는 육류를 거의 쓰지 않는 음식이 많았다. 대표적이 음식으로는 도토리송편, 춘천막국수, 오징어순대, 옥수수국수, 메밀전병, 초당두부, 식해, 옥수수떡, 감자경단 등이 있다.

| 산나물

5) 전라도

예로부터 음식의 사치가 두드러지게 나타나는 전라도 지역에서는 온화한 평야지대가 있고, 삼면이 바다로 둘러싸여 있으며 주변의 작은 섬들이 산재해 있는 관계로 풍부한 식재료를 구하기 쉬웠다. 이러한 지리적인 여건과 전주, 광주, 해남 등의 고을에는 부유한 양반이 대를 이어 살아왔기 때문에 이들의 음식이 대대로 전수되어 이어져 온 것이 많다. 따뜻한 기후의 영향으로 전라도는 음식의 간이 대체로 세고 음식에 젓갈류, 고춧가루 등의 양념을 많이 하므로 음식이 맵고 짜며 자극적인 것이 특징이다. 젓갈류를 좋아하며, 갓쌈김치, 고들빼기, 젓갈, 홍어회, 비빔밥, 찹쌀고추장, 장어구이, 김장아찌, 가지연포 등이 유명하다. 특히 해남을 비롯한 특수 작물이 많이 나는 지역이 있어 전라도는 음식의 고장이라고 할 만큼 맛있는 요리가 많다.

| 전라도식 비빔밥

| 매생이국

| 장어구이

| 홍어삼합

| 비빔밥

| 생저리

| 추어탕

| 파전

6) 경상도

경상도 지역은 동해와 남해를 접하고 있고 낙동강을 중심으로 한 기름진 농토가 있다. 동해안과 남해 지방은 풍부한 해산물과 재료가 풍족하여 맛있는 요리가 많이 발달하였지만, 경상 북부 지역인 내륙 지역은 바다와 멀고 산과도 멀어 싱싱한 식재료를 구입하기 힘들었다. 이러한 여건으로 싱싱한 생선을 먹을 수가 없다 보니 소금에 절였다가 먹는 안동간고등어가 생겨났다. 국수를 좋아하여 잔칫날 국수를 내어 놓는 풍습이 있어 잔치국수가 생겨났는데, 특히 일상식으로 보리밥을 즐겨 먹으며 경상도 보리밥이란 말이 나올 정도로 보리밥이 주식인 때가 있었다. 음식의 맛은 전라도와 마찬가지로 따뜻한 기후로 인해 맵고 간이 센 편이며, 멋보다는 투박하고 칼칼한 감칠맛을 낸다. 음식에 된장을 기본으로 한 막장과 담북장을 즐기고 널리 알려진 음식으로는 진주비빔밥, 잔치국수, 안동식혜, 동래파전, 추어탕, 사과강정, 낙지볶음, 미더덕찜, 율란, 계피떡 등이 있다.

7) 제주도

제주도는 우리나라에서 가장 큰 섬이며, 제주도만의 독자적인 음식문화를 이루고 있는 예가 많다. 섬나라의 기후와 토양의 특이성으로 쌀의

| 해삼전

생산은 적고 콩, 보리, 고구마, 당근, 감자 등이 많이 생산되었는데, 구제주와 신제주로 구분된다. 제주도는 해촌, 양촌, 산촌으로 구분되어 그 생활 상태가 서로 많이 다르다. 양촌은 평야 지대로써 농산물을 경작하고, 해촌은 해안 지대로 해산물을 수확하고, 산촌은 산을 개간하여 농사나 산에서 채취한 나물 중심으로 음식문화가 발달하였다. 양념은 적게 사용하되 간은 대체로 짜게 하는 편이며, 해물뚝배기, 빙떡, 메밀수제비, 옥돔구이, 고등어조림, 소라회, 고사리볶음, 갈치호박국, 감귤, 전복, 옥돔 등이 유명하며 음식은 된장으로 맛을 낸다. 현재는 관광 사업으로 전 지역이 자연을 해치지 않는 범위 내에서 관광 상품을 개발하고 있다.

| 게죽

| 해물전골

| 소라찜

8) 황해도

황해도는 생활이 윤택하며 인심이 좋아 음식을 많이 만들어 즐겼으며 소박하고 구수한 맛을 내는 것이 특징이다. 북쪽의 곡창 지대로 알려진 황해도는 쌀 생산이 많고 질도 우수하다. 해안 지방은 조수간만의 차가 크고 수심이 낮아 소금의 생산이 많다. 간은 보통 정도로 하며 전반적으로 충청도

| 돼지족조림

음식과 비슷하다. 큼직한 송편이나 만두 등을 즐겨 먹으며, 밀국수를 좋아하며, 육수로는 닭육수를 흔히 쓰고, 살은 만두 속이나 찢어서 고명으로 사용한다. 밥은 잡곡밥을 먹으며, 각종 전과 곡류로 만든 떡류를 별미로 자주 해먹는다. 돼지족조림, 밀국수, 갱국잡곡선, 오쟁이떡 등이 유명하다.

| 평안도식 밥상

| 냉면

| 동치미

9) 평안도

예로부터 중국과 교류가 많았던 지역으로 평안도 사람은 진취적이고 대륙적인 기질이 있다. 추운 날씨 때문에 메밀로 만든 냉면과 만두 등 가루로 만든 음식이 많으며, 기름진 육류 음식도 즐겨 먹는다. 녹두나 곡류를 갈아서 지지는 음식을 즐겨 먹고, 닭을 이용한 음식이 많으며, 담백하고 깔끔한 평안도식 김치는 식탁을 풍성하게 하였다. 특히 달래김치는 묵은지가 맛이 변하여 신선하지 않을 때 같이 무쳐 먹는 것이 별미이다. 평안도 음식은 재료의 풍부함도 있지만, 넉넉한 인심으로 인하여 음식도 먹음직스럽게 만들고 양도 푸짐하게 많이 한다. 음식은 냉면, 만두, 녹두빈대떡, 행적, 어복쟁반, 온반(닭온반), 동치미 냉면 등이 유명하다.

| 순두부

| 순대

10) 함경도

우리나라의 북쪽에 위치하고 있는 함경도는 음식은 매우 차지고 구수한 것이 특징이다. 험악한 산들로 이루어진 함경도는 산을 개간하여 밭농사가 발달하였고, 바다와 인접한 동해안에는 각종 어류가 많이 잡히는 독특한 지역이다. 함흥냉면이 유명한데, 함흥냉면은 녹말가루로 국수를 만들고, 생선회를 맵게 해서 함께 비벼 먹는 음식이다. '다대기'라는 말이 이 지방에서 나온 것으로 미루어 보아 고춧가루를 이용한 양념이 자주 이용되었을 것으로 추측된다. 주식으로는 쌀에다 콩, 수수, 조 등을 넣은 잡곡밥을 먹었고, 옥수수를 이용한 죽이나 감자 등을 이용한 음식이 발달하였다. 함흥냉면, 감자떡, 순대, 가자미식혜, 감자만두, 동태순대, 강냉이밥, 다시마냉국 등이 유명하다. 날씨가 추운 탓에 장식이나 기교가 적은 큼직한 음식을 만들었다.

5. 일상식

한국의 주식인 밥은 농경 사회가 본격화된 시기 이후부터 오늘날까지 이어져 내려왔다. 한국음식은 주식과 부식이 분리되어 있으나 아침, 점심, 저녁 식사로 먹는 음식이 따로 구분되어 있지는 않다. 아침 식사를 중요시하며, 반상 차림의 종류는 가장 기본이 되는 상차림인 반상 3첩부터 5첩, 7첩, 9첩, 12첩 등 가짓수에 따라 찬의 내용이 달라진다. 12첩은 임금님이 드시는 수라상이다.

| 3첩 반상

| 5첩 반상

| 7첩 반상

| 9첩 반상

| 12첩 반상

- 3첩 반상(1즙 3채) : 3첩 반상의 구성은 밥, 국, 김치를 기본으로 하고 반찬으로는 나물, 생채, 구이 또는 조림이 포함된다.
- 5첩 반상(2즙 5채) : 3첩 반상에 찌개, 전유어, 자반 또는 젓갈이 더해진다.
- 7첩 반상(3즙 7채) : 5첩 반상에 찜, 구이와 조림이 모두 올라가며 장아찌, 회가 더해진다.
- 9첩 반상(3즙 9채) : 7첩 반상에 김치와 구이의 종류가 1가지씩 더 추가된다.
- 12첩 반상(5즙 12채) : 9첩 반상에 밥, 탕, 찌개 종류가 1가지씩, 김치는 1가지 더 추가된 3가지, 자반과 젓갈이 모두 제공되며 수란과 편육이 더해진다.

1) 부식류

주식과 함께 곁들여 먹는 찬 종류로 식재료에 따라 부식을 나누면 아래와 같다.
- 육류 : 포, 족편, 산적, 전유어, 회, 볶음, 전골, 찜, 탕, 편육, 조림, 구이
- 어패류 : 전, 회, 구이,포, 찜, 전골, 초, 조림, 장과, 탕
- 채소류 : 전골, 장과, 조림, 찜, 선, 조치, 전, 구이, 김치, 자반, 튀각, 생채, 숙채, 탕

2) 후식류

- 떡 : 쌀을 비롯한 각종 곡류와 두류를 사용하여 만든 떡은 종류가 많은데, 찌는 떡(백설기, 무시루떡, 두텁떡), 빚는 떡(송편, 찹쌀경단, 수수경단), 치는 떡(인절미, 절편, 개피떡), 지지는 떡(진달래화전, 수수부꾸미), 부풀리는 떡(증편) 등이 있다. 각종 의례 음식과 절식에 필수적인 별미 음식이기도 하다.

| 경단

| 증편(술떡)

• 한과 : 여러 가지 곡류를 가루를 내어 만든 한과의 종류로는 반죽하여 기름에 튀기거나 지져낸 유밀과(강정, 약과, 매작과), 가루 재료를 꿀이나 조청으로 반죽하여 다식판에 박아낸 다식(흑임자다식, 송화다식, 녹말다식, 밤다식)이 있고, 과일을 삶아 걸러 굳힌 과편(앵두편, 복분자편), 과일이나 근채류를 조청이나 꿀에 조린 정과(연근정과, 생강정과), 과일을 익혀 다른 재료와 섞거나 조려 만든 숙실과(생란, 조란, 율란, 대추초), 견과류나 볶은 곡식을 조청에 버무려 만든 엿강정 등이 있다. 후식이나 간식, 다례 음식으로 쓰이는 한과는 신라 시대 불교의 제물로 발달하였으며, 고려 시대 때 지나치게 사치스럽다 하여 나라에서 금하고 그 대신 과일을 사용하기도 하였다.

| 강정

| 약과

| 과일정과

| 다식

• 음청류 : 수정과, 보리수단, 오미자차, 식혜, 배숙, 진달래차, 배화채녹차, 율무차, 유자차, 모과차 등의 화채와 차 종류가 있다. 여러 가지 방법이 있지만, 찻잎을 우려 마시는 방법과 밥을 하여 엿질금으로 삭혀 마시는 식혜와 식재료의 뿌리나 잎, 열매 등을 끓인 후 식히고 과일이나 열매, 꽃잎 등을 띄우고 마시는 방법도 있다. 기호 음료로써 생강, 계피와 같은 향신료나 꿀이나 설탕을 첨가하여 마신다.

6. 시절 음식

시식(時食)은 제철 재료로 만든 음식이고, 절식(節食)은 명절에 차려 먹는 음식이다. 세시풍속이 뚜렷한 우리나라에는 다양한 명절이 있다. 각 명절마다 다른 음식을 차려 함께 먹으며 친목을 도모하는 특징이 있다.

1) 설날(1월)

설날의 대표적인 음식은 떡국이다. 설날의 떡국을 지금은 쇠고기나 닭고기로도 끓이지만 옛날에는 꿩고기로 많이 하였다. 단 꿩을 구하기 힘들면 대신 닭을 썼는데 '꿩 대신 닭' 이란 말도 여기에서 비롯되었다고 한다.

떡국은 흰쌀을 빻아서 가는 체로 치고 그 쌀가루를 물에 반죽하여 찐 후 안반에 쏟아 놓고 떡메로 수없이 쳐서 차지게 한 다음, 한 덩어리씩 떼어 손으로 비벼 그것을 굵다란 원형으로 길게 만들어, 약간 고들고들 마를 때 타원형으로 얇게 썰어 놓는다. 떡국 장국에 넣어 끓이고, 쇠고기나 꿩고기로 꾸미하여 후춧가루를 뿌려 먹는다, 이것은 정월 초하루 제사 때에 제사상에 올리기도 하고, 또 가족들이 다 같이 먹는다.

새해 첫날 하얀 떡을 먹음은 밝음의 뜻이며, 태양 숭배 신앙에서 유래되었다고 보이며, 떡을 둥글게 하는 것은 태양의 둥근 형상을 상형화한 것이라 한다. 떡 중에서 가래떡을 먹는 이유는 흰 가래떡이 한 해를 시작하는 시점에서 경건함과 깨끗함을 담고 있다고 생각해서였다. 가래떡이 잡아 당기면 쭉쭉 늘어 나는 것은 재물이 가래떡처럼 쭉쭉 늘어나라는 의미이며, 둥근형으로 썰어서 먹는 이유는 옛날 엽전 모양과 같아서 재화가 차고 넘치라는 뜻으로 축복의 의미가 있다고 본다. 특히 설날에는 술을 데워 먹지 않고 차게 마신다.

2) 정월 대보름(2월)

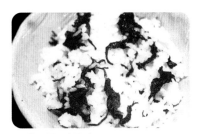

정월 대보름에는 햅찹쌀과 밤·대추·꿀·기름·간장 등을 섞어서 함께 찐 후 잣을 박은 약반(藥飯)을 준비한다. 이 약반은 지방에 따라 오곡밥, 잡곡밥, 찰밥, 농사밥 등을 그 대용으로 즐기

| 대보름 나물밥

기도 한다. 조선 후기에 간행된《동국세시기(東國歲時記)》〈정월조〉에 의하면 "신라 소지왕(炤智王) 10년 정월 15일 왕이 천천정(天泉亭)에 행차했을 때 날아온 까마귀가 왕을 깨닫게 하여, 우리 풍속에 보름날 까마귀를 위하여 제사하는 날로 정하여 찹쌀밥을 지어 까마귀 제사를 함으로써 그 은혜에 보답하는 것이다."라고 한 것으로 보아 약반 절식은 오랜 역사를 지닌 우리의 풍속이다.

대보름날엔 세 가구 이상의 남의 집 밥을 먹어야 그해의 운이 좋다고 하여, 평상시에는 하루에 세 번 먹던 밥을 이날은 아홉 번 이상을 먹는다. 그리고 대보름에 귀밝이술이라는 풍습이 있으며, 오곡으로 밥을 해서 이웃과 나누어 먹는다. 오곡밥과 함께 묵은 나물도 반찬도 먹는데 박나물, 버섯 말린 것과 콩나물, 순무, 무 등을 묵혀 두었다가 묵은 나물이라고 하여 이날 나물로 무쳐 먹기도 하고, 밥을 취나물이나 배춧잎, 김을 싸서 먹기도 하는데 이를 '복쌈' 또는 '복과'라고 한다. 복쌈은 여러 개를 만들어 그릇에 노적 쌓듯이 높이 쌓아서 성주님께 올린 다음에 먹으면 복이 온다고 전한다.

《동국세시기(東國歲時記)》에는 "청주 한 잔을 데우지 않고 마시면 귀가 밝아진다." 이것을 귀밝이술이라 한다. 《경도잡지》와《동국세시기(東國歲時記)》에 의하면 "외꼭지, 가지고지, 시래기 등을 버리지 않고 말려 두었다가 삶아서 먹으면 더위를 먹지 않는다."라고 한다.

3) 삼짇날(3월)

조선 후기에 간행된《동국세시기(東國歲時記)》에 의하면 이날 "진달래꽃을 따다가 찹쌀가루에 반죽하여 둥근 떡을 만들고, 또 그것을 화전(花煎)이라 한다. 또 진달래꽃을 녹두가루에 반죽하여 만들기도 한다. 혹은 녹두로 국수를 만들기도 한다. 혹은 녹두가루에 붉은색 물을 들여 그것을 꿀물에 띄운 것을 수면(水麵)이라고 하며, 이것들은 시절 음식으로 제사상에도 오른다.”라고 하여 화전과 국수를 시절 음식으로 즐겼음을 알 수 있다. 이외에도 시절 음식으로 산떡이라고 하여 속에 팥을 넣은 흰떡을 방울 모양으로 만들고, 떡에다 다섯 가지 색깔을 들여, 이어서 구슬을 꿴 것 같이 하는데, 찹쌀과 송기와 쑥을 넣은 고리떡, 쑥떡이 있다. 삼짇날 각 가정에서는 여러 가지 음식을 장만하여 시절 음식을 즐긴다.

4) 초파일(4월)

사월 초파일은 부처가 탄생한 날로서, 불교에서는 연중 제일 큰 행사이다. 연등 행사와 방생, 탑돌이 등을 하며, 종교가 없는 사람들도 이날을 기념하며 맛있는 음식을 만들어 먹는데, 어채(魚茱)・어만두(魚饅頭)・찐떡[蒸餅]・화전(花煎)・어채(魚茱)・미나리강회 등이 있다. 어채는 생선・전복・국화 잎사귀・파・석이버섯・달걀 등을 가늘게 썰어서 섞은 것인데, 초고추장과 참기름을 곁들여 먹으면 맛이 좋다. 어만두는 생선을 두껍게 저며 그 조각에 고기를 넣어서 익힌 것인데, 영양가가 높은 고단백음식이다. 찐떡은 찹쌀가루를 반죽하여 방울같이 빚어서 술에 찌고, 그런 다음에 팥 속에 설탕이나 꿀을 섞어서 방울 속에 넣고, 또 방울 위에는 대추나 고명을 붙인다. 화전은 찹쌀가루를 미지근한 소금물로 익반죽하여 동그랗게 만들고, 진달래꽃을 붙여서 기름에 지지는 것이다. 꿀이나 설탕을 뿌려 먹으면 맛이 좋다. 미나리강회는 미나리를 삶아서 파 하나, 마늘 하나를 함께 하여 고추 모양으로 감아서 말아 놓은 것으로 초고추장에 찍어 먹는다.

5) 단오(5월)

단오는 5월 5일을 이르는 말로 중국과 일본 한국에서 지켜지고 있다. 1년 중 양기가 제일 왕성한 날이라고 하며 큰 명절로 지켜지고 있으며, 단오의 시절 음식으로는 수리떡과 약떡이 있다. 약떡은 전라남도 지역에서 전해져오는 시절 음식이며, 이 지역에서는 떡을 하는 예가 거의 없으나, 떡을 할 경우에 전날 밤 여러 가지 풀을 이슬을 맞히고, 그 풀을 이용하여 단옷날 아침에 떡을 해 먹는데, 이를 약떡이라고 한다. 《동국세시기(東國歲時記)》의 기록에 의하면 "이날은 쑥잎을 따다가 찌고 멥쌀가루 속에 넣어 반죽을 하여 초록색이 나도록 하여 이것으로 떡을 만든다. 그리고 수레바퀴 모양으로 빚어서 먹는다."라는 풍속을 전한다. 이것이 바로 수리떡이다. 또한, 제주도에서 제물로 바치는 떡으로는 새미떡, 인절미, 곤떡, 율적, 표적, 실과, 해어와 보릿가루에 누룩을 섞어서 부풀게 만든 기루떡이 있다.

앵두가 제철인 단오 달에는 앵두로 화채를 만들어 먹는데, 아이들의 간식으로는 옥수수나 쌀, 콩 등을 튀겨 주기도 한다. 또 이날은 해쑥으로 만든 쑥떡으로 차례를 지내는 것이 상례이다.

6) 유두(6월)

우리 민족에게 있어 국수는 길게 생겨서 장수를 뜻하며, 잔치 음식으로 국수를 만들어 먹었다. 이날 먹는 음식으로는 유두면, 수단, 건단, 상화병(霜花餅) 등이 있는데, 특히 유두면을 먹으면 장수하고 더위에 걸리지 않는다고 하여 누구나 먹는다. 유두면은 밀가루로 만들고, 유두국은 참밀의 누룩으로 만든다. 유두면을 구슬같은 모양으로 만들어 오색으로 물들인 후 세 개씩 포개어 색실에 꿰어 차거나 문에 매달면 재앙을 막는다고 하였다. 《동국세시기(東國歲時記)》에도 유두면을 몸에 차거나 문설주에 걸어서 잡귀를 막는 풍속이 기록되어 있다. 수단과 건단은 쌀가루로 쪄서 길게 빚으며, 가늘게 썰어 구슬같이 만들어 꿀물에 담그고 얼음물을 넣어서 먹는 것은 수단이고 얼음물에 넣지 않고 먹는 것이 건단이다. 상화병은 밀가루에 물을 붓고 반죽하여 콩가루와 깨를 섞어서 꿀물에 버무려 쪄서 먹는다. 《경도잡지(京都雜誌)》 6월 15일 조에는 "분단(粉團)을 만들어 꿀물에 넣어 먹는데 이를 수단이라 한다."라고 기록하고 있다. 또 물에 넣지 않은 것으로, 곧 찬 음식의 종류인 건단이라고 하는 것이 있는데 가끔 찹쌀가루로 만들기도 한다.

7) 삼복(7월)

삼복에는 초복과 중복, 그리고 말복이 있으며, 1년 중 가장 더운 기간으로 삼복더위를 이겨내는 시절 음식으로 개장국은 더위로 인해 허약해진 기력을 충전시켜 준다.

우리 민족이 개장국을 건강식으로 널리 즐겼음은 옛 문헌을 통해 알수 있으나, 개인의 기호에 따라 개고기를 먹으면 재수가 없다고 하여 금하기도 하였다.

또한, 특정 종교의 세계관에 의해 개고기를 식용으로 하는 것을 금기시하기도 하였다. 이러한 이유로 개장국을 대신하여 삼계탕을 즐기기도 한다. 삼계탕은 햇병아리를 잡아 인삼과 대추, 찹쌀 등을 넣고 곤 것으로서 원기를 회복하는데 도움을 준다. 이외에도 팥죽을 쑤어 먹으면 더위를 먹지 않고, 질병에도 걸리지 않는다고 하여 초복에서 말복까지 먹는 풍속이 있으며, 팥죽은 벽사의 효험을 가진다는 믿음을 가지고 있기 때문에, 냉방시설이 없던 시절 무더운 더위를 이기고 무병장수하려는 노력이었음을 알 수 있다.

| 삼계탕

고서의 기록을 보면, 개고기의 효능과 복중에 개장국을 절식(節食)으로 즐기는 이유를 설명하고 있고, 여러 가지 조리법을 설명하고 있으며, 황구를 일등품으로 여기고 있음을 알수 있다. 문헌을 통해서 볼 때, 개장국은 우리 민족이 건강식으로 널리 즐겼음을 알 수 있는데, 개고기 요리법에 관한 기록은 조선 시대 조리서뿐만 아니라 여러 세시기(歲時記)에도 나타난다.

개고기에 대한 기록들

허준이 저술한 《동의보감(東醫寶鑑)》에는 "개고기는 오장을 편안하게 하며 혈맥을 조절하고, 장과 위를 튼튼하게 하며, 골수를 충족시켜, 허리와 무릎을 온(溫)하게 하고, 양도(陽道)를 일으켜 기력을 증진시킨다."

《부인필지(婦人必知)》에도 개고기에 대한 조리법이 서술되어 있는데 "개고기는 피를 씻으면 개 냄새가 나고, 피가 사람에게 유익하니 버릴 것이 아니라 개 잡을 때 피를 그릇에 받아 고깃국에 넣어 차조기잎을 뜯어 넣고 고면 개 냄새가 나지 않는다." 라고 되어 있고, 《규곤시의방(閨壼是議方)》에는 개장, 개장국누르미, 개장고지누르미, 개장찜, 누런 개 삶는 법, 개장 고는 법 등 전통 요리법이 자세하게 기록되어 있다.

《열양세시기(洌陽歲時記)》에 의하면 "복날에 개장국을 끓여 조양(助陽)한다."라는 기록이 있고, 《동국세시기(東國歲時記)》에는 "개장국을 먹으면서 땀을 내면 더위를 물리쳐 보허(補虛)한다."라고 하였다. 또 〈농가월령가(農家月令歌)〉에는 "황구(黃狗)의 고기가 사람을 보한다."라고 하여 고기의 품종을 추천하기도 하였다.

8) 칠석(7월)

"까마귀도 칠월칠석은 안 잊어버린다."라는 말이 있듯이 칠석은 까치가 오작교 다리를 놓아주어 헤어져 있던 견우와 직녀가 만나는 날로서, 그날 비가 내리면 견우와 직녀가 만나 기쁨의 눈물을 흘리는 것으로, 그해의 농사가 잘되어 풍년이 된다고 믿는다. 이날은 신들이 내려와 그해의 농사를 정해주기 때문에 일찍 들에 나가지 않고 오후가 되어서야 나간다. 칠석의 절식으로는 밀국수와 밀전병이 있는데, 밀국수와 밀전병은 반드시 상에 오르며, 설기떡과 과일화채, 시루떡 등을 해 먹는데, 마지막 밀음식을 맛볼 수 있는 기회가 곧 칠석인 것이다. 이날이 지나고 나면 찬바람이 일기 시작하여 날씨가 서늘해지기 때문에 밀가루 음식은 철 지난 것으로서 밀냄새가 난다고 하여 꺼린다. 칠석은 우리나라와 중국, 일본에서 지키고 있는 시절이며 일본은 음력이 아닌 양력 7월 7일이다.

9) 백중(7월)

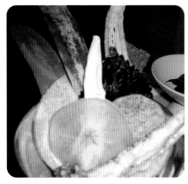

| 부각

음력 7월 15일에 해당하는 날로 불가에서 유래되었으며, 천신 의례나 불공을 드리며 100일 기도에 들어간다. 백중날 시장에 들어서는 장을 백중장이라고 하며, 집안의 종이나 일꾼들에게 쉬게하는 날이다. 지역마다 씨름대회나 민속놀이도 하며 농신제를 올리기도 한다.

여름철에 수확한 밭작물인 밀과 보리, 수수나 감자 등을 이용하고, 밀가루를 이용하여 밀전병과 밀개떡을 해 먹으며, 수수나 감자로는 반죽을 하여 떡이나 부침개를 해 먹기도 한다. 또한, 호박이나 여름철 채소를 이용하여 부침을 별미로 만들어 먹는다. 경남 지역에서는 백중날 100가지 풀을 뜯어 삶아서 그 물을 마시고, 100가지 나물을 무쳐 먹으면 약이 된다고 하여, 백중날에 100가지 나물을 해 먹어야 하는데, 100가지의 나물을 구할 수가 없어서 가지의 껍질을 벗겨서 희게 만든 백가지[白茄子]를 만들어 먹는다.

또한, 제주 지역에서는 바닷고기인 빅개회를 먹는데, 7월에서 9월 사이에 어획된다. 이것은 가죽을 벗기고 잘게 썰어 양념하여 강회로 만들어 먹는다.

10) 추석(8월)

우리나라의 대표적인 명절로서, 중추절, 한가위라고도 하는데 음력 8월 15일이다. 추석의 대표적인 절식으로는 송편을 빼놓을 수가 없다. 송편 속에는 그해에 수확한 농산물로 콩·팥·밤·대추 등을 넣는다. 추석 전날 저녁 밝은 달을 보면서 가족들이 모여 송편을 만드는데, 임신한 여자가 태중의 아이가 여자인지 남자인지 궁금할 때에는 송편으로 점치며, 송편을 예쁘게 만들면 좋은 배우자를 만난다고 하여 처녀 총각들은 송편을 예쁘게 만들려고 노력한다. 특히 올벼로 만든 송편은 올벼 송편이라 부른다. 소양(消陽)한다고 하여 녹두나물은 잔칫상에 올리고, 토란은 몸을 보한다고 해서 즐긴다. 녹두나물과 토란국도 추석의 절식이다. 추석은 시기적으로 오곡백과가 풍성한 때이므로 추수한 곡식과 수확한 모든 작물들을 이용하여 조상께 차례를 지내는데 설날과 다를 바가 없다.

추석의 차례상에서 술은 빼놓을 수 없는 것인데, 백주(白酒)라고 하고 신도주(新稻酒)라고 하는데 신도주는 햅쌀로 빚었기 때문에 부쳐진 이름이다. 안주로는 황계(黃鷄)를 잡아서 찜을 하거나 백숙을 하고, 신도주를 즐긴다. 이웃 어른께 인사를 하거나 선물할 때에도 닭과 달걀은 귀중한 선물이었고, 백년손님 사위가 오거나 좋은 일이 있을 때에도 닭은 손쉽게 요리할 수 있는 귀한 식재료가 되었다. 추석은 추수를 앞둔 시기로 모든 사람들이 맘적으로 평온한 상태이며, 가진 것을 나누며, 즐기는 시기이기도 하다.

11) 중구. 중양절(9월)

중양절은 음력 9월 9일이며, 기일(忌日)을 알 수 없는 조상과 객사한 조상의 제사를 모시며, 연고자 없이 떠돌다 죽었거나 전염병으로 죽은 사람의 제사를 지내기도 한다. 이날은 국화전과 화채를 만들어 먹는다. 석류와 잣 등을 잘게 썰어서 유자차에 넣고 꿀물을 타서 마시는데 시절 음식이기도 하지만 제사상에도 오른다. 제사를 지내지 않는 가정에서도 국화전과 국화주를 만들어 빚고, 술과 음식을 장만해 야외로 나가서 단풍놀이를 하기도 한다. 이때에는 가을 약초가 제철을 맞아 약초를 캐러 산이나 들로 나가는데 구절초는 이때가 약효가 좋다고 한다.

《동국세시기(東國歲時記)》 9월 부분에 의하면 "누런 국화를 따다가 찹쌀떡을 빚어 먹는데, 그 방법은 삼월 삼짇날 진달래 떡을 만드는 방법과 같으며, 이를 화전(花煎)이라 한다." 지금의 국화떡은 여기에서 비롯된 것임을 알 수 있다.

12) 상달(10월)

이날은 1년의 12개월 중에서 가장 으뜸인 달이란 뜻이며, 10월은 추수한 곡식을 농가마다 풍성하게 보유하고 있는 시기로서, 예로부터 다양한 시절 음식이 전해오고 있다. 상달에는 각종 제례와 행사를 하는데 집안에 아무 일이 없이 무탈하기를 기원하며 아주 깨끗하고 신성한 달로 신께 감사하는 달이다. 이 시기에는 쇠고기, 돼지고기, 달걀과 훈채를 섞어서 장탕(醬湯)을 만드는데, 이것을 열구자신선로(悅口子神仙爐)라 하였다. 특히 만두를 만들어 쪄서 먹었고, 밀단고라는 찹쌀가루를 이용하여 만든 떡으로 붉은색이 나는 떡을 먹었으며, 붉은 시루떡이나 무시루떡이 그 예이다. 이 달이 제맛인 낙지는 박과 함께 끓여 먹는 연포탕을 해 먹고 두부를 지져 먹는 전골류가 있는데 이달에 주로 해 먹는 음식이다. 호박을 섞어서 찐 떡과 찹쌀을 반죽하여 튀겨내어 만드는 유과와 강정이 있다.

서울 풍속에 무, 배추, 마늘, 고추, 소금 등으로 김장독에 김장을 담근다. 여름철의 장담기와 겨울철의 김장을 담그는 것은 사람들이 1년 중의 중요한 행사 계획이다.

| 팥죽

13) 동지(11월)

1년 중 밤이 가장 길고 낮이 가장 짧은 날이다. 동짓날에는 어느 가정에서나 팥죽을 쑤어 먹는데, 팥을 삶아 으깨고 체에 걸러서 그 물에다 찹쌀로 단자를 새알만큼씩 만들어서 죽을 쑨다. 하얀 단자를 '새알심'이라고 하는데, 팥죽을 끓여서 먼저 사당에 올리고, 그 다음에 집안 곳곳에 팥죽 한 그릇씩 떠 놓거나, 집앞과 뒤쪽 양옆에, 즉 사방에 팥죽을 조금씩 뿌린 후에 집안 식구들이 모여 팥죽을 먹는다. 이때 새알심을 나이 수대로 먹는데, 여기서 "동지팥죽을 먹어야 한 살 더 먹는다."라는 옛말이 비롯되었다. 동지에는 절식(節食)으로 '동지팥죽' 또는 '동지두죽(冬至豆粥)'이라 하여 매년 팥죽을 쑤어 먹는 풍속이 있는데, 조선 후기에 간행된 《동국세시기(東國歲時記)》 11월 조에 의하면 "동짓날을 아세(亞歲)라 하여 작은설이라 하였고 이날은 팥죽을 쑤어 먹는데, 팥죽을 쑬 때 찹쌀로 새알 모양으로 빚은 속에 꿀을 타서 시절 음식으로 먹는다. 또한, 팥죽은 제상에도 오르며, 팥죽을 문짝에 뿌려 액운을 제거하기도 한다."라는 기록이 있다. 팥죽을 먹을 때 물김치와 먹으면 더욱 맛이 좋다.

14) 섣달 (12월)

음력으로 1년의 마지막 달을 섣달이라고 하며, 이달의 마지막 날을 그믐이라고 하며, 제석이라고도 한다. 제석은 한 해를 마감하는 날로 1년의 마지막 날이며, 바로 다음 날이 설날이다. 그래서

차례상

제석에는 설날 차례를 지내기 위해 여러 가지 음식을 만드는데, 집안의 남자들은 집안 청소를 도와준다. 차례를 지내기 위해 음식을 만드는것을 세찬(歲饌)이라 하는데 이 세찬은 살림살이의 정도에 따라 다르며, 또는 차례를 지내는 집과 안 지내는 집에 따라 차이는 있으나, 어느 집에서나 만드는 흰떡은 옛날에 멥쌀가루를 쪄서 안반 위에 놓고 자루 달린 떡메로 무수히 쳐서 길게 떡가래를 만들었다. 한편, 옛날 제석에는 상사나 친척 또는 친지들에게 세찬으로 쓰는 식료품 생치(生雉) · 전복 · 어란(魚卵), 육포(肉脯), 겹자, 곶감, 대추 등을 선물하여 문안하였고, 요즘은 주로 고기, 생선, 과일, 술 등을 보내서 인사한다.

특히 이날을 수세라 하여 집 안 곳곳에 불을 켜 놓고 잠을 자지 않는다. 이는 잡귀의 출입을 막기 위한 것인데, 이날 잠을 자면 눈썹이 희어진다고 하여 밤새도록 윷놀이를 하거나 재미있는 이야기를 하며 밤을 새운다. 수세는 지나간 시간을 반성하며, 한 해의 마지막을 돌아보며 반성하고 다가올 새해를 기쁜 마음으로 맞이한다는 송구영신의 의미로 마지막이 아니라 시작이라는 뜻이다.

충북에서는 한 해가 마지막 밤이므로 저녁밥을 남기지 않으며, 하던 일도 마무리를 하여 해를 넘기지 않게 한다. 전북에서는 그믐에 잠을 자면 굼벵이가 된다고 하여 잠을 안 자고, 시루떡을 해서 방 안에 놓고, 밥그릇에 쌀을 담아서 촛불을 켜 놓는다.

촛불의 형태를 보면서 가족들은 새해를 점치기도 한다. 그리고 제석에는 한 해의 마무리를 깨끗이 하며 빌린 돈이나 받을 것이 있으면 해를 넘기지 않고 정리한다. 만약 받지 못하여 해를 넘길 경우에는 정월 보름까지는 달라고 하지 않는 것이 예의이다.

월	명절	대표 시절 음식
1	설날	떡국, 세주
2	정월대보름	오곡밥, 약식, 묵은 나물, 박가반, 부럼, 복쌈, 귀밝이술
3	삼짇날	화전, 화채, 화면
4	사월초파일	느티떡, 볶은통
5	단오	수리취절편, 제호탕
6	유두	수단, 유두면, 보리수단
7	삼복	육개장, 개장국, 계삼탕, 임자수탕
	칠석	밀전병, 밀국수
8	추석	오려송편, 토란탕, 신곡주
	백중	계절 과일, 각종 부각
9	중구	국화주, 국화전, 유자화채
10	상달	장탕, 만두, 애단자
11	동지	팥죽, 전약, 동치미
12	섣달	골동반

7. 의례 상차림

1) 출생 ~ 백일 상차림

아기가 태어나면 삼신께 상을 올리고, 삼칠일이 될 때까지 산모에게 흰밥과 미역국을 대접한다. 삼신상은 산신령에게 감사하고 아기와 산모의 건강을 축복하는 의미로 산모 방의 서남쪽 구석에 흰밥 3그릇과 미역국 3그릇을 놓는다. 출생 후 21째 되는 삼칠일에는 백설기떡을 준비하고 대문 밖으로는 내보내지 않으며, 집 안에 모인 가족끼리 나누어 먹었다.

그리고 백일이 되는 날에는 백설기와 붉은 팥고물을 묻힌 차수수경단과 오색송편을 준비하는데, 송편은 속이 꽉 차라는 뜻으로 만들어 먹고, 백설기는 아기의 무병장수, 붉은 팥고물은 액을 면하는 기원이며, 오색송편의 오색은 만물의 조화를 상징하는 의미가 담겨 있다.

백일상은 삼신께 지금까지 산모와 아기를 잘 지켜 주심에 대한 감사의 뜻으로 차려진다. 아기의 무병장수를 위하여, 목에 명주실 타래를 걸어주기도 하고, 이날 떡은 100명 이상과 나눠 먹기도 한다.

2) 돌 상차림

아기가 태어난 후 1년 되는 첫 생일에 아이의 무병장수와 복을 누리도록 기원하는 의례로 백설기, 수수경단, 생과일, 오색송편의 떡류와 국수, 실타래, 쌀, 돈, 책 등을 놓아 아이의 장래를 점치는 풍속이 있다.

3) 혼례 상차림

혼례 음식은 혼례 절차에서 예(禮)와 서약의 의미를 포함한다.

• 혼인하기 전날 저녁 신랑 집에서 신부 집으로 납폐를 함에 담아 가져온다. 이때 신부 집에서는 찹쌀 3되와 붉은 팥 1되, 시루떡 3켜를 시루에 앉히고 대추 7개를 중앙에 놓아 납폐함이 들어올 시간에 맞추어 쪄서 준비한다. 봉채떡은 반드시 찹쌀로 하는데, 이는 부부금슬의 화합을 의미하며, 붉은팥고물은 화를 피하라는 뜻이며, 대추는 아들 자손의 번창을 기원하는 의미이다.

| 결혼

| 폐백 음식

- 신부가 시부모님과 시댁의 친족에게 처음으로 인사를 드리는 예를 갖추기 위해 신부 측에서 특별 음식을 준비하여 시부모님, 시조부모님에게 드리는 음식을 폐백이라 한다. 혼인 당일 날은 동뢰상을 차리는데, 동뢰상 앞줄에는 밤, 대추, 유과를, 다음 줄에는 흰절편, 황색 대두 붉은팥을 한 그릇씩 놓고 절편에 물을 들여 수탉과 암탉 모양으로 만들어 동서남북에 놓는다.
- 폐백 음식은 지역에 따라 다른데, 개성 지역의 경우 닭으로 찜을 한 후 알지단, 실고추, 버섯 등으로 장식한 후 삶은 달걀을 놓아 닭이 알을 품고 있는 모양을 낸다. 서울 지역은 육포와 대추를 이용하고 기타 지역에서는 밤, 대추, 호두, 엿, 고기 음식 등을 중심으로 여러 가지 준비한다.

ㄴ) 회갑, 칠순, 회혼 큰상차림

61세가 되는 회갑, 칠순, 회혼을 맞이한 부모님께 자손들이 큰 상을 차려드리고 헌수를 하면서 축하와 감사의 뜻을 표하는 상차림이다. 큰상은 여러 가지 음식을 약 50~60cm 정도의 원통형으로 높이 고이는 것이 특징인데, 원통형 주변에는 祝 , 福, 壽字 등의 글자를 넣어 축하의 의미를 나타낸다. 만 60년을 해로한 해를 회혼이라 하는데, 이때에는 처음 혼례를 치르던 때를 생각하여 신랑, 신부 예복을 입고 자손들의 축하를 받는 의례 행사를 한다.

주빈이 먼저 이 음식을 먹고 의식이 끝난 후 헐어서 여러 사람에게 나누어주므로 흔히 망상(望床)이라고도 한다. 주빈 앞으로는 주식으로 국수장국을 차려 놓았고, 약식과 잡채, 김치, 찜, 포, 편육, 식혜 등을 놓은 장국상을 차렸고, 큰상에 괴어 올리는 음식은 과정류, 전과류, 생과실, 건과류, 떡류, 편육류, 전유어류, 건어물류, 육포 등을 올린다. 이때 같은 줄에 배열한 음식은 모두 같은 높이로 한다.

8. 대표 음식

1) 불고기

| 불고기

불고기는 쇠고기를 얇게 저며 핏기를 제거하고 간장, 파, 마늘, 설탕, 참기름, 다시마물, 깨소금, 후춧가루를 이용해 양념장을 만들어 그 양념장에 재워 구워 먹는다. 이런 양념은 고기의 맛을 상승 시키는 역할을 하며 된장이나 고추장을 곁들여 상추와 들깻잎에 싸 먹으면 신선한 맛을 즐길 수 있다.

국민음식 불고기의 원조는 맥적으로 그 역사는 고구려로 거슬러 올라간다. 맥적 이란 미리 조미하여 꼬챙이에 꽂아 직접 불에 쬐어 구운 맥족의 고기요리로 예로부 터 우리 민족의 고기 굽는 솜씨가 뛰어났음을 알 수 있다. 고기구이는 다른 나라에도 있으나 맥적은 특유의 갖은 양념에 미리 재워 두었다가 굽는다는 점이 다르다.

2) 비빔밥

| 비빔밥

쇠고기와 버섯, 고사리, 도라지, 콩나물, 시금 치 등의 채소류를 익히고 약고추장을 더해 준비 한다. 밥을 그릇에 담고 쇠고기, 익혀 놓은 채소 류를 조화롭게 돌려 담고 달걀을 얹은 후 약고추 장을 넣어 비벼 먹는 음식이다. 단백질과 비타민

등의 모든 영양소가 고루 들어간 균형 음식이며 밥상의 축소판이라고 할 수 있다.

비빔밥의 기원에 대해서는 여러 설이 있으나 예로부터 내려오는 산신제, 조상에 올리는 제사 등에 차려진 제물을 골고루 음복하기 위해 밥에다 갖가지 찬을 고루 섞어 비벼 먹었던 것에서 시작한다고 보고 있다. 그 외에도 농번기 들밥에서 나왔다는 설, 사찰 음식에서 유래되었다는 설 등이 있다.

3) 김치

배추, 무 등을 소금에 절여 고춧가루, 파, 마늘, 생강, 젓갈 등의 양념에 버무려 담가 놓았다가 발효시켜 먹는 우리나라 고유의 음식이다. 김치는 숙성기를 거치면서 유산균이 증가하여 유해균의 생육을 억제하거나 사멸하는 정장작용을 하고 고추의 캡사이신 성분이 위액 분비를 촉진하여 소화작용을 돕는다고 알려져 있다.

'김치'라는 말의 유래는 '채소를 소금물에 담근다'는 '침채(沈菜)'에서 시작된 것

| 배추김치

으로 추정된다. 김치류는 중국에서 3000년 전부터 저(菹)라는 이름으로 불렸으며, 삼국 시대에 우리나라로 전래되어 현재의 형태로 정착된 것으로 본다.

무를 원료로 한 김치로는 장아찌, 짠지, 동치미 등이 있으며, 조선 시대에 배추와 고추가 들어오면서 붉은색의 김치를 만들어 먹게 되었다.

9. 한국의 식사 예절

• 어른과 함께 식사할 때에는 어른이 수저를 든 다음 아랫사람이 들고 식사를 마칠 때에도 어른이 식사를 마치면 아랫사람도 마칠 수 있도록 보조를 맞춘다.

- 숟가락과 젓가락을 한 손에 들지 않고 하나를 사용할 경우 다른 하나는 상 위에 놓는다. 또한, 숟가락이나 젓가락은 그릇에 걸쳐 두지 않는다.
- 밥그릇이나 국그릇을 손으로 들고 먹지 않고 밥과 국물이 있는 김치, 찌개, 국은 숟가락으로, 다른 찬은 젓가락 등의 도구를 이용하여 먹도록 한다.
- 먹는 도중 수저에 음식이 묻어 있지 않도록 하며, 수저가 그릇에 부딪혀서 소리가 나지 않도록 한다.
- 두 사람 이상이 같이 식사할 때는 필요한 만큼 개인 접시에 덜어 먹을 수 있도록 각 접시를 놓는데 간장, 초간장 등의 조미료도 덜어다 먹는 것이 좋다.
- 김칫국물, 동치미국물 등을 떠먹을 때는 수저의 기름기가 뜨지 않도록 주의하며, 그릇 채 들어 마시지 않도록 한다.
- 음식을 먹는 도중 뼈나 생선가시 등 입에 넘기지 못하는 것은 옆 사람에게 보이지 않도록 종이에 싸서 버린다.
- 음식을 다 먹은 후에는 수저를 처음 위치에 가지런히 놓고 사용한 냅킨은 접어서 상 위에 놓는다.

10. 음식과 관련된 한국 속담

우리나라 속담에는 먹을거리의 출연 빈도가 높다. 특히 사계절 절식이 속담에 자주 등장한다.

- 밥은 봄같이 먹고, 국은 여름같이 먹고, 장은 가을같이 먹고, 술은 겨울같이 먹어라 : 계절에 따른 음식의 섭취와 보관법을 의미하는 것으로, 밥은 따뜻하게, 국은 뜨겁게, 장은 서늘하게, 술은 차갑게 마셔야 한다는 뜻이다.
- 봄 조기, 여름 농어, 가을 갈치, 겨울 동태 : 계절에 따라 맛이 좋은 생선을 나열한 것이다.

- 가을비는 떡비요, 겨울비는 술비 : 곡식이 넉넉한 가을에 비가 오면 떡을 해 먹으며 쉬고, 겨울에 비가 오면 술을 마시며 보낸 정겨운 풍경을 속담에 나타낸 것이다.

- 봄은 들어앉은 샌님도 먹는다 : 먹을 것이 부족한 봄에는 점잔빼고 들어앉은 샌님도 떡을 먹고 싶어 할 정도로 봄 나기가 힘들었음을 알 수 있다.

- 2월 가자미 놀던 펄 맛이 도미 맛보다 좋다 : 가자미가 음력 2월께 가장 맛이 뛰어나다는 것을 도미에 빗대 표현한 것이다. 실제로 양력 3월쯤 전남 신안과 진도에서 잡히는 가자미로 만든 무침회가 별미이다.

- 3월 거문도 조기는 7월 칠산 장어와도 안 바꾼다 : 봄철 조기와 여름철 장어에 대한 찬사이다.

- 가을에 전어를 구우면 집 나간 며느리가 돌아온다. 봄 도다리, 가을 전어 : 11월 가을에 전어가 맛있음을 예찬하는 다양한 속담이다.

- 가을 아욱국은 마누라 내쫓고 먹는다, 가을 아욱국은 사립문 닫고 먹는다 : 서리가 내리기 전 아욱의 맛이 유난히 좋다는 것을 나타낸 것이다.

- 가을 배와 고등어는 며느리에게 주지 않는다 : 가을에 먹는 배와 고등어는 건강에 이롭다는 의미로 며느리는 흔히 특별한 이유 없이 미움을 받는 상대로 출연한다.

- 꽁치는 서리가 내려야 제맛이다 : 꽁치 맛의 절정기는 서리가 내리는 10월, 11월임을 나타낸다. 지방함량이 11월에는 20g까지 올라가 맛이 좋다.

- 겨울에 무, 여름에 생강을 먹으면 의사를 볼 필요가 없다 : 겨울철이 되면 시금치, 김장김치 외에 푸른 잎 채소를 구하기 힘들어 비타민 섭취가 부족했던 과거에 겨울 무가 의사 역할을 충분히 했다는 의미이다.

[출처]
http://article.joinsmsn.com/news/article/article.asp?total_id=4681375&cloc=olink|article|default

비빔밥 (6인분 기준)

1 재료

쌀 400g, 콩나물 데친 것 100g, 애호박 100g, 고사리 삶은 것 100g, 사골 육수 800ml, 육회 150g, 미나리 데친 것 100g, 도라지 100g, 건 표고버섯 10g, 무 80g, 오이 70g, 당근 70g, 황포묵 150g, 달걀 400g, 다시마 튀각 · 잣 · 다진 마늘 · 깨소금 · 참기름 · 고춧가루 · 소금 · 다진 생강 · 간장 · 설탕 약간씩

2 만드는 법

① 사골 육수에 쌀을 넣어 약간 되직하게 밥을 지어 넓은 그릇에 퍼 담아 식힌다.

② 육회는 간장 5ml, 청주 5ml, 참기름 5ml, 마늘, 깨, 설탕을 넣어 무친다.

③ 콩나물과 미나리는 끓는 물에 데쳐 소금, 다진 마늘, 깨소금, 참기름을 넣어 양념한다.

④ 애호박은 채 썰어 소금에 절였다가 물기를 짜고, 도라지는 가늘게 찢어 소금으로 문질러 씻고 꼭 짠 후 소금, 다진 마늘, 깨소금, 참기름을 넣고 식용유에 볶는다.

⑤ 고사리는 물에 1~2시간 불린 후 줄기가 연해질 때까지 삶은 다음 짧게 썰고, 건표고버섯은 물에 불려 채 썬다. 마늘, 깨소금, 참기름을 넣어 양념한 뒤 볶는다.

⑥ 무는 채로 썰어 고춧가루에 무치고 오이와 당근은 곱게 채 썰어 볶아 놓는다.

⑦ 황포묵은 얇게 썰고 달걀은 황백지단을 부쳐 곱게 채 썰고 다시마 튀각은 잘게 잘라 놓는다.

⑧ 그릇에 밥을 나누어 담고 재료들을 고루 돌려 담은 후 약고추장을 얹는다.

⑨ 기호에 맞게 날달걀을 얹고 잣을 돌려 담는다.

불고기_(4인분 기준)

1 재료

쇠고기 600g, 양파 100g, 새송이버섯 50g, 팽이버섯 50g, 대파 70g, 홍고추 10g, 배즙 42ml, 양파즙 28ml, 청주 28ml, 간장 77ml, 설탕 28g, 물엿 14g, 참기름 14ml, 후추 · 다진 마늘 약간씩, 생강즙 4ml

2 만드는 법

① 고기는 불고기감을 준비해 키친타월로 살짝 눌러 핏물을 빼준다.

② 핏물을 뺀 고기에 먼저 1시간 이상 밑간을 해서 고기를 부드럽게 만든다. 밑간은 배즙, 양파즙, 청주로 한다.

③ 밑간한 고기에 간장, 설탕, 물엿, 참기름, 후추, 마늘, 생강즙, 배즙을 넣고 양념장을 만들어서 양념을 잘 버무린 후 약 3시간 정도 재워둔다.

④ 고기에 양념간이 배면 채 썬 양파와 함께 넣고 고기를 볶다가 마지막에 송이버섯, 대파, 팽이버섯을 넣고 볶아준 후 홍고추를 어슷 썰어 올린다.

잡채(4인분 기준)

1 재료

당면 150g, 돼지고기 80g, 시금치 80g, 표고버섯 30g, 당근 40g, 양파 30g, 간장 22ml, 깨 · 소금 · 식용유 · 참기름 · 설탕 · 다진 파 · 다진 마늘 · 후춧가루 약간씩

2 만드는 법

① 시금치는 데쳐서 물기를 꼭 짠 후 참기름, 소금을 넣고 무친다.

② 당면은 물에 불려 끓는 물에 삶는다.

③ 양파, 당근, 표고버섯을 가늘게 채 썬다.

④ 돼지고기는 채소와 같은 크기로 채 썰어 간장, 설탕, 참기름, 파, 마늘, 후춧가루를 넣은 양념에 재워둔다.

⑤ 팬에 식용유를 두르고 ③의 재료를 소금을 뿌려가며 볶고 돼지고기도 볶는다.

⑥ 식용유를 두른 팬에 당면을 볶으면서 간장, 참기름, 설탕을 넣고 볶은 양파, 당근, 표고버섯, 돼지고기, 시금치를 함께 넣고 볶은 후 깨를 뿌린다.

궁중떡볶이 (4인분 기준)

1 재료

떡 150g, 쇠고기 20g, 표고버섯 20g, 오이 20g, 당근 10g, 양파 30g, 달걀 50g

양념 : 식용유 · 간장 · 참기름 · 설탕 · 후춧가루 · 깨소금 · 다진 마늘 · 다진 파 · 약간씩

2 만드는 법

① 끓는 물에 데쳐 먹기 좋은 크기로 자른 떡은 참기름과 간장을 같은 비율로 넣어 만든 유장에 밑간해 둔다.

② 가늘게 채 썬 쇠고기와 표고버섯에 간장, 참기름, 설탕, 후춧가루, 마늘, 깨소금을 넣어 양념해 두고 채소류는 모두 채 썰어 준비한다.

③ 식용유를 두른 팬이 달궈지면 쇠고기를 볶다가 표고버섯을 넣어 함께 볶고 쇠고기와 표고버섯이 모두 익으면 나머지 채소를 넣어 함께 볶는다.

④ 모두 볶아지면 유장 처리해 둔 떡을 넣어 함께 볶다가 지단을 얹어 낸다.

2. 중국

나라 이름: 중화인민공화국
(People's Republic of China)
수도: 베이찡(북경)
언어: 중국어
면적: 9,596,960㎢ 세계 4위 (CIA 기준)
인구: 약 1,379,302,771명 세계 1위 (2017.07. est. CIA 기준)
종교: 불교, 유교, 도교, 회교, 기독교 등
기후: 습윤성 기후, 아열대 기후, 건조 기후
위치: 아시아 동부
전압: 220V, 50Hz
국가번호: 86 (전화)

GDP(명목 기준): 11조 9,375억$ 세계 2위 (2017 IMF 기준)
GDP(1인당 기준): 8,582$ 세계74위 (2017 IMF 기준)

www.govonline.cn

1. 개요

중국에서는 오미(五味)가 오장(五臟)에 도움이 된다고 믿고 있으며, '식의동원(食醫同源)'이라는 말이 생겨났을 정도로 식생활이 차지하는 부분이 상당히 크다. 그러므로 요리사나 조리사의 사회적 위치도 상당히 높다. 이윤(伊尹)이라는 자는 은나라의 요리사로서 재상까지 올랐다고 한다. 그는 오리통구이를 황제 탕왕에게 바치고 궁중 요리사가 되었으며, 국정에 대한 건의를 하였다고 하며, 《본미론(本味論)》이라는 요리책을 서술하기도 하였다. 또한, 황제는 이윤(伊尹)의 재능을 높이 여겨 재상으로 중용하였다고 전해진다. 솥단지와 식탁을 제외하고는 뭐든지 요리의 재료로 쓰인다고 하는 말이 있을 정도로 중국은, 요리의 천국이 아닌가 싶다. 옛 전래동화와 같은 이야기지만 요리사가 음식을 맛있게 만듦으로써 당대에 정치에 참여할 수 있었다는 것은 '요리의 나라' 중국에서는 충분히 가능하다고 여겨진다.

중국은 역사가 길고 땅이 넓은 만큼 다양한 지리, 기후와 여러 민족 등의 요소로 인해 다양한 식재료와 조리법 등이 발달하였다. 이로써 지역마다 독특한 특징을 나타낸 음식문화가 발전하게 되었다. 중국인들은 그들만의 음식에 머무르지 않고, 다른 지역과 다른 나라의 음식문화에도 큰 영향을 주었는데, 그것은 세계 3대 요리를 꼽을 때 중국요리가 빠지지 않는 이유이다.

2. 역사

중국은 역사가 오래된 만큼 음식문화도 시대별로 중국만의 특징을 나타내고 있다. 고대 시대부터 현재에 이르기까지 중국 음식문화의 역사를 보면 크게 5개의 시대로 분류할 수 있다.

1) 고대 시대[은, 주, 전한(기원전 1700~기원 후 24년)]

중국요리는 기후, 지리적 특성, 민족성에 따라 각양각색의 특징을 지니고 있다. 특히 과거 고대 시대부터 식의동원(食醫同源) 사상을 바탕으로 발전해 왔기 때문에 한의사를 중심으로 요리법이 발전하게 되었다. 주나라 말기에 이르러 철기가 출현하면서부터는 생산 활동에 급격한 발전이 있게 되고, 음식생활에도 큰 변화가 일어났으며, 조리법이 발전하여 기존에 먹었던 '불 맛 나는 음식'에서 벗어나 청동 조리기구로 익혀낸 음식을 먹기 시작했다. 이 당시 황제의 음식을 돌보는 관리가 208명, 일꾼은 2000명이 넘었다고 하니 음식에 들인 노력과 규모가 어마어마했음을 짐작케 한다.

2) 중고 후한, 삼국, 진나라(25~420년)

한나라 때에는 떡, 만두 등 곡류로 가루를 내어 음식을 만들어 먹는 조리법이 생겨났고, 술, 식초, 장, 누룩 등의 제법이 발달한 시대이다. 식기로는 금, 은, 칠기 등으로 만든 그릇을 사용하기 시작했다.

차(茶)는 진나라 때부터 시작한 것으로 전해지는데, 당시에는 차(茶)라고 부르지 않고 '고도'라고 불렀다. '고도'란 쓴 씀바귀라는 뜻으로 이 당시에는 약재료 사용되어 병을 고치는데 차를 이용하였음을 알 수 있다. 장기간 약초가 차(茶)로 사용되면서 차가 병을 고칠 수 있을 뿐 아니라 갈증을 해소하고, 향기가 좋아 음료수로도 쓰일 수 있다는 것을 점차 인식하게 되었다. 이후부터 사람들은 대량으로 차를 재배하기 시작했다. 차가 약초로부터 음료수로 전이되기 시작한 것은 전한

| 보이차

시기이지만, 삼국 시대에 양자강 이남 지역에서 차를 마시는 습관이 형성되었다.

이후 당나라 시대에는 차가 더욱 유행하여 궁중이나 귀족들만의 전유물이 아니라 민간에도 전파되어 차를 마시는 것이 보편화하였다.

3) 수, 당, 오십대국(581~959년)

| 꽃빵

북조 출신인 수, 당 왕조는 음식문화도 이의 영향을 받아 생선의 사용이 적고 양고기나 면을 주로 이용하였다. 이 당시에는 양자강과 황하를 잇는 대운하가 건설되어 강남의 질 좋은 쌀이 북경까지 전달되는 등 남북의 교류가 활발해져 북경 일대의 식생활이 풍요로워졌다. 또한, 페르시아에서 설탕이 들어온 것도 이 무렵부터이다. 물레방아를 이용해 제분을 시작함으로써 일반 서민들도 빵이나 전병을 먹게 되었다.

당시 식사는 1일 2식이었고 조리는 남자의 일이었다. 중국 당나라의 문인 육우(陸羽)가 지은 다도의 고전 《다경(茶經)》이 760년경에 간행되었는데, 여기에는 차의 기원, 차를 만드는 법과 그 도구, 다기, 차를 끓이는 법과 마시는 법, 산지와 문헌 등을 상 - 중 - 하의 3권으로 나누어 자세히 기록하고 있다.

4) 송(960~1279년)

당나라에서 송나라로 바뀌면서부터 식생활 양식에 커다란 변화가 일어났다. 송나라는 고대 음식 역사가 근대와 현대로 접어들기 시작한 시대로, 이 시대에 음식 관련 서적이 나오기 시작했다. 쓰이는 글자에도 변화가 생겼는데, 예를 들면 당나라 때까지는 면류의 명칭이 탕병, 수인병으로 불리었으나 송나라 때부터는 오늘날까지 이어져 오고 있는 '면(麵)'이라는 글자를 쓰게 되었다.

중국의 연회 문화에는 자리 배치부터 음식 순서, 누가 먼저 젓가락을 들 것이며 언제 자리를 뜰 수 있는지까지 모두 명확한 규정이 있다. 송대에는 밥, 식사를 뜻하는 반(飯)자와 바둑판, 정세, 속임수라는 뜻인 국(局)자를 조합해 연회나 회식을 판국(飯局)이라고 부르기 시작했다. 즉 식사와 모략이 함께 한다는 단어의 조화이다.

5) 원, 명, 청(1279~1911년)

원나라의 궁은 매우 사치스럽기로 유명했다. 마르코폴로와 이탈리아 포르데노네(Pordenone) 지방의 오드릭(Odoric) 신부와 같은 서방 여행가들이 원나라를 방문했을 때 이들의 사치함에 놀랐다고 하니 그 정도가 어느 정도였는지 가히 짐작하기도 어렵다. 마르코폴로가 서술한 글에 의하면 "식탁은 잘 배치되어 황제는 모든 사람을 볼 수 있었다. 그러나 모두가 식탁 앞에 앉지는 않았다. 대부분 무사와 하위급 귀족들은 식탁이 없어서 홀의 카펫 위에서 음식을 먹었다. 홀의 중앙에는 정사각형의 상자와 같은 아름다운 대좌가 있었다. 대좌의 중심은 값진 화병과 좋은 포도주 및 음료수를 담은 큰 용량의 금빛 주전자를 두었다."라고 했다. 원나라는 유럽, 미국과 해양을 통한 교류가 많았기 때문에 음식문화에 있어서도 유럽 음식의 영향을 많이 받았으며, 특히 소스류가 발달했다. 반대로 중국의 음식이 서양 음식에 영향을 준 경우도 많았는데, 그 대표적인 예가 스파게티의 시초가 된 국수이다.

| 중국생면

명나라 때에는 1일 3식이 원칙으로 밥과 부식물은 젓가락으로 먹었다. 젓가락을 사용하면서부터 공기 모양의 식기를 많이 사용하게 되었다. 젓가락도 손잡이 부분은 사각형이며, 음식을 집는 끝은 둥근 형태를 갖추게 되었는데, 이는 오늘날 중국인들이 보편적으로 사용하는 젓가락과 모양과 크기가 유사하다. 숟가락은 국을 떠먹거나 스프를 먹기 위한 전용 도구로 여겨졌다. 명나라 시대에는 옥수수, 고구마가 수입되어 요리법이 더욱 발달하였다.

청나라 시대는 중국요리의 진수이며, 궁중요리의 집대성이라 불리우는 만한전석(滿漢全席)이 완성되어 청나라의 화려함과 호사스러움의 극치를 보여준 중국요리의 부흥기라고 할 수 있다. 곰발바닥, 낙타등고기, 원숭이골 등 중국 각지에서 생산되는 재료로 만든 100종 이상의 요리를 이틀에 걸쳐 먹는 것으로 이 요리법을 완전히 아는 이는 드물다고 한다. 청나라 말 막강한 권력을 휘둘렀던 서태후는 100여명의 요리사를 대동하고 나들이를 가서 수백 가지 음식을 만들어 먹을 만큼 화려함의 극치를 이루었다고 전해진다.

3. 중국음식의 일반적인 특징

- 간단한 조리 도구만이 이용된다.
- 한 그릇에 한 가지 요리를 전부 담아내 식욕을 자극하는 풍성한 외관을 자랑한다.
- 음양오행, 약식동원의 음식 철학이 담겨 있다.
- 쌀 문화와 밀 문화가 공존한다.
- 식재료의 사용이 광범위하다.
- 숙식(熟食)과 기름의 사용으로 조리 시간을 줄이고, 영양 손실은 최소화한다.
- 풍부한 조미료와 향신료를 사용하여 복잡 미묘한 맛의 세계를 창출한다.

| 길거리 음식들

⬆ 중국음식의 음식재료는 선택이 광범위하고 보존성과 운송이 편리하도록 말린 음식재료가 발달하여 다양한 재료가 요리에 사용된다. "하늘에서는 비행기, 바다에서는 잠수함, 육지에서는 책상을 제외하고는 모두 다 먹는다."라는 말은 중국인들의 다양한 식재료 선택을 빗대어 생긴 것이다. 그러나 이는 식량 부족도 중요한 하나의 원인이 되었다. 빈번한 홍수나 가뭄, 전쟁 등으로 식량 부족의 악순환이 계속되었고, 이것이 반복되다 보니 이것저것 다양하게 먹게 된 것이다. 물도 찻잎을 넣고 끓여서 마실 만큼 과일을 제외하고는 날것을 거의 먹지 않아 숙식(熟食)이 발달했다. 엄청난 요리 종류에

비해 조리 도구는 놀라울 정도로 간단하다. 중국이 대륙인 만큼 쌀이 주생산인 지역과 밀이 주생산인 지역이 있다. 이로 인해 중국의 경우 쌀 문화와 밀 문화가 공존하는 특징도 가지고 있다. 양자강 이남 지역은 벼농사가 발달한 반면, 황하강 이북 지역은 밀농사에 적합한 기후와 토양을 가졌기 때문이다. 중국음식은 한 접시에 담겨 나오므로 먹는 인원수에 융통성이 있어 편리하고 경제적이라는 이점도 가지고 있다.

조리법은 기름을 사용하여 튀기거나 조리거나 볶거나 지진 것이 대부분이며 고온에서 짧은 시간 안에 조리하여 재료의 고유한 맛은 그대로 유지하면서 영양의 손실도 최소화할 수 있다. 중국인들은 음양오행(陰陽五行) 사상을 가지고 있는데, 이는 그들의 세계관과 가치관의 기저를 이루고 있어 식생활에도 그대로 적용된다. 계절과 음식물의 관계를 중요시하며, 음식에 있어 음양의 균형과 오미의 조화를 중시한다.

| 청경채 볶음

| 볶음밥

4. 지역별 음식의 특징

중국은 국토가 넓어 각 지방마다 기후, 지리, 산물 등에 따른 특징이 각기 다르고 민족 구성 또한 복잡하다. 따라서 요리법과 요리의 종류가 다양해졌으며 기나긴 역사 속에서 여러 계통을 형성하며 발전해 왔다. 지역의 구분은 크게 북경요리, 상해요리, 사천요리, 광동요리 등 4가지로 분류할 수 있으며, 조금 더 세분화하여 8대 요리로 나누기도 한다.

1) 북경요리(베이징 요리)

– 겨울이 길고 한랭하여 추위를 이기려는 습성으로 기름에 튀김 요리가 발달하였다.

| 깐풍기

북경은 농작물, 청과물 등이 풍부하여 면류, 만두, 떡 등 가루 음식과 쇠고기, 돼지고기의 내장, 양고기, 오리고기, 어패류 등을 이용한 요리가 발달했다. 음식은 신선하고 부드러우며 짜거나 달지 않고 담백하다. 북경은 중국의 오랜 수도로 정치, 경제, 사회, 문화의 중심지이며 궁중요리 및 사치스러운 문화가 발달하였다. 특히 청나라의 궁중요리가 기본이 되어 발달한 요리를 북경요리라고 할 수 있다. 북경은 겨울이 춥고 길기 때문에 고칼로리 음식을 주로 먹으며, 육류를 튀긴 요리가 발달하게 되었다.

강한 화력을 써서 짧은 시간에 기름에 튀겨내는 산동식 조리법의 영향을 받아 음식이 대체로 고소하며 담백하며, 바삭거리는 특징이 있다. 가장 많이 알려진 북경요리는 '베이징 카오야'라고 부르는 오리구이와 양고기 요리인 쑤안양러우이다.

- 양고기 요리가 많은 것도 북경요리의 한 특징인데, 북쪽 지역은 양이나 소를 키우고 목축업을 하는 유목민이 많은 몽골에 접해 있고, 돼지고기를 먹지 않는 회교도들이 도살업에 종사하면서 독특한 양고기 문화가 발달하게 되었다. 양고기를 얇게 썰어 끓는 육수에 살짝 데쳐 먹는 쑤안양러우는 우리나라의 샤브샤브와 비슷한데, 원래 몽골족의 음식이었는데, 북경이 원의 수도가 되면서 전파되어 명나라 때 대중화되었고 이후 북경의 명물 요리로 자리 잡게 되었다.

- 훠궈(火爐)는 몽고족이 고안한 조리 용기로 신선로와 같은 모양을 하고 있고, 훠궈에 여러 재료를 담아 요리한 음식도 훠궈라고 한다. 청나라 건륭제가 신선한 요리를 아주 좋아했기 때문에 가는 곳마다 훠궈 요리로 대접을 받았는데, 이때부터 훠궈는 전국적으로 퍼져나갔다고 한다. 육류, 어류, 해산물, 버섯, 곡류, 채소 등 각색의 재료로 때로는 호화롭게 때로는 소박하고 간소하게 마련할

수 있다. 밑에 숯불을 피우고 냄비 둘레의 국물을 항상 보글보글 끓게 한다. 그리고 종이처럼 얇게 썬 고기나 생선을 젓가락으로 잡고 살짝 담가 익혀서 각종 양념장에 찍어 먹는다.

2) 광동요리 (강을 끼고 있어 해산물 요리가 주를 이룬다.)

재료가 가지고 있는 원래의 맛과 색을 잘 살려내는 담백한 것이 특징인 광동요리는 비교적 간을 싱겁게 하며 기름도 적게 쓴다. 돼지기름(라유) 대신 땅콩기름 등의 식물성 기름을 사용하며, 한국인들의 입맛에 맞는 요리가 많은데 탕수육도 광동지방의 대표 음식 중 하나이다. 16세기에 스페인, 포르투갈의 선교사, 상인들이 많이 왕래하였기 때문에 지역 음식을 국제적인 음식으로 발달시켰다. 뱀, 쥐, 개, 원숭이 등을 이용한 요리가 유명하고, 재료가 가지고 있는 자연의 맛을 잘 살려 내는 것이 특징이다. 광동요리는 중국 동남부에 있는 광동성을 중심으로 홍콩을 포함한 주변 지역의 요리를 통칭한다. 광동지역은 중국 5대 강의 하나인 주강(珠江)을 끼고 있으며, 산지와 함께 기다란 해안선이 발달해 있을 뿐 아니라 아열대 고온다습한 기후라 다양한 식재료가 많기로 유명하다. 이러한 배경에 따라 사람들은 이 맛의 고장을 일러 '식재광주(食在廣州)', 즉 "음식은 광주에 있다."라고 칭찬하였다. 대표적인 요리로는 광동식 탕수육, 구운 거위 또는 오리, 구운 새끼 돼지고기 등이 있고 재료는 새우, 게, 전복, 상어지느러미, 제비집 등 진귀한 재료가 많이 사용된다. 또한, 딤섬도 빼놓을 수 없는 대표적인 음식이다. 서양요리의 영향을 받아 토마토 케첩, 우스터 소스 등 서양식 재료와

| 딤섬

| 제비집

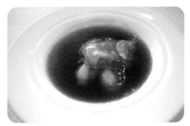
| 샥스핀

조미료를 받아들인 요리도 많다.

- 얌차는 '차를 마신다'는 의미인데, 차를 마시면서 조그맣게 간식용으로 만든 딤섬[點心]을 먹는 것을 말하고, 얌차[飮茶]는 광동 음식문화에서 빼놓을 수 없는 즐거움이다. 차를 마시기 위해 함께 먹는 딤섬은 만두와 각종 면류, 죽 등이 포함되며 경단, 떡 등 폭넓은 메뉴를 가지고 있어 그 수를 헤아리기 어려울 만큼 종류가 많다. 광동 사람들은 아침과 점심에 얌차를 한다.

- 식용으로 쓰는 제비집은 중국 남부를 비롯하여 동남아시아 바다 주변의 절벽에 사는 바다제비의 일종인 금사연의 새 둥지이다. 금사연은 해안 절벽 위에 높은 곳에 둥지를 트는데, 목구멍의 침샘에서 끈적이는 분비물을 뱉어내어 머리를 저어가며 암벽에 발라 집을 짓는다. 이때의 처음 지은 제비집은 하얗고 빛이 나므로 백연(白燕)이라고 부르며 품질이 아주 좋다. 이것을 사람이 채취해 가면 두 번째로 둥지를 짓는데, 이때는 타액이 조금 모자라서 자신의 깃털을 섞어서 짓는데 이것을 모연(毛燕)이라고 한다. 때로는 타액이 다하여 마른 침을 뱉다보면 피가 섞여 나오게 되는데, 이렇게 지은 집을 혈연(血燕)이라고 한다. 옌워탕은 제비집 스프로 맑은 닭국물에 제비집을 익혀 곱게 다진 닭가슴살을 넣어 만든 것이다. 유명한 미식가인 건륭제는 아침식사 때마다 반드시 달콤한 옌워탕한 그릇을 먹었고, 중국 역대 임금 중 가장 오래(83세) 살았다고 한다.

3) 상해요리(남경)

상해요리는 양자강 하류의 풍부한 곡물과 해산물 재료로 요리가 다채로운 것이 특징이다. 활발한 외국 과의 교역으로 음식에도 국제적인 풍미가 담겨져 있다. 모양보다는 깊은 맛에 중점을 둠으로써 화려한 장식은 거의 하지 않는다. 요리에 지방의 특산물인 장유(간장의 일종)를 사용해 독특하다. 상해요리는 간장이나 설탕으로 달콤하게 맛을 내는 찜이나 조림 요리가 발달하였고, 기름기 많고 맛이 진하고 양이 푸짐한 것이 특징이다. 쌀 생산이 많아 쌀밥에 어울리는 요리가 발달한 것도 특이한 점이다. 대표적인 음식으로는 바닷게를 사용한 푸룽칭세, 동파육, 훈제 피단, 불도장, 만두의 일종인 탕바오 등이 있다.

| 닭발, 내장찜

4) 사천요리

중국 서부 양쯔강 중상류의 내륙 산악 지대의 요리를 대표하는 사천요리는 청뚜, 총칭 등의 도시를 중심으로 발달한 요리이다. 바다가 없는 사천 분지는 계절 구분이 뚜렷한 곡창 지대로 사계절 농산물이 풍부하여 채소류나 곡물, 육류를 이용한 요리가 많다. 사천 지방은 바다가 멀고 더위와 추위가 심한 내륙 지방으로 예로부터 악천후를 이기기 위해 향신료를 많이 쓴 요리가 발달해 왔다. 사천요리는 중국인이 가장 좋아하는 요리로도 잘 알려져 있으며, 중국의 전통을 가장 잘 보존하고 있는 요리라고 볼 수 있는데, 여름철은 매우 더워 부패를 방지하기 위하여 고추, 산초, 후추, 두반장, 파, 마늘과 같은 매운 양념을 많이 사용한다. 또한, 오지이기 때문에 소금 절임 같은 저장식품이 발달하여 사천식 무짠지인 '짜사이' 같은 특산물을 낳기도 하였다. 이와 같이 사천요리는 신맛과 매운맛, 톡쏘는 맛과 향이 기본을 이루고 있다. 맵고 짜지만 우리의 입맛에도 잘 맞는데 마파두부, 회과육, 깐쇼새우, 삼선 누룽지탕 등이 대표적인 요리이며 우리에게도 잘 알려져 있다.

| 짜사이

| 마파두부

| 깐쇼새우

5. 일상식

중국인들의 식사는 판(飯)과 차이(荣)로 구성된다. 판은 주식류이며, 밥, 국수, 죽, 전병 또는 만두와 같은 음식을 포함하며 각자의 그릇에 개별적으로 제공되며, 차이는 부식류로서 고기와 채소, 생선 등을 요리한 것을 말한다. 차이는 판을 더욱 맛있게 먹는 것을 도와준다. 식사는 반드시 판을 포함해야 하지만 차이를 꼭 포함할 필요는 없다. 식탁의 가운데에 공동의 그릇에 담아 판과 함께 제공되므로 판과 차이는 제공 방식으로도 구분할 수 있다. 연회에서는 반대로 차이를 포함해야 하지만 판은 먹지 않을 수도 있다. 그러나 학자에 따라 중국요리는 어디까지나 요리 중심이며 주식과 부식의 구분이 없다는 주장을 하기도 한다.

1) 아침 식사

주로 간단한 식사를 한다. 한 그릇의 음식에 후루룩 마실 수 있는 정도의 간단한 두부탕이나 꽈배기를 얹은 콩국이나 호떡 등을 먹는다. 식후엔 녹차나 홍차를 주로 마신다. 중국 남부에서는 쌀로 만든 뜨거운 죽을 짭짤하게 요리한 후 고기나 생선, 채소를 곁들여 함께 먹는다. 북부에서는 전병, 호떡, 찐빵, 꽈배기 고기만두, 또는 국수를 아침으로 먹는다. 중국은 여자가 밥을 하지 않고, 남자는 출근을 하면서 간단하게 길거리에서 줄을 서서 국수를 먹거나 바나나잎에 싸서 찐 밥을 사먹는다.

| 도삭면
(칼을 가지고 다니면서 반죽한
밀가루 반죽을 즉시 잘라서 끓임.)

| 고기만두

| 바나나잎 찐밥

2) 점심

점심은 저녁 식사의 축소된 형태로 국이나 밥, 밀가루를 이용한 요리, 채소, 그리고 생선 또는 고기가 포함된다. 아침보다는 많은 양이지만 주로 간단하게 먹는다.

3) 저녁 식사

중국인은 저녁 식사를 가장 풍성하게 먹는다. 정찬식으로 저녁을 먹는 경우가 많은데 이때에는 전채 → 두채 → 주채 → 탕채 → 면점 → 첨채 순으로 제공된다.

| 전채 | 두채 | 주채
| 탕채 | 면점 | 첨채

- 전채 : 전채는 냉채 요리로 구성되며 식욕을 돋우는 역할을 한다.
- 두채 : 따뜻하고 부드러운 맑은 탕요리다. 상어지느러미, 제비집 등의 고급 재료가 이용된다.
- 주채 : 주요리를 말하며 고기, 해물, 두부, 채소 요리 등으로 구성된다.
- 탕채 : 국물 요리를 말하며, 연회에서 탕채는 다른 요리를 다 낸 후에 연회의 후반부에 면점보다 앞서 낸다.

- 면점 : 쌀, 쌀가루, 밀가루를 주재료로 만든 음식을 말한다. 판으로 불리우는 밥, 면류, 만두, 포자 등이 여기에 포함된다.
- 첨채 : 단맛이 나는 후식으로 싱싱한 과일이나 아이스크림, 과자류의 디저트를 의미한다.

6. 특별식

1) 춘절(春節)

우리나라처럼 음력설과 양력설이 있는데, 음력설을 춘절이라 하고 양력 1월 1일은 원단(元旦)이라고 한다. 음력 1월 1일을 가리키는 중국 최대의 전통 명절인 춘절은 공식적으로 3일간의 연휴지만 지방별로 2주 이상 쉬는 곳도 있다. 춘절 전날 저녁부터 온 가족이 모여 교자(餃子)를 빚어 춘절 밤 12시가 되면 먹기 시작하는데, 이는 자정이 넘어 새로운 새해가 접어드는 교자(交子)가 되는 시간과 교자(餃子)가 같은 발음을 내므로 송구영신의 의미를 갖는다. 춘절에 먹는 음식으로 만두 외에 두포(팥빵), 미주(곡주)가 있다.

2) 원소절(原宵節)

원소절에는 중국인들은 달을 보며 소원을 빌고, 원소절을 위앤샤오제라고 하며, 이날은 위앤샤오(元宵)를 먹는데, 이는 찹쌀가루를 반죽하여 둥글게 만들고 그 속에 설탕 소를 넣은 것으로 온 가족이 한자리에 모이는 것, 즉 화목을 의미한다. 원소절은 음력 1월 15일, 즉 우리나라로 치면 정월대보름이다.

3) 중추절(仲秋節)

중국의 중추절은 달을 향해 절하고 제사지내는 풍속과 달 구경하기 의식이 있는데, 음식 또한 달 모양의 월병(月餅)을 만들어 먹는다. 월병은 '모임'을 상징하며 집안 식구들이 모두 한자리에 모였으면 하는 염원을 나타낸다. 중국의 월병은 전통을 지키면서도 꾸준히 시대의 흐름에 맞춰 발전되어 왔고, 모양이 변하고 품종이 증가하였을 뿐 아니라 지역마다 특색 있는 외관과 맛을 자랑하고 있다. 그리고 음력 8월 15일 중추절은 춘절 다음으로 큰 명절로 우리나라의 추석에 해당한다. 북경 지역은 월병은 기름과 속이 다 식물성이고, 기름을 적게 사용하고 단편인 광동 지역의 월병은 제각기 다른 맛을 낸다. 미녀의 도시 소주식에는 기름과 설탕을 많이 넣어 바삭하면서도 껍질과 두께가 얇고 흰색이며, 바삭한 사탕을 안에 넣어 입에 넣으면 향기로운 맛이 입안 골고루 퍼지는 것이 특징이다.

7. 대표 음식

1) 북경 통오리구이

북경의 대표 요리인 통오리구이는 특수하게 사육한 오리를 재료로 하여 만든다. 오리가 부화한 후 50일이 지나면 오리를 어둡고 좁은 곳에 집어넣어 강제로 먹이를 준다. 오리는 움직일 수

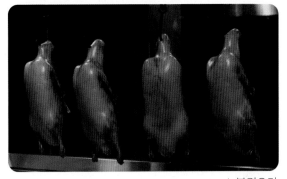
| 북경오리

없는 작은 공간에서 약 반 달 동안 과잉 섭취를 하게 되는데 운동 부족으로 오리는 2배 넘게 자라난다. 이 오리의 깃털과 물갈퀴, 내장 등의 부산물 등을 빼내고 껍질과 살 사이에 공기를 넣어 부풀어 오르게 한 후 몸 표면에 엿을 발라서 그늘에 말린 다음, 대추나무나 배나무 장작불 위에 매달아 놓고 표면이 갈색이 될 때까지 은근하게 굽는다. 먹을 때는 얇은 밀전병에 벗겨낸 오리껍질과 채 썬 파, 오이를 함께 싸서 먹는데, 간장소스나 칠리소스를 찍어 기호에 맞게 먹을 수 있다.

2) 동파육(東坡肉)

상해 지역의 대표 요리 중 하나로써, 일반 가정집의 일상식으로 쓰인다. 동파육은 북송 시대 문장가인 소동파가 좌천되어 황주에 머무르는 동안 발명한 요리라고 하여 '동파육(東坡肉)'이라고 이름 지어졌다. 거무스름하고 윤기 도는 색이 식욕을 돋우며, 느끼한 맛이 없이 사르르 녹는 맛이 일품인 이 요리는 돼지고기 삼겹살을 큼직한 네모로 썰어 황주 등 다양한 조미료를 넣고 뚝배기에 담아 밀봉하여 오랫동안 푹 익혀서 만든다. 삼겹살이 주재료이지만 사과, 계피, 팔각, 파, 생강, 진간장, 소금, 조리용 술 등 여러 가지 향신료와 재료가 들어가 향긋하며, 덩어리 고기지만 부드러우며, 느끼하지 않고 특이한 맛을 가지고 있다.

| 동파육

3) 불도장

불도장에 관한 이야기

청나라 때 한 관원이 지방 장관 주련을 집으로 초대하여 연회를 베풀 때 그의 부인이 직접 만든 요리라고 전해진다. 뛰어난 풍미에 반한 주련은 요리법을 부인에게 물어 관가 요리사에게 전달했고, 그 요리사는 육류를 적게 넣는 대신 해산물을 많이 사용하여 은은한 향과 부드러운 맛이 나게 요리했다. 이듬해 요리사는 '취춘원'이라는 음식점을 열어 이 요리를 선보였는데, 어느 날 몇몇 고위관리와 문인들이 이 음식점에 찾아와 연회를 열던 중 이 요리의 풍미에 취했다. 한 관리가 이 요리의 이름을 묻기에 요리사가 아직 정하지 못하였다고 하니, 연회에 참석한 누군가가 이 요리를 '불도장'이라고 부르게 되었다고 한다.

불도장은 많은 육류와 30여 개의 재료, 12가지의 조미료가 들어가는데, 경우에 따라서 재료를 조정할 수 있다. 닭고기, 오리고기, 돼지고기, 소고기, 돼지 위, 돼지 족발, 양고기, 죽순, 표고버섯, 말린 용안 열매, 생선 껍질 등 서른 가지가 넘는 재료를 소홍주 술항아리에 꽉꽉 채우고, 항아리 위는 연꽃의 잎이나 얇은 종이로 덮어 놓고, 약한 불에서 오랫동안 푹 고아서 만든다.

먹는 방법은 불도장이 완성된 항아리 안의 음식을 손님에게 모두 나누어 낸 다음, 뜨거운 기름에 익힌 비둘기 알을 먹음직스럽게 장식하고 기호에 따라 숙주나물, 표고버섯, 껍질콩 볶음, 매콤한 겨자기름, 하얀 실빵과 참깨병을 곁들여 먹는데, 요리의 완성은 최소 하루 내지 이틀 정도의 시간이 걸린다.

4) 송화단(松花蛋) – 알칼리의 용액에 침지 시킨 달걀

송화단은 신선한 오리알을 석회와 소금, 재의 반죽으로 싸서 항아리에 넣고 밀봉하여 여러 달 동안 발효시킨 것인데, 발효 과정에서 노른자는 검게 변하고 흰자는 젤리처럼 변하여, 맑은 색으로 굳어진 것으로 알 속에 소나무 가지 모양과 비슷한 무늬가 생긴다고 하여 붙여진 이름이다. 피단이라고도 하며, 약한 불에 두부에 쪄서 냉채 요리 혹은 각종 요리에 넣어 먹거나 샐러드 등 각종 요리에 넣어 먹는데, 처음에는 암모니아 냄새가 많이 난다. 소금에 절인 시엔딴이 있고, 특히 쌀겨와 석회, 황토 등을 혼합해서 만드는 피단은 최상품이다.

| 피단

8. 중국의 식사 예법

- 둥근 식탁에 둘러앉아 먹는 방식이 전통적인 식사법이다.

- 연회 시 사용되는 중국식 테이블은 10명 정도가 앉을 수 있는 원탁이며, 원탁 가운데에는 돌릴 수 있는 회전 원판이 있다. 이 원판 위에 음식 접시를 올려놓고 원판을 돌려가며 각자 개인용 그릇과 수저를 사용해 덜어 먹는다.

- 주빈이 되는 손님이 가장 안쪽인 상좌에 앉도록 배치하고 주인은 시중을 드는 사람이 다니는 문쪽의 아랫자리에 앉는다. 주빈의 좌우에는 주빈 다음으로 중요한 사람이 앉게 하고 주인의 좌우에는 가까운 친지나 친구가 앉는다.

- 중국요리는 1인분씩 담지 않고 한 그릇에 한 가지 요리를 전부 담아낸다. 식당에서나 손님 초대 시의 요리 가짓수는 보통 인원수만큼 내거나 그보다 한 가지 정도 많은 것이 통례이다. 예를 들어 7명을 초청했을 때에는 8가지 요리를 준비한다.

- 숟가락은 탕을 먹을 때만 사용하고, 밥이나 국수 등 다른 음식을 먹을 때는 젓가락을 사용한다. 밥이나 탕이 담긴 그릇은 손에 들고 입 가까이에 대고 먹는다. 마지막으로 사용하고 난 수저를 남에게 보이는 것은 실례이므로 탕을 먹은 뒤 숟가락을 뒤집어 놓는다.

- 한국에서 반찬의 수를 홀수로 맞추는 반면 중국에서는 짝수를 행운의 수로 여겨 가능하면 요리 가짓수는 짝수로 한다.

- 긴 젓가락을 사용하여 식사한다. 밥그릇 위에 젓가락을 가로질러 올려놓는 것과 떨어뜨리는 것은 불행을 가져다주는 것으로 생각한다. 젓가락을 밥그릇에 수직으로 꽂아 놓는 것은 죽은 사람에게 주는 제사 음식을 상징하므로 삼간다.

- 생선요리는 생선 머리가 앉아 있는 사람들 중에서 가장 신분이 높은 손님에게 향하도록 한다. 생선 윗부분에 살이 없다고 뒤집어 놓지 않도록 하며 껍질이나 뼈는 입속에서 가려 젓가락으로 꺼낸다.

- 연회 때에 주인은 손님들에게 돌아가며 술을 권하고 보통 첫잔은 건배를 한다.

단 우리처럼 술잔을 주고받거나 부딪히지 않으며 눈만 가볍게 마주친다. 술잔이 1/3 가량 줄었으면 수시로 첨잔을 한다.

- 밥이나 면류, 탕류를 먹을 때 고개를 숙이지 않고 필요할 경우 그릇을 받치고 먹는다.
- 쌀밥과 요리를 함께 먹고 탕류는 제일 나중에 먹도록 한다.
- 요리 접시를 완전히 비워서 먹는 것은 오히려 실례이므로 조금씩 남긴다. 식사가 끝나면 주인은 손님들에게 여러 가지 음식을 싸서 돌아갈 때 나누어 주는 관습이 있다.
- 차를 마실 때에는 받침까지 함께 들고 마신다.

마파두부(2인분 기준)

1 재료

연두부 400g, 홍고추 5g, 대파 10g, 생강 10g, 두반장 7g, 돼지고기 다진 것 50g, 청주 14ml, 간장 14ml, 물 1컵, 굴소스 4g, 후춧가루 · 설탕 · 치킨파우더 · 고추기름 약간씩

2 만드는 법

① 두부는 사방 1.5cm의 깍두기 모양으로 썬다.

② 홍고추, 대파, 마늘, 생강은 잘게 썰거나 다진다.

③ 팬에 물을 800ml 정도 부어 끓인 다음 썰어 놓은 두부와 소금을 넣어 데친 다음 체에 건져 물기를 빼둔다.

④ 팬에 고추기름 1큰술을 두르고 다진 돼지고기, 홍고추, 대파, 마늘, 생강을 넣고 청주, 간장, 두반장을 넣어 10초 정도 볶는다.

⑤ 다진 고기를 살짝 볶은 후 청주, 간장을 풀고 물을 부은 다음 끓으면 데쳐 놓았던 두부를 넣고 1~2분 정도 더 끓인다.

⑥ 굴소스, 치킨파우더, 설탕을 넣어 조린다.

⑦ 녹말물을 넣어 골고루 잘 섞는다. 녹말물을 넣을 때는 천천히 조금씩 넣으면서 잘 섞어야 덩어리가 생기지 않는다.

동파육(6인분 기준)

1 재료

삼겹살 900g, 청경채 200g, 소금 3g, 식용유 15ml, 녹말물 30ml,

양념 : 참기름 약간, 팔각 4g, 대파 35g, 생강 4g, 마늘 8g, 물 1l, 청주 60ml, 간장(중국노간장) 90ml,
설탕 80g, 노두유 45ml, 치킨파우더 30g

2 만드는 법

① 삼겹살은 통째로 끓는 물에 20분간 삶고 먹기 좋은 크기로 썬다.

② 냄비에 팔각, 대파, 생강, 마늘, 물, 청주, 간장, 설탕, 노두유, 치킨파우더를 넣고 잘 섞어준
뒤 삼겹살을 넣고 소스가 1/2컵 정도 남을 때까지 약한 불에 졸인다. 중국간장을 넣고, 없을
경우 우리 간장으로 대신한다.

③ 끓는 물에 청경채와 소금, 식용유를 넣고 데쳐 접시에 담는다.

④ 삼겹살도 접시에 담고 졸인 소스에 녹말물과 참기름을 섞어 고기 위에 뿌려 완성한다.

* 중국간장에는 생간장과 노간장이 있는데, 생간장은 맛이 신선하고 옅은 맛이며, 색이 연하지만 노간장은 우리나
라의 묵은 집간장처럼, 맛이 깊고 색이 짙으며 찜이나 조림할 때 주로 쓴다.

3. 일본

나라 이름: 일본 (Japan)

수도: 도쿄(동경)

언어: 일본어

면적: 377,915㎢ 세계 62위 (CIA 기준)

인구: 약 126,451,398명 세계 10위 (2017.07. est. CIA 기준)

종교: 신도 神道(Shintoism) 약 49%, 불교 약 45%, 그 외 기독교 등

기후: 아한대 다우기후, 온대 다우기후

위치: 동북아시아

전압: 110V

국가번호: 81(전화)

GDP(명목기준): 4조 8,844억$ 세계 3위 (2017 IMF 기준)

GDP(1인당기준): 3만 8,550$ 세계 23위 (2017 IMF 기준)

www.e-gov.go.jp

1. 개요

　일본의 수도는 동경(東京)이며, 홋카이도[北海道], 시코쿠[四國], 혼슈[本州], 규슈[九州] 등 네 개의 섬으로 이루어진 도서 국가이다. 그 주위에 4000개 이상의 작은 섬이 모여 이루어진 열도로, 복잡한 해저 지형과 지질로 인해 다종의 생물이 생존하기에 알맞은 환경이다. 이러한 환경은 일본 음식문화에도 큰 영향을 미쳤는데, 일본 음식의 맛을 내는 핵심 조미료나 대표 음식을 볼 때 일본의 음식문화는 해산물이 차지하는 비중이 절대적임을 알 수 있다. 그러나 강수량이 많고 국토의 72%가 산지나 고원이어서 목축업이 발달하지 못했기 때문에 쇠고기, 돼지고기, 양고기 등 육류를 쉽게 구하기가 어려워 채식을 주로 하는 식생활이 발달되었다.

　일본인들은 3000여 년의 긴 역사를 통해 자신들의 음식을 전통적, 계통적으로 체계 있게 발전시켜 왔으며, 메이지 유신 등으로 일본음식의 범위를 확대시켜 왔다.

2. 일본음식의 역사

무인 시대와 귀족주의 등 서구 문명의 유입과 정치적인 변화가 시작되면서 음식 문화도 시대적으로 많은 변화를 가져오게 되었는데, 조몬토기 시대, 야요이 시대, 나라시대, 헤이안 시대, 가마쿠라 시대, 무로마치 시대, 아즈치·모모야마 시대, 에도 시대, 메이지 시대 이후로 나눌 수 있다.

1) 조몬토기 시대(기원전 6000~200년 경)

조몬토기 시대는 자연물 잡식 시대로 원시사회의 석기를 사용하고, 오늘날의 짐승, 새, 물고기들이 있었음을 미루어, 이들을 식용으로 이용했던 것으로 추측된다. 물가에서 활, 작살, 그물 등으로 물고기를 잡아먹고, 산지에서는 활을 이용하여 멧돼지, 사슴 등을 사냥하는 등 음식물의 재료를 자연에서 채집으로 충당하였다.

조몬토기 시대에는 주식과 부식의 구별이 없고 수조육류와 조개류 외에 담백한 맛의 어류나 식물성 식품을 가지고 잡식했을 것으로 추측된다. 주로 생식을 하였지만, 주거 자리에 화로가 있는 것으로 보아 토기와 불을 사용할 줄 알았던 것으로 예상된다.

2) 야요이 시대(기원전 334~기원후 645년 경)

야요이 시대는 일본에 청동이 들어오는 시기로 조나 피가 주를 이루는 벼농사가 시작되었다. 우리나라로부터 일본에 미작(米作) 농업이 전래된 야요이 시대에는 일본 음식문화에 커다란 전환기를 가져왔다. 주식과 부식이 분리되었으며 주식은 곡물, 부식은 육식으로 이루어졌다. 쌀을 중심으로 한 곡물이 주식이 되면서 벼뿐 아니라 보리, 조, 콩, 삼도 재배하기 시작하였고, 동물성 식품은 부식으로 바뀌었다. 부식으로 이용한 채소와 어패류 등은 열을 이용해 가열했다. 이와 함께 염분의 섭취도 동물의 내장을 통한 유기염 대신에 해조를 구워 만든 식염으로 바뀌었고, 사냥과 어업이 각기 독립되어 사회적 분업을 이루었다.

고분에서 부뚜막이 발견된 것으로 보아 가열 조리를 행하여 찌기, 끓이기, 굽기, 볶기 등이 있었음을 알 수 있다. 쌀도 술로 만들어 먹었는데, 초기에는 단단한 반죽이어서 젓가락으로 먹다가 양조법의 발달로 액체로 만들어 먹었다. 조개류와 채소를 향신료나 소금으로 간하여 먹고 곡물이나 해산물을 소금에 절인 발효염장식품이 등장하였다.

3) 나라 시대(710~794년), 헤이안 시대(794~1194년)

나라 시대는 천황의 통치 체제가 굳어지고 일본이라는 국호가 처음 사용되는 시기로서, 귀족과 서민의 생활 차이도 커지기 시작했다. 음식문화 방면으로는 당나라 음식 모방 시대라고도 불렸으며 귀족 계급의 생활양식이 당나라 풍으로 바뀌면서 음식문화에도 영향을 끼쳤다. 예를 들면 중국에서 밀가루로 만든 만두나 전병과 같은 과자류가 일본으로 유입되어 당과자가 되었고, 콩이나 팥을 이용한 떡이 출현하였다.

6세기 초에 대륙에서 불교가 들어오면서 일본 지배 계급과 결합되어 불교가 퍼지고 정치와 결부되었다. 이런 교리가 일반 정치에 포함됨으로써 생활을 규제하는 수단으로 등장하기에 이르렀는데, 그 대표적인 것이 살생 금지로 육식을 금지하는 법령이 있었다. 이로 인해 귀족 계급에서는 부자연스럽고 틀에 박힌 식생활을 하게 됨으로써 비타민이나 칼로리 부족으로 인한 영양실조를 겪기도 하였다. 우유나 유제품의 제조법이 전해진 것은 고토루 천황 무렵인데, 우유나 유제품은 위생과 의료의 측면에서 왕궁에서만 사용되었다.

헤이안 시대에 들어와서는 신라, 당나라와의 교류가 더욱 왕성해지면서 여러 가지 조리법이 발달하게 되어 나라 시대에 '당나라의 음식을 모방하던' 것에서 나아가 일본 특유의 음식문화가 형성되었다. 귀족의 전성기 시대로 귀족들은 식사를 형식화하여 신분에 따라 청동, 은, 옻으로 만든 그릇을 사용하였다. 혼젠요리인 귀족 요리는 헤이안 시대 초기에 완성된 것으로 오늘날 같은 복잡한 요리법은 아니지만 좋은 것을 만들어 내려는 의욕이 곳곳에 드러나 있다. 각종 요리에 관련된 서적이 등장하며 소금, 조미료도 널리 이용되었고, 조개류 등을 날로 먹을 때에도 적당한 맛을 가미하는데 사용하였다. 장아찌나 생선의 살을 으깨어 조미료를 섞고 쪄서 만든 식품인 생선어묵(가마보코) 등의 요리법도 고안되었다.

4) 가마쿠라 시대(1192~1194년), 무로마치 시대(1338~1573년), 아즈치 모모야마 시대(1573~1600년)

무사인 미나모토 요리모토가 귀족층을 멸망시키고 가무쿠라 지역에 군사 정부를 설치하여 무가(武家) 사회가 형성되어 성장한 가마쿠라 시대는 일식의 발달이 이루어진 시대이다. 헤이안 시대에 귀족 생활에 대한 무사들의 동경이 당나라를 모방한 요리 문화를 반영하면서 일본의 전통 음식문화와 더불어 일본요리의 기본을 만들어 냈다. 그 예로, 서민들은 사용하지 않았으나 당을 모방하던 귀족들이 숟가락을 사용하였음을 들 수 있다. 그러나 점차 귀족들이 쇠퇴하고 중국의 영향에서 벗어나면서 숟가락을 사용하지 않고 젓가락을 사용하게 되었다. 여기에 불교의 영향으로 채식 요리가 사원을 중심으로 발달하게 되었다. 또한, 이때부터 쌀을 쪄서 먹지 않고 죽의 형태를 거쳐 지금과 같은 밥의 형태를 갖추게 되었다. 두부가 유입되고 송나라로부터 차(茶)가 전해져 재배되기 시작한 시기이기도 하다.

무로마치 시대에는 차(茶)가 유행하였는데, 원래 차는 나라 시대부터 귀족이나 승려들의 일부가 마시고 있었으며, 헤이안 시대에는 궁전의 뒤뜰에 차밭이 있을 정도로 차를 약으로써 애호하고 있었다. 이는 막부 시대 무사들도 귀족의 풍습에 물들어 사치스러워지면서 선(禪)과 차(茶)를 즐기고 정식 향응 요리로써 혼젠요리가 확립된 시기이다. 또한, 차를 마시기 전에 먹는

| 다기

간단한 음식인 가이세키 요리가 등장한 시기이기도 하며, 농업이 발달하여 쌀 수확량이 증가함으로써 일반 가정이나 승려들 사이에 점심을 먹는 습관이 생겼다.

아츠치 모모야마 시대부터는 무로마치 시대에서의 호화스러운 식생활과 검소한 취향을 동시에 가졌던 무사들의 식생활이 공존하는 시대이다.

다른 나라와의 교역도 활발해져 식생활이 다양해 졌는데 호박, 감자, 고추, 옥수수, 고구마 등도 수입되었고 튀김과 중국요리가 나타났다. 포르투갈, 에스파냐, 네덜란드 등의 나라와 교역을 통해 서구의 식품, 설탕을 넣어 만든 과자 등은 일본요리 문화에 커다란 영향을 끼치게 되었다. 파와 쇠고기, 닭고기, 생선 등을 섞어 조린 남방요리의 도래로 일본요리가 발전되었으며 전체적으로는 서구 문화의 유입으로 식생활이 많이 변화했던 시기이다.

5) 에도 시대(160~1868년)

에도 시대는 한마디로 일본요리가 완성된 시대이다. 지배 계급이었던 무사는 막부시대 후반에 이르러 활력을 상실하고 화폐 경제로 인해 생활면에서 지배 계급의 지위에서 서서히 물러나기 시작하였다. 한편, 도시 상인들의 생활수준이 급격히 향상되어 예전의 요리 문화를 이들이 집대성하고 중국과 서구의 것을 새로이 받아들여 일식을 완성시켰다. 따라서 상하 모든 계급으로 3끼의 식사 횟수가 보급되고, 육식보다는 채식을 주로 하고 생선이 중시되며 일본 특유의 정교하고 섬세한 미각과 아름다운 상차림이 존중되는 일본 음식문화가 완성된 시기이다.

귀족적인 궁정풍의 요리, 사원풍의 회석(懷石) 요리, 서양의 요리, 중국요리 등 다양한 요리들이 선택되면서 식생활이 이전 시기보다 더욱 다양해졌다. 일반 국민의 식생활도 질적, 양적으로 풍부해지고 다양해 졌는데 막부의 정책에 의해 경지의 확대, 농경 기술의 개발, 작품의 품종 개량, 어업 기술의 발전, 식품 가공의 진보 등으로 식품 생산이 증대되었기 때문이다. 이 시기에는 종래의 조미료였던 소금, 된장 초외에 새로이 간장, 설탕, 다시마, 가다랑어포 등이 추가되었다. 이러한 조미료들은 부식물의 조리법에 영향을 주었고, 조리법을 다양화하는 데에도 기여하게 되었다.

ㅂ) 메이지 시대(1868~1912년), 현재

메이지유신 이후 서구 문물을 적극적으로 받아들이고 일본 정부로부터 승려의 육식을 허용하면서 육식을 장려하여 국민 체위가 크게 향상되었다. 일본 경제가 발전되면서 육류 소비가 증가하여 공급이 부족하게 되면서 적은 양으로 배부르게 먹을 수 있는 외국 음식을 일본식으로 조리한 돈가스, 고로케(크로켓), 카레라이스 등이 개발된 시기이다. 따라서 이 시기에는 일식과 양식이 공존하게 되고 각종 요리법 또한 수입되어 일반 가정까지 영향을 주며 일본식으로 조리한 외국의 음식이 가정 내로 들어오게 된다. 이에 따라 일본인의 식생활이 동양풍과 서양풍이 섞인 복잡한 형태에 이르렀다.

3. 일본 음식문화의 일반적 특징

- 주식과 부식이 뚜렷이 구분되어 있다.
- 식품 본래의 신선함과 맛, 질감, 향을 중시한다.
- 일본요리는 물을 매개로 한 요리가 중심이 되며, 맛있는 음식을 만들기 위해 '맛있는 국물'이 중요하다고 여긴다. 말린 다시마, 말린 가다랭이포(가쓰오부시), 표고버섯 등을 우려서 만든 일번다시, 이번다시 등이 중요시된다. 달걀찜에도 다시 육수를 쓴다.
- 음식의 담음새, 장식, 그릇에 정성을 쏟는다.

- 칠기가 일반적인 전통 식기이며, 칠기는 내용물이 뜨거워도 그릇에 잘 전달되지 않으며, 손에는 차갑게 느껴지고 손과 입에 닿을 때 부드러움이 특징이다. 또한, 뚜껑을 열거나 식기를 밥상에 놓을 때 소리가 나지 않아서 좋다.
- 자연에 대한 경외심을 표현하는 친자연적인 요리법이나, 나뭇잎이나 꽃잎 등 자연물을 사용해 계절감을 살려 장식함으로써 음식을 더 멋있고 맛있게 표현한다.
- 일본인의 작은 거인답게 축소하려는 성향이 많으며, 요리의 모양은 작고 아기자기하지만, 많은 것을 표현한다.
- 음식을 담을 때는 공간을 가득 채우지 않고, 적은 양의 음식을 담는다.
- 칼 기술의 특수화로 세계 대부분의 칼은 양날로 되어 있으나 일본 특유의 칼은 단날[片刀]로 되어 있다. 절단면이 깨끗하고 모양 있게 잘리도록 되어 있어 칼 자체가 특수하다.

 ◑ 일본음식의 특징은 눈과 입으로 먹는다고 할 정도로 시각적인 면을 중요시하며, 섬나라 특유의 섬세함과 예민함, 정교함을 가지고 있다. 일찍이 주변 대륙의 영향을 받았지만, 그들만의 전통적인 문화를 지키며, 새로운 것에 대한 독자적인 문화로 발전시켜 왔다. 음식의 종류, 또는 계절에 따라 도자기, 칠기, 죽제품, 유리 등 다양한 소재로 음식에 조화시킴으로써 음식의 공간적 아름다움을 살리고 표현한다. 또한, 그릇과 음식의 균형을 고려하고 음식의 양을 조절하며 그릇끼리의 색채와 모양을 고려하여 상호 조화롭게 배색을 하기도 한다.

4. 일본 음식재료의 특징

- 세계 제1의 생선 소비국
- 주식은 자포니카(Japonica)종의 쌀
- 저조한 육식 문화
- 단백질 공급을 위한 콩 식품의 이용(예 : 두부, 쇼유, 미소, 낫토 등)
  - 쇼유 : 일본 간장
  - 미소 : 일본식 된장
- 저장식품의 발달

💊 일본은 국토 전체가 어장으로 둘러싸여 있어서 신선한 생선이 풍부하고, 사계절의 구분이 뚜렷하여 계절마다 다양한 농산물을 음식재료로 사용할 수 있다. 쌀과 반찬의 주식과 부식이 구분되어 있고, 계절적인 요리를 매우 중요시하며 조리를 할 때엔 음식 본연의 맛과 형태를 최대한 살려내는 것이 가장 큰 특징이다. 때문에 조미료를 강하게 쓰지 않는다. 일본음식 특유의 맛인 미소, 미림, 가쓰오부시, 다시마, 곤약, 와사비 등을 사용하여 음식의 맛을 돋우고 주로 우메보시라는 매실장아찌를 즐겨 먹는다. 불교를 받아들인 중국, 한국과 비교해 볼 때, 이 두 나라는 승려에게만 육식과 어류를 금하고 일반 서민들에게는 육식을 허용하였다. 그러나 일본은 오키나와 사람들을 제외하고는 대부분 오랫동안 육식을 하지 않았다. 이처럼 육식을 금하는 불교의 영향과 산악 지대가 국토의 70%를 차지하는 이유 때문에 육식 문화가 발달하지 못한 대신 콩 소비 중심의 독특한 식생활 문화가 정착했고 곡물, 채소, 콩, 해조류, 생선 위주의 식생활을 했다. 농지가 부족하여 사람이 먹을 곡식도 부족한데 가축에게까지 먹이면서 사육할 수 없었기 때문에 유제품의 이용도 거의 없었

다. 주식으로 먹는 밥은 찰진 쌀인 자포니카종을 이용하는데, 이는 일본의 기후가 일반적으로 온난다우하다고 할 수 있으며 여름철에는 계절풍이 태평양의 습기를 다량으로 운반해 와서 한여름엔 견디기 어려울 정도로 찌는 날씨가 계속된다. 이는 자포니카종의 쌀 재배에 적합하다. 어패류를 이용한 요리가 발달하여 신선도와 위생을 제일 중요시한다.

5. 지역별 음식의 특징

일본요리는 지역에 따라 관동요리와 관서요리로 나뉜다.

| 덴뿌라

| 우나동

1) 관동요리(關東料理)

관동 지방은 수도인 동경이 중심이며, 에도요리라고도 하며 깊은 바다에서 나는 단단하고 살이 많은 양질의 생선이 풍부하지만, 토양과 수질이 거칠어 간을 진하게 하고 농후한 맛을 낸다. 귀족보다는 서민 음식이 발달하였고, 모양이나 색 외형적인 것보다는 실용적인 맛을 추구하는 요리가 발달했다. 그 결과 맛이 진하고, 달고, 짜고, 국물이 적은 것이 특징이다. 면류를 좋아하는 관동 지방 사람들은 국물이 없는 소바를 즐겨 먹고, 도쿄 앞바다에서 잡은 어패류를 사용한 생선초밥, 민물장어구이, 덴뿌라(튀김), 소바 등이 대표적이다.

2) 관서요리(關西料理)

관서 지방은 오사카와 교토가 중심이며, 역사가 길고 맛이 담백하고 가미가다 요리라고 한다. 일본을 대표하는 음식이기도 하며, 단순하고 거친 관동 지역과는 달리 여러 종류의 음식이 있고, 같은 관서 지방의 요리이지만 오사카요리와 교토요리는 조금 다른 점이 있다.

바다가 가깝고 다양한 해산물을 많이 접할 수 있는 오사카는 교통의 요지로서 일찌감치 상인계층을 중심으로 실용적인 요리가 발달하였고, 특히 양질의 어패류를 이용한 생선요리가 발달하였으며, 스끼야끼와 복어요리가 발달해 있다.

| 돈코츠라멘

바다에서 멀리 떨어져 있는 교토는 천황이 살던 곳으로 귀족과 정치인들을 중심으로 실용적이면서도 화려하고, 독특한 맛을 추구하는 귀족요리가 발달하였다. 채소와 건어물을 사용한 요리가 발달하여 양질의 두부, 채소, 대구포 등의 요리가 많다.

| 야끼토리

특히 물이 좋은 교토는 국물류의 발달로 육수에 넣어 다시로 이용하는 가시오부시가 유명하며, 면류는 주로 국물이 있는 우동을 먹는다. 관서요리는 관동요리보다 역사가 길며, 음식재료의 맛을 최대한 살리는 연한 맛이 특징이고, 색과 형태를 아름답게 한다. 일본요리의 특징을 가장 잘 나타내고 있는 요리이며, 담백하고 아름다운 것이 특징이다.

6. 일상식

　가정식의 식사는 한국과 비슷하게 모든 음식이 한꺼번에 차려져 나오며 차를 즐기는 문화로 녹차는 '오차'라고 하여 식사 도중에도 마시며 식사를 끝낸 뒤에도 수시로 마신다. 모든 식사는 밥과 반찬으로 구성되며, 주식은 쌀이고 부식은 생선과 채소, 콩으로 이루어진다. 일상식으로는 두부, 유부, 낫토, 미소 등을 많이 활용하며, 일본음식 특유의 맛 미림을 쓰며, 우메보시를 즐겨 먹는다. 그릇은 음식에 따라 각각 다르며, 국 종류는 뚜껑이 있는 칠기, 날것은 깊이가 있는 접시, 구이는 넓은 접시, 찜 종류는 뚜껑이 있는 그릇에 담는다. 식기는 1인분씩 따로 쓰고 소식을 하며 음식을 먹을 때에는 젓가락을 사용하고, 국물요리를 먹을 땐 그릇을 들어 마시는 것이 일반적이다.

1) 아침 식사

　대체로 부드러우며, 간이 심심한 달걀말이나 달걀찜, 낫토, 매실장아찌(우메보시)를 즐겨 먹고 맑은 국과 날것, 구이, 조림으로 이루어진 1즙 3채가 일반적인 상차림이다. 전통적으로 가정에서 먹는 아침 밥상은 흰밥에 미소된장국, 반찬으로 구운 생선, 일본 김치인 츠케모노, 맛김과 함께 낫토 등으로 간단하게 먹는다. 그러나 현대에는 아침 식사를 거르는 사람들이 약 20 ~ 30% 정도라고 한다. 이러한 상황과 맞추어 아침 식사를 할 수 있는 프랜차이즈점들이 많이 생겨났다.

| 낫토

| 메로생선구이

2) 점심

점심은 남은 음식으로 해결하기도 하고, 간단하게 일품요리를 만들어 밥과 함께 먹기도 한다. 일품요리로는 생선구이나 돈까스와 같은 튀김요리, 밥 위에 채소와 고기를 곁들이기도 한다. 때로는 오차츠케라고 하여 뜨거운 차 혹은 다시를 밥에 부어 먹는다.

| 소고기함박스테이크(빅보이:오사카) | 생선까스

3) 저녁 식사

일본인들은 소식을 함으로 저녁이라고 해서 만찬을 즐기지는 않는다. 저녁 식사에는 일본정종(사케)을 따뜻하거나 차게 해서 마시거나 맥주를 곁들이기도 하는데 덮밥, 돈부리, 우동, 소바 등의 간단한 일품요리나 사시미 정식, 생선구이 정식, 덴뿌라 정식 등을 먹는다. 정식에서도 1인상이 나오며, 찬은 3~5가지로 아주 간단하며 양도 적다.

| 참치모듬 | 메밀(소바), 장국(고기)

4) 간식

일본의 단과자류로는 신주쿠지역의 모치(찹쌀떡), 전통적인 둥근만주와 캐릭터만주, 양갱, 와가시(요칸, 당고, 센베, 만주, 모치) 등이 있다. 그리고 여러 가지 단과자류나 떡 혹은 과일을 먹는다.

| 일본모찌

| 앙미쯔

| 센베

| 야끼당고

5) 정찬

일본의 정찬은 밥, 국, 주 요리, 샐러드나 츠케모노로 구성된다. 구성은 간단한 깔끔하며 음식이 남으면 실례가 되므로 소량이 원칙이며, 음식 각각의 맛이 살아 있다.

| 오키나와 장수식
  - 100년 전(통가옥) 우후야

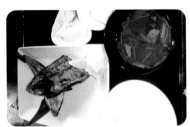

| 오다이바 정식

7. 특별식

넓게 4가지의 흐름으로 발전해온 일본 전통요리의 양식은 첫째가 상류 사회의 혼젠(本膳)요리이며, 차 문화를 중심으로 발달해 온 가이세키(懷石)요리와 주연요리의 중심으로 발전한 가이세키(會席) 요리, 불교 승려들의 종교적인 음식이 중심이 된 쇼진(精進) 요리가 있다. 이 4가지 외에 외국 요리의 영향을 많이 받은 남만(南蠻) 요리, 설날에 먹는 오세치(御節) 요리, 중국식 사찰음식의 보차(普茶) 요리 등이 있다.

1) 혼젠(本膳) 요리

혼젠 요리는 상류 사회의 정치인이나 귀족, 봉건 영주(다이묘)의 식사 양식으로, 식자재를 다양하게 사용하여 다채롭고 화려하다. 일본요리의 꽃이라 할 수 있는 에도 시대에 상차림이 전해지면서 화려하지만 절도 있고 격식 있는 예술적으로 발전된 일본의 전통 정식이라 할 수 있다. '혼젠 요리'라는 이름은 에도 시대에 정착되었는데, 이는 손님 대접을 위한 상차림에서 중앙에 놓는 밥상을 '혼젠'이라고 부른 것에서 온 것이다. 중요한 연회나 혼례가 있을 때 즐기는 요리이며 입학, 졸업이나 생일 등과 같은 집안 행사에는 주로 1즙 3채, 세 개의 상을 내는 2즙 7채 상차림을 하며 요즘에는 큰 접시에 여러 가지 요리를 담아 상차림을 하기도 한다. 검은색 직사각형 칠기상인 다이반은 일본음식의 대표적인 상이라 할 수 있고, 5개를 차리며 순서대로 1젠, 2젠, 3젠, 4젠, 5젠이라 한다. 국물의 숫자와 요리의 숫자에 따라 상차림을 구분하는데, 국물 한 가지에 요리가 다섯 가지면 1즙(汁) 5채라 한다. 1즙 3채, 2즙 5채, 3즙 7채 등이 기본으로 보통 2즙 5채와 2즙 7채가 많다. 그러나 격식 높은 결혼식 상차림은 매우 호화스러워 다섯 개의 상에 세 가지 국물과 일곱 가지 요리를 내는 3즙 7채의 상차림을 하기도 한다.

2) 가이세키(懷石) 요리

차 문화를 중심으로 발전한 요리이며, 음식과 차의 궁합이 예술적이다. 다도는 차 예절뿐 아니라 금욕, 합리성, 타인에 대한 배려 등의 심오한 의미를 포함한다. 가이세키요리는 차를 마시기 전에 차 맛을 돋우기 위해 먹는 간단한 식사를 말한다.

'회석(懷石)'이라는 말은 선종의 수행 승려들이 하루에 두 끼 식사만이 허용되었기 때문에 공복의 허기를 달래기 위해 "품에 따뜻한 돌을 품었다."라는 이야기에서 나왔으며 차를 마시기 전에 공복감을 참는다는 의미가 내포되어 있다. 그 후에는 적은 양의 죽을 끓여 먹게 하였는데, 이것이 몸에 좋다 하여 병자에게 약 대용으로도 먹게 했다. 여기에서 가이세키 요리가 유래된 것으로 추정된다.

가이세키(懷石) 요리 기본 코스는 1즙 3채로 아주 간단하고 적은 양을 만들지만, 만드는 방법은 까다롭다. 제철 식품을 사용하여 신선함을 유지해야 하며, 외관상 화려함을 지양하며 연하고 순한 맛으로 조리한다. 음식은 사시미, 찜, 구이의 3가지 요리에 맑은 국, 농수산물 2, 3가지를 함께 내는데 네모 모양의 쟁반에 1인분씩 개인상이 차려지며, 계절 감각을 매우 중요시한다.

후식으로는 매우 단것을 즐기며, 단맛이 많이 나는 식품으로 졸인 곤약, 당근 등으로 만들었다. 이러한 것은 요즘 볼 수 있는 가이세키 요리의 전 형태라고 볼수 있으며, 설탕이 이용되면서부터는 지금처럼 진한 단맛이 나는 과자류가 생겼다.

3) 가이세키(會席) 요리

가이세키(懷石) 요리가 다도 중심의 요리라면 이 요리는 연회에서 술안주를 위주로 하여 차리는 연회 음식이며, 정종을 맛보기 위해 제공되는 요리이다. 혼젠 요리와 가이세키(懷石) 요리에서 발달한 것으로 '가이세키(會席)'란 모임의 좌석 및 회합의 좌석이라는 의미로써 연회를 뜻한다.

가이세키 요리는 혼젠 요리나 가이세키(懷石) 요리처럼 엄격한 규칙과 예법은 없지만, 즐겁고 편안한 분위기의 연회를 만들며, 여러 종류의 음식과 술을 즐기는 것이다. 혼젠 요리 양식을 본받아 상차림 3개를 기본으로 하였으나 동시에 가이세키(懷石) 요리가 추구하는 '맛을 중심으로 하는 요리'가 함께 도입되어 상차림 두 개로 집약되었다. 코스식으로 제공되며 밥은 처음에 나오지 않고 마지막에 나온다. 결혼식이나 연회 손님을 접대할 때 주로 이용한다. 오늘날 일본식 료칸(旅館)에서 연회용요리를 내는 방법을 가이세키 양식을 계승한 것이다. 혼젠 요리를 간소화하여 7품 상차림은 전채, 맑은 국, 생선회, 구이, 조림, 초회, 찜이나 튀김, 밥이나 면류, 후식으로는 과일, 차, 단 과자를 낸다.

4) 쇼진(精進) 요리

일본의 사찰요리이며, 쇼진이란 불교에서 불도를 닦을 때 잡념을 버리고 일심으로 수양하자란 뜻이며, 불교 승요리인 쇼진 요리는 살생을 금하는 불교의 종교적인 사상에 따라 생선과 육류는 포함되지 않고 우리의 사찰 음식처럼 채소, 곡류, 해초류 등 식물성 위주의 식단으로 구성되어 있으며, 비자기름, 참기름, 호두기름 등 다양한 기름을 사용한 튀김요리가 많다. 불교가 일본에 전래된 이후 수행 승려들에 의해 중국에서 전래된 조리법을 기반으로 다양한 요리가 개발되었는데, 현대에는 베지테리언들의 수가 급격히 늘어나면서 쇼진 요리에 대한 관심이 높아지며, 특히 일상식에서 잘 쓰지 않는 비자기름을 불교에서는 많이 썼는데, 이는 변비를 예방하며 치료하기 위함이었다고 본다.

| 설탕과자

5) 남만(南蠻) 요리

　남만 요리는 에도 시대부터 일본에 유입된 유럽의 영향을 받은 요리이며, 대표적인 것으로는 일본식 튀김요리인 덴뿌라와 오븐에 구운 카스테라, 비스킷, 별사탕과 같은 설탕과자 등이 있는데, 남만 과자는 일본 과자인 와가시에도 영향을 주면서 새로운 음식으로 자리 잡게 되었다. 와가시는 특히 유럽과의 교역을 하던 관서 지방에서 나타났으며, 덴뿌라는 1549년 포르투갈 무역상에 의해 기독교가 일본에 소개되면서 그들이 전해준 튀김 요리에서 유래된 음식이다. 네덜란드인이 일본에 들어올 때 과자와 포도주 같은 기호 음료를 선물로 가져온 것이 남만음식에 영향을 주었다. 서양의 스펀지케이크를 모방하여 개발한 나가사키 카스테라는 지금까지도 그곳의 명물로 전해오고 있다. 요리로는 육류(쇠고기, 돼지고기, 닭고기 등)와 어류(해산물 및 생선)를 간장과 파를 넣고 조린 음식이 유명하다. 연어를 즐기며 식초를 많이 쓰며, 달콤새콤한 요리가 특징이다.

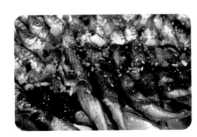

| 멸치조림

6) 오세치(御節) 요리

　찬합에 차곡차곡 쌓아 놓고 식사 시간이 되면, 혹은 손님을 접대할 때마다 꺼내 먹는 이 요리는 오세치 요리인데, 1단에는 전채요리를 2단에는 구이나 절임류를 넣고, 3단에는 조림요리를 담는데 이 역시 지역별로 구성이 다르다. 설날에 먹는 일본의 특별 음식으로 국물이 없는 마른 멸치조림, 도미조림, 찐 새우, 검은콩 조림, 연근, 다시마 청어알, 밤 등으로 구성된다. 연근은 지혜의 눈, 멸치는 풍작, 새우는 장수, 검은콩 조림은 노력, 다시마는 좋은 일, 청어알은 자손의 번성을 기원한다는 의미가 담겨 있다.

7) 보차(普茶) 요리

보차 요리는 중국의 스님 은원선사의 영향을 받은 정진요리이며, 에도 시대에 전래된 사찰음식이다. 또한, 보차요리는 공탁식이라고 하여 한 개의 큰 그릇에 음식을 담아서 탁자 위에 올려놓고 지위고하를 두지 않고 나눠 먹는 요리이다. 종교적인 영향으로 음식에는 육류를 쓰지 않으며 두부와 깨, 식물성 기름을 많이 사용했으며 채소와 건어물을 사용하였으며, 담백하고 깔끔한 맛이 특징이다.

8. 대표 음식

1) 사시미

일본의 사시미는 일본을 대표하는 음식으로 생선회를 말한다. 한 마리의 생선을 통째로 생선회로 만드는 스가다모리, 밑의 그릇이 비칠 정도로 생선살을 얇게 저미는 우스쭈꾸리 등이 있다. 자연 그대로의 담백함과 신선도를 느낄 수

| 사시미

있으며 스시와 함께 생선요리에 있어 최고의 진미로 꼽힌다. 기름이 적고 담백한 흰살생선부터 먹고, 기름이 많거나 붉은살생선의 순으로 먹어야 맛있게 즐길 수 있다. 회 한 점을 먹고 난 후, 다음 회를 먹기 전에 생강으로 얇게 저며 만든 쇼가를 먹어 입가심을 한 뒤 다른 종류의 회를 먹는다.

2) 스시

일본의 가장 대중적인 음식으로 일본인들은 사시미보다는 스시를 더 좋아하며, 다시마 물과 미림 술로 지은 밥에 식초, 소금, 설탕 등으로 조미해 신선한 생선, 생선 알, 조개, 달걀, 채소 등을 밥 속에 넣어 만든 대표적인 일본음식이다. 김초밥, 생선 초밥, 상자초밥, 유부초밥, 비빔초밥 등 종류가 다양하다. 세계 각국에서는 일본의 스시 전문점이 많이 산재해 있다.

- 마레스시 : 고기를 소금에 절여 자연 발효시켜 산미가 생기게 한 스시이다.
- 하야스시 : 밥에 식초를 섞어 만든 것이다.

스시의 어원

스시의 어원은 도쿠가와 시대 중기(16세기)로 거슬러 올라간다. 이 시대의 저서에 스시라는 말이 보이는데 이것이 스시의 어원에 대해 현재까지 알려진 최초의 정의이다. 그 후 1719년에 《백과자서》라는 책에 스시라는 말의 유래에 대한 자세한 설명이 나오는데, '스'란 초, 즉 '시다'라는 뜻이고 '시'란 어조사로 풀이하면서 생선을 저장할 때 밥과 소금을 넣어 발효시켜 신 맛을 냈으며 맛이 시기 때문에 '스시'라고 한다고 설명하고 있다.

3) 튀김(아게모노)

각종 해산물과 채소 등에 밀가루, 달걀을 입혀 식용유에 튀긴 요리로 간장에 채친 무, 생강을 넣은 소스에 찍어 먹는다. 덴뿌라는 밀가루와 달걀을 입혀 기름에 튀긴 것이고, 모또아게는 재료 그 자체를 기름에 튀긴 것이다. 특히 덴뿌라는 일본 대표 음식이라고 할 수 있는데 튀김옷이 특별히 가볍고 바삭한 것이 특색이다. 포르투갈 의 상인에 의해 1549년경 일본에 소개된 덴뿌라는 포르투갈에서 '쿼터 템포라

(Quatuor tempora)' 라고 부르던 것을 일본인들이 '덴뿌라' 라고 칭한 것이다. 메이지 시대에는 튀김옷도 두껍고 연기가 날 정도로 오래 튀겼으나 에도 시대에 와서 밀가루 옷을 가볍게 입혀 바삭하게 튀긴 현재의 음식으로 발전하였다.

| 덴뿌라

4) 돈부리

돈부리는 우리나라의 덮밥에 해당하는 것으로 흰 쌀밥에 각종 육류, 어패류, 채소류를 요리해 얹고 맛있는 다시를 자작하게 부어 먹는 일품요리이다.

- 규동 : 돈부리 중에서 가장 유명하며 얇게 썬 쇠고기를 조리하여 얹은 것이다.
- 가츠동 : 돈가스를 썰어 얹은 덮밥이다.
- 텐동 : 각종 튀김류를 얹은 튀김 덮밥이다.
- 오야코동 : 달작하게 조린 닭고기와 달걀을 얹은 닭고기 달걀 덮밥이다.
- 우나동 : 찌거나 구운 장어를 얹은 장어 덮밥이다.

| 규동

| 텐동

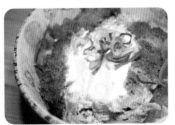
| 가츠동

5) 우동

밀가루로 만든 국수로 굵기는 4mm 정도 되며 한국의 국수보다 굵다. 가쓰오부시나 멸치, 다시마로 우려낸 국물에 넣어 먹는다. 위에 얹은 고명에 따라 여러 가지 종류로 나눌 수 있다.

| 우동

- 난반 우동 : 얇게 썬 닭고기, 오리고기, 파를 데쳐 얹는다.
- 츠키미 우동 : 날달걀 노른자를 얹는다.
- 기쯔네 우동 : 유부가 들어간 것으로 유부는 달게 조려서 넣는다.
- 타누키 우동 : 튀김 부스러기를 넣은 우동이다.
- 싯포쿠 우동 : 송이버섯, 표고버섯, 생선묵, 채소 등을 넣어서 끓인 우동이다.

6) 소바

메밀가루로 만든 국수로 굵기는 우동보다 얇으
며 17세기경부터 서민들이 즐겨 먹던 국수이다.
차게 먹는 음식이므로 온도에 신경을 써야 하고
소바에는 고추냉이(와사비)를 넣어 면의 맛을 돋
우어 준다.

| 소바정식

- 오로시소바 : 삶아서 차게 한 메밀을 그릇에 담고 약간의 수분을 제거한 무즙을
  얹어 가쓰오부시, 잘게 썬 파, 달걀노른자를 위에 놓고 국물을 곁들여 먹는다.
- 자루소바 : 대나무발이나 사각 틀에 담아내는 메밀국수를 의미한다. 무 간 것
  과 실파 잘게 썬 것 등을 소바다시 국물에 곁들인다.
- 쯔께소바 : 쯔유에 적셔 먹는 소바이다.
- 야끼소바 : 채소에 볶아 먹는 소바이다.

7) 냄비요리(나베모노)

냄비요리는 냄비(나베)를 이용하여 간단히 끓
여 먹는 요리로 생선지리, 어묵, 스끼야끼, 샤브
샤브 등이 있다. 샤브샤브는 '첨벙첨벙' 하는 소리
를 의미하는데 우리나라 사람에게도 잘 알려져
있다. 얇게 썬 쇠고기, 두부, 배추, 쑥갓, 파, 우

| 샤브샤브

엉, 다시마, 곤약 등을 끓는 육수 냄비에 살짝 익혀 소스에 적셔 먹는다. 반면 스끼야
끼는 농기구인 가래의 쇠 부분 위에 고기를 구워 먹었던 것이 어원이며, 얇게 썬 쇠
고기와 두부, 배추, 쑥갓, 파, 우엉, 다시마, 곤약 등을 철로 된 냄비에 조미하여 넣
고 살짝 익힌 후 날달걀을 푼 개인 접시에 덜어 먹는 음식이다.

8) 오코노미야끼

철판에 좋아하는 것을 구워 먹는 일본식 빈대
떡으로 대체로 양배추, 돼지고기, 쇠고기, 오징
어, 문어, 새우 등을 밀가루 반죽에 넣고 구워 먹
는다. 관서풍은 양배추와 돼지고기를 넣고 구워

| 오코노미야끼

마요네즈와 소스, 가다랭이포, 파래가루 등을 뿌리지만 히로시마풍은 야끼소바를 넣
어 반죽이 얇고 소스도 바르지 않는다.

9. 일본의 식사 예절

- 식사 전에는 반드시 인사를 하고 젓가락을 든다.
- 식사 중에는 머리를 손으로 만지지 않도록 한다.
- 한 입 물고 이자국이 난 음식을 접시에 올려두지 않는다.
- 뚜껑이 있는 그릇은 밑을 왼손으로 잡고 오른손으로 뚜껑을 연 후 옆에 놓는다.
  식사가 끝나면 뚜껑은 원래대로 닫아 둔다.
- 밥상을 넘어서 건너편에 있는 것을 먹지 않는다.
- 젓가락을 핥아서 사용하지 않고, 음식을 묻힐 때는 3cm 정도까지만 묻힌다.
- 젓가락과 접시는 동시에 양손에 잡지 않는다.
- 음식을 골라서 아래의 음식을 먹지 않도록 주의하며 젓가락을 들고 이것저것
  뒤적이는 모습은 실례이다.

초밥 (4인분 기준)

1 재료

손질된 광어 600g, 밥 600g, 고추냉이 30g, 생강초절임 50g, 단무지 50g, 레몬 40g, 간장 23ml, 식초 60ml, 설탕 30g, 소금 15g

2 만드는 법

① 초밥초는 (식초 : 설탕 : 소금)을 3 : 2 : 1의 비율로 준비한 다음 밥에 초밥초를 넣고, 주걱으로 밥알이 상하지 않도록 비빈다.

② 손질된 광어 살을 준비하고 단무지와 레몬은 슬라이스 한다.

③ 준비된 초밥용 광어를 왼손으로 쥐고, 밥을 오른손으로 쥐어 왼손에 있는 광어살 가운데 놓고, 고추냉이를 조금 바르고 밥을 올려 쥐어낸다.

④ 초밥을 접시에 배열한 후 생강초절임, 단무지, 레몬, 파슬리로 마무리한다.

⑤ 초밥을 만들 때 손이 너무 따뜻하면 안 된다.(여성의 손이 남성보다 따뜻하다.)

알밥 (1인분 기준)

1 재료

빨강, 노랑, 초록색의 알치알 15g씩, 밥 200g, 성게알 16g, 오이 20g, 단무지 15g, 참기름 약간, 가쓰오 다시 2g

2 만드는 법

① 오이는 돌려 깎은 다음 씨 부분은 제거하고 잘게 다져 놓는다.

② 단무지는 칼로 껍질을 제거하고 편뜨기 하여 잘게 다진다.

③ 오목한 그릇에 밥을 준비하고 그 위에 준비된 알을 올려 놓는다.

④ 단무지는 밑간이 될 정도만 올리고 오이는 시원한 맛을 느낄 정도로 넣는다.

⑤ 참기름과 가쓰오다시, 후리가께 등을 기호에 따라 첨가하여 완성한다.

* 우리나라에서 그릇(질그릇)을 먼저 데워 놓고 그 위에 재료를 넣어서 완성한다.

4. 태국

나라 이름: 타이 (Thailand)

수도: 방콕

언어: 타이어

면적: 513,120㎢ 세계 51위 (CIA 기준)

인구: 약 68,414,135명 세계 20위 (2017.07. est. CIA 기준)

종교: 불교 약 95%, 기타 (이슬람교, 기독교 등)

기후: 열대몬순기후

위치: 동남아시아 인도차이나반도

전압: 220V, 50Hz

국가번호: 66 (전화)

GDP(명목기준): 4,378억$ 세계 26위 (2017 IMF 기준)
GDP(1인당기준): 6,336$ 세계 86위 (2017 IMF 기준)

www.thaigov.go.th

1. 개요

태국은 '혀의 문화' 라 불릴 만큼 미각이 발달한 나라로 향신료를 넣은 재료를 자유롭게 요리에 응용하여 독특한 맛을 내는 것으로 유명하다. 수십 수백 가지가 넘는 다양한 양념과 그에 따른 요리의 종류도 수백 가지에 이를 정도로 다양하다. 지리적으로 인도나 중국의 영향을 많이 받은 태국은 아시아에서 유일하게 외세의 침략을 받지 않은 나라이다. 오랜 역사 속에서도 식량난으로 말미암은 걱정은 없었으며, 맛이 좋은 양질의 음식을 다양하게 개발하였다. 위치상 싱가포르, 인도네시아, 필리핀 등과 함께 중국의 남쪽과 인도 동쪽 적도 부근에 위치해 열대 혹은 아열대 기후에 속하기 때문에 벼 재배가 발달하였고, 대부분 쌀(Indica종)을 주식으로 한다.

2. 역사

1) 13세기 이후~현재

13세기 이전 수코타이 왕국은 태국의 사회, 문화 전반에 기틀을 마련하였다. 그러나 이후 1300년에 수코타이 왕국은 쇠퇴하고 신흥 세력인 아유타야 왕국의 종속국이 되었다. 1350년에 설립된 아유타야 왕국은 1767년 미얀마에 의해 침략당할 때까지 47년간 수도로 남아 있었다.

태국은 중국, 인도와 활발한 교류를 통하여 음식문화에 많은 영향을 받았다. 이는 19세기 말에 중국 남부인 광동성이나 복건성 주변에서 이민 온 화교들이 중국 서민 음식문화를 유입한 것이 계기가 되었다. 특히 젓가락 문화가 크게 영향을 받았는데, 이것은 중국요리를 먹을 기회가 많기 때문에 이에 따라 자연히 젓가락 사용법을 익힌 사람이 많게 되었기 때문이다. 전 세계적으로 젓가락을 사용하는 나라는 중국, 한국, 일본, 베트남, 그리고 태국이다. 동남아시아 중 이슬람교도가 많은 말레이시아나 인도네시아에서는 돼지고기를 좋아하고 불교와 도교를 믿는 중국인과의 동화가 매우 어려웠다. 그러나 태국은 도교도도 많고 혼혈도 많아 중국요리를 그대로 받아들인 것이 많다.

3. 태국 음식문화의 일반적 특징

- 주식은 안남미라는 쌀로 만든 밥이다. 주로 찰기가 없는 밥을 먹는데 하얀 밥을 하여 볶아 먹거나 여러 종류의 커리를 얹어 먹는다.
- 중국의 영향을 많이 받아서 면류나 장류, 액젓류 등이 발달하였는데 특히 멸치 액젓과 유사한 남플라(nam pla)가 우리의 간장과 같은 의미로 쓰이고 있다.
- 태국음식에는 곁들이는 소스류가 발달하여서 소스의 종류도 매우 다양하고 음식의 종류에 따라서 곁들여 먹는 것이 각각 다르다.
- 소승불교 국가인 태국에서 해산물이 주요 단백질 급원이며, 태국인들은 단백질의 50% 이상을 물고기에 의존한다.
- 음식의 맛은 매운맛과 고소한 맛, 달콤한 맛과 신맛이 어우러진 여러 가지 복합적인 맛을 좋아한다. 이러한 요리 맛을 위해 넛트류나 코코넛 밀크, 고추, 생강, 레몬, 식초, 과일 등을 요리에 흔히 쓴다.
- 육류는 돼지고기, 쇠고기, 닭고기, 오리고기 순으로 선호하는데, 채소류보다 즐기지는 않는다.
- 태국 고추가 세계적으로 유명한데 더운 날씨로 인해 상당히 매운 음식을 즐긴다.
- 태국은 가까운 인도의 영향으로 커리를 많이 먹는다.

⟳ 태국요리의 특징은 매운맛, 단맛, 신맛, 짠맛, 고소한 맛 등 복합적인 맛이 다양하게 조화를 이룬 것이라 할 수 있다. 대표적인 요리는 가장 널리 알려진 태국식 새우스프 요리인 똠얌꿍이 있다. 태국은 비옥한 자연환경과 오랜 역사 속에서 자유와 여유로움 속에 살아오면서 맛 좋고 영양가 높은 양질의 음식을 다양하게 개발·발전시켜 왔다.

태국의 음식은 다양한 식재료와 조리 방법, 문화적 배경들이 모여 만들어진 조화로운 음식이다. 또한, 태국 고유의 음식문화 전통을 살리면서 중국과 일본,

유럽, 인도 등 외국 주요 국가의 음식
문화를 수입해 이를 전통과 조화를 맞
춘 세계인의 입맛을 사로잡는 음식문
화를 형성했다. 독특한 그들만의 조리
방법을 개발하고 개선하여 새로운 퓨
전요리로 거듭났고, 현재 세계 각국에
서는 태국 전문 음식점이 많이 생겨나
고 있고 활성화되고 있다.

4. 지역별 음식의 특징

1) 북부 지역과 북동부 지역

북부 지역은 예전 란나 왕국의 수도였던 치앙마이(Chiang Mai)를 중심으로 발전
되어 왔고, 산맥으로 형성되어 산림이 우거져 있으며, 중부나 남부에 비해 고립된 지
역이며, 다른 지역의 음식보다 덜 자극적이며 담백한 맛을 가지고 있다. 이 지역의
음식은 라오스와 미얀마의 영향을 많이 받았는데, 라오스의 영향을 받은 것으로는
익힌 민물고기와 튀긴 돼지고기를 남 플릭 넘(Nam Prik Nuum)이라는 소스에 찍
어먹는 것이 있고, 미얀마의 영향을 받은 요리로는 닭고기나 쇠고기 국물에 밀국수
를 넣고 신선한 라임에 절인 양배추를 곁들여 먹는 카오 소이(Koi Soi)와 돼지고기,
땅콩, 생강이 들어간 카레 '카앵 홍 래(Gaeng
Hong Lae)' 등이 있다.

북부 지역 사람들은 찰기가 많은 찹쌀이 주식
이며 쪄낸 밥을 좋아하며 밥을 지어 주먹밥 형태
로 만들어 소스나 커리에 찍어 먹길 좋아한다. 음

식의 맛은 남부 지역보다는 담백하지만 매운맛, 짠맛, 신맛을 가지고 있다. 대부분의 음식에 국물이 들어가며 오래 끓인 돼지뼈 육수를 사용하기도 한다.

　메콩 강을 향해 경사가 완만하고 대부분 평탄한 평야를 이루고 있는 북동부 지역은 북부 지역과 마찬가지로 찹쌀이 주식이고, 다른 지역과는 달리 코코넛 밀크보다는 주로 민물고기를 이용하여 맵게 발효시킨 생선, 개미알, 굼벵이, 메뚜기, 달팽이 등을 넣어 만든 커리가 유명하다. 북동부 지역의 요리는 북부 지역과는 달리 칠리를 많이 사용하여 매우 맵고 자극적인 것이 특징이다.

2) 중부 지역

　방콕이 중심이 되는 중부 지역은 세계적인 규모의 곡창 지대이다. 멥쌀을 주식으로 하며, 코코넛 밀크, 고추, 박하 등을 사용하여 걸쭉하게 만든 음식과 중국의 영향을 받은 음식이 많다. 해변가가 가까이 있어 생선과 조개 종류가 풍부하고, 육류보다는 채소와 매운 칠리고추, 터메릭, 새우 페이스트 등 신맛이 강한 과일을 이용하여 음식이 강렬한 향을 가지고 있다. 특징으로는 칠리, 라임, 남플라, 고수, 코코넛 오일 등을 많이 사용한다.

3) 남부 지역

　남부 지역은 하천의 침식으로 만들어진 평야 지대이며 극히 매운맛, 짠맛, 신맛이 강한 편이다. 코코넛이 사용되는 음식이 많으며, 인도음식의 영향을 받아 향신료를 많이 사용한다. 주변의 해안이나 바다에서 신선하고 풍부한 해산물을 구할 수 있기 때문에 해산물에 관련된 요리가 많이 발달되었다.

4) 일상식

태국인들은 하루에 적은 양이지만 세 끼의 식사를 한다. 그 대신 과일이나 빵류의 간식을 매우 즐기는 편이다. 가정에서의 주식은 밥이 기본이며, 부식인 반찬으로 구성되어 있다. 쌀을 주식으로 하는 태국은 음식을 상에 한꺼번에 차리는 것은 우리나라와 비슷하지만, 밥을 큰 그릇에 담아 식탁 가운데, 반찬은 밥 주위에 두고 먹을 만큼 각자의 접시에 덜어서 먹는 것은 중국과 비슷하다.

태국음식은 5가지 기본적인 맛을 내는 조미료가 특징인데, 신맛은 향미를 북돋아 주며 라임 주스나 타마린드 주스를 이용하며, 그 외에 코코넛이나 쌀로 만든 식초 등을 이용한다. 칠리는 매운맛의 재료로 사용하는 것인데, 말리거나 페이스트나 소스로 시중에서 구할 수 있다. 또한, 통후추나 생강, 양파, 마늘을 이용하기도 한다. 발효된 생선 소스인 남플라는 여러 가지 재료의 맛을 잘 살려주고, 여러 재료의 맛을 상승시켜 주며 짠맛의 조미료는 새우를 발효시켜 만든 캅을 사용하기도 한다. 팜슈가(Palm Sugar)는 태국음식에서 단맛을 내는 것으로 향신료나 허브의 향이 들어가는 음식에 흔히 사용한다.

5) 아침 식사

아침엔 주로 죽이나 식빵 등의 가벼운 음식을 먹는데, 직장인들과 젊은이들 사이에는 간단한 단품 요리인 태국식 커리라이스를 즐긴다. 이를 카우깽이라고 하는데, 식성에 따라 달걀이나 육포, 채소들을 곁들이기도 한다. 또한, 카오톰(Kao Tom)이라는 쌀죽에 닭고기, 돼지고기, 달걀, 생선이나 피클을 곁들이기도 한다.

6) 점심

점심 또한 간단히 먹는데 길거리 리어카에서 파는 쌀국수는 흔히 볼 수 있으며,

'꾸어띠여우' 라고 하는 면 종류와 만두 종류 또는 밥과 다양한 반찬을 먹는다. 면류를 먹을 때는 스푼과 포크 대신 젓가락과 중국식의 우묵한 숟가락을 사용하며, 면 위에 달걀이나 삶은 육류를 더 얹어 먹기도 한다. 밥은 볶음밥을 주로 먹는데 우리나라와 비슷하게 밥을 한 그릇 추가하여 국수 국물에 말아 먹기도 한다.

7) 저녁 식사

하루 일과를 마치고 하는 저녁 식사는 하루 식사 중 가장 푸짐하다. 태국 특유의 여러 가지 소스와 각종 채소, 생선튀김이나 구이가 기본 음식인데, 특히 '크르엉찜' 또는 '남프릭' 이라고 하는 걸쭉한 태국 특유의 소스는 모든 국민들이 가장 즐기는 소스 중의 하나이다. 그 외에 볶음, 달걀요리, 스프(깽), 육포, 염장어 등이 고객의 기호에 따라 선택되어 진다. 후식으로는 푸짐한 열대 과일과 단맛이 강한 과자류를 즐긴다. 저녁 식사에서는 볶음요리와 깽이 가장 특별한 음식인데, 어떠한 재료를 사용하였는가에 따라 식사의 평가가 이루어진다.

5. 대표 음식

| 똠얌꿍

1) 똠얌꿍 (Tom Yam Gung)

매콤한 태국식 새우 스프로 태국을 대표하는 음식이다. 매콤하면서도 새콤한 독특한 맛을 지니는데 미식가들에게 인정받은 세계적인 해산물 스프이다.

2) 커리 (Curry)

태국의 커리는 향신료와 양념을 섞어 놓은 액상 페이스트이다. 요리할 때는 향을

내고 잡냄새를 제거하기 위해 기름이나
코코넛 밀크에 볶아서 사용한다. 향신료
나 재료에 따라 사용하는 커리 페이스트
가 다르다. 인도 커리와 차이가 있다면 태
국 커리는 대게 어장 남플라(우리나라의
간장과 같은 것)를 써서 간을 하기 때문에
독특한 맛이 난다.

| 푸팟 퐁커리

- 레드 커리페이스트 : 붉은 칠리가 주재료이며 시나몬, 생강, 샬롯, 레몬그라스,
  코리엔더, 새우 페이스트를 함께 넣고 간 것이다. 쇠고기나 닭고기 커리에 많
  이 사용된다.
- 그린 커리페이스트 : 초록색 칠리에 여러 가지 향신료를 넣은 것으로 레드 커
  리페이스트보다 덜 맵다. 닭고기 커리에 주로 이용한다.
- 옐로 커리페이스트 : 레드 커리페이스트에 터메릭 간 것을 넣은 것으로 매운맛
  을 내며 닭고기나 쇠고기 커리에 사용한다.
- 페낭 페이스트 : 말레이시아의 페낭에 기원한 커리로 볶은 땅콩을 갈아 넣어
  단맛이 나고 부드럽다. 코코넛 밀크를 넣고 요리하는 것이 맛있다.

3) 팟타이(Phad Thai)

태국식 볶음 면으로 해물을 주로 써서
요리하며 땅콩가루를 얹은 국수이다. 팟
타이는 태국의 국민음식이라고 불릴 정도
로 인기가 많은데 쫄깃한 쌀국수의 질감
과 고소하고 청량감을 주는 가벼운 신맛
이 일품이다.

| 팟타이

4) 수끼

끓는 국물에 새우, 조개, 채소, 버섯, 얇게 썬 고기 등을 데쳐서 먹는 태국식 샤브 샤브 요리로 시원하고 담백한 국물 맛이 일품이다.

5) 디저트

태국음식이 가진 매운맛, 자극적인 양념 맛을 순화시키는 역할을 하는 것이 다양한 디저트로 가장 널리 알려진 것이 타이 커스터드이다. 간단한 식사는 신선한 과일로 끝맺음하면 좋고, 그 외 지역마다 특색 있는 디저트들이 있다.

• 북동 지역에는 코코넛 밀크와 찐 라이스, 딱딱한 쌀 강정이 유명하다.
• 북쪽 지역에는 단맛의 라이스 푸딩과 롱건(용안) 등이 잘 알려져 있다.

6. 태국의 식사 예절

- 태국음식은 식품 재료를 잘게 썰어서 조리하기 때문에 식사 시 나이프는 사용하지 않는다.
- 기본적으로 식사 시에는 젓가락을 쓰지만 국물이 있는 국수를 먹을 때에는 젓가락과 숟가락을 사용하며, 국물은 들이마시지 않도록 한다.
- 중국과 같이 하나의 음식을 큰 접시에 모두 담아 개인 접시에 덜어먹는 형식이므로 공동의 음식을 먹을 때는 '천끌랑'이라는 공동 스푼을 사용해서 각자의 식기에 덜어온 다음 손이나 젓가락 등을 사용해서 먹는다.

똠얌꿍 _(1인분 기준)

1 재료

대하 6마리, 스트로 머쉬룸 200g, 태국 고추 10개, 갈란갈 1뿌리, 레몬그라스 2개, 카피라임 잎 30g, 고수 30g, 피시소스 50ml, 라임 3개

2 만드는 법

① 새우는 머리를 제거한 후 등껍질 가운데 칼집을 넣어 내장을 제거하고 껍질을 벗긴다.

② 손질한 새우머리와 껍질에 찬물을 부어 카피라임 잎을 조금 넣어 국물을 내고 국물은 걸러 둔다.

③ 레몬그라스는 어슷하게 썰고 갈린갈은 최대한 얇게 슬라이스하고 스트로 머쉬룸은 반으로 갈라 준비한다.

④ ②의 국물과 ③의 채소에, 카피라임 잎 2장을 넣고 씨를 제거한 태국식 고추를 넣어 한소끔 끓인 후 태국식 고춧가루 1/4 작은술을 넣어 색을 낸다.

⑤ 피시소스에 설탕과 라임즙을 넣어 소스를 만들어 둔다.

⑥ ⑤의 소스에 ④를 조금씩 넣으며 간을 맞추고 새우살을 넣어 익힌다.

⑦ 라임과 고수를 얹어 낸다.

104 :: 흥미롭고 다양한 세계의 음식문화

팟타이(1인분 기준)

1 재료

붐음용 3~5mm 쌀국수 면 125g, 새우 7마리, 숙주 1줌, 양파 1/2개, 대파 1/4뿌리, 달걀 1개, 다진 땅콩 1큰술, 레몬 1조각, 월남고추 2개

팟타이소스 재료 : 피시소스 1큰술, 굴소스 1/2큰술, 물 2큰술, 소금 약간

2 만드는 법

① 붐음용 쌀국수 면은 찬물에 30분 이상 담궈 불린다.

② 양파, 숙주, 새우, 대파, 레몬 1조각을 준비하여 양파와 대파를 채 썬다.

③ 손질된 새우 7마리에 다진 마늘, 월남고추 다진 것, 청주, 소금, 후춧가루로 밑간한다.

④ 달군 프라이팬에 기름을 두르고 양파와 새우를 넣어 볶고 양파가 투명해지면 불린 쌀국수와 팟타이소스를 부어 볶는다. 쌀국수가 다 익으면 숙주와 대파를 넣어 숙주 숨이 죽을 때까지만 살짝 볶는다.

⑤ 프라이팬 내 내용물을 옆으로 빼놓고 가장자리로 기름을 살짝 두른 후 달걀을 잘 풀어 젓가락으로 스크램블 에그를 만든 후 모든 재료를 섞이도록 살짝 뒤적인다.

⑥ 접시에 담아준 후 다진 땅콩, 레몬 조각, 고수잎을 얹어 마무리한다.

5. 베트남

나라 이름: 베트남 (Vietnam)

수도: 하노이

언어: 베트남어

면적: 331,210㎢ 세계 66위 (CIA 기준)

인구: 인구약 96,160,163명 세계 15위 (2017.07. est. CIA 기준)

종교: 불교약 70%, 로마가톨릭교 약 10% (그 외 까오다이교 등 약 20%)

기후: 열대 몬순기후

위치: 인도차이나반도 동부

전압: 220V, 50Hz

국가번호: 84(전화)

GDP(명목 기준): 2,159억$ 세계 44위 (2017 IMF 기준)

GDP(1인당기준): 2,306$ 세계 134위 (2017 IMF 기준)

www.chinhphu.vn

1. 개요

베트남은 인도차이나반도에 길게 S자 모양으로 뻗어 있으며 수도인 하노이에서 남부의 호치민까지는 1700km에 달한다. 그에 따라 남북의 기후 차이가 뚜렷하게 나타나는데, 북부는 우기의 여름과 건기의 겨울이 있는 반면 남부는 연중 다습하고 덥다. 인구가 조밀한 북부 홍강 삼각주는 집약 농업이 이루어지며, 주요 작물은 쌀농사이다. 홍강 주변 비옥한 땅에는 사탕수수나 코코넛 등의 농장들이 많이 있다. 음식 맛은 하노이를 중심으로 한 북부 지방은 짠맛, 중부 지방은 매운맛, 호치민을 중심으로 하는 남부 지방은 단맛을 띠고 있다.

2. 역사

1) 기원전 110년~기원후 970년

기원전 111년 초에 중국에 완전히 병합되어 약 1000년간 중국의 지배를 받은 베트남은 동남아시아에서 중국의 영향을 가장 많이 받은 나라다.

2) 10세기~18세기

10세기경에는 몽고 민족이 베트남을 점령하였다. 이때부터 베트남에서는 쇠고기를 먹기 시작하였고, 쇠고기로 국물을 낸 쌀국수 포(Pho)를 먹게 되었다.

베트남의 캄파(Campa) 왕국과 푸란(Furan) 왕국은 베트남 중부와 남부 음식에 영향을 주었다. 인도로 가는 무역선의 중간 기착지였던 베트남 남부 지역은 커리와 같은 향신료를 쉽게 얻을 수 있었기 때문에 향신료가 많이 들어간 요리가 발달하였다. 또한, 태국과 라오스로부터 새우페이스트, 레몬그라스, 바질, 민트 등이 도입되어 맵고 자극적인 음식으로 발전하기 시작했다.

16세기경에는 유럽 포르투갈과 스페인의 탐험가들에 의해 전해진 토마토, 땅콩, 옥수수, 칠리 등이 도입되기 시작했다.

3) 1862년~1954년

베트남은 1860년경 프랑스에 의해 또다시 식민지화되었다. 언어를 통합하고 역사를 말살하는 혹독한 식민 정책으로 프랑스의 영향을 받아 종교는 가톨릭을 받아들였으며, 음식문화와 언어에서도 프랑스풍이 성행하였다. 국물을 만들기 위해 쇠고기를 볶는 소테(Saute)와 끓여서 만드는 시머링(Simmering)의 조리법이 요리에 적용되었다. 특히 상류사회에서는 프랑스의 생활양식을 많이 도입하였다.

아직도 바게트, 빠떼, 커피, 패스트리, 아스파라거스, 껍질 콩, 감자 등을 많이 먹는 점은 이런 영향을 받은 것이다. 베트남의 바게트 빵인 반미(Bahn Mi)는 쌀과 밀가루를 섞어서 만든 딱딱한 빵인데, 빵 안에 햄, 고기, 채소 등을 넣어 점심 대용으로 먹는 등 주로 길거리 음식으로 많이 판매된다.

3. 베트남 음식문화의 일반적 특징

- 주식과 부식의 구별이 뚜렷하다.
- 쌀을 가공한 쌀 면, 쌀 만두피 등 쌀가루를 이용한 가공식품을 많이 사용한다.
- 불교(대승불교)의 영향을 받아 채식으로 구성된 사찰 음식문화가 있다.
- 날씨의 영향으로 열대성 과일을 많이 섭취하며 바나나잎으로 음식을 싸서 조리한다.
- 태국음식과 재료는 비슷하지만, 태국음식보다는 신맛, 단맛, 매운맛을 내는 조미료를 적게 쓴다.

⊙ '껌'이라고 불리는 밥은 돼지고기나 쇠고기, 닭고기 등을 볶아서 곁들여 먹는데, 느억맘(어장, 간장과 비슷한 소스)을 조금씩 얹어가며 비벼 먹는다. 느억맘에는 음식 기호에 따라 생칠리 고추를 잘게 썰어 넣어 먹는다. 밥은 국과 함께 먹는데, 게에 아스파라거스를 넣은 국을 즐겨 마시는 것은 요리의 나라 프랑스의 영향을 받은 것이다. 밥보다 더 인기 있는 것은 쌀국수로, 북부에서는 아침 식사로 쌀국수를 먹고, 남부와 서부에서는 점심과 저녁 식사에도 쌀국수를 먹는다. 또한, 동남아 지역의 여러 나라에서는 채소를 데치거나 볶거나 해서 익혀 먹는데 비해, 베트남에서는 채소를 샐러드로 먹거나 생채소를 즐겨 먹는다.

4. 지역별 음식의 특징

1) 북부 지역

수도 하노이를 중심으로 발달한 북부 지역은 산악을 이루고 있어 겨울에는 날씨가 추워 점퍼나 코트를 입어야 하며, 온대성 채소가 많이 잘 자라고 쌀이 풍부하다. 소금과 간장으로 간을 하여 남부 지역의 음식보다 달지 않고 시지 않으며 간이 약하고 담백한 맛이 특징이며, '넴부아베'와 '멘쿠우 루옹 사오' 등의 요리가 특색 있다. 전쟁으로 많은 고통을 겪은 지역이라 조리법이 단순하고 직선적인 경우가 많은데 특히 불을 사용하지 않고 조리하는 음식이 많다. 북부 지방의 쌀국수는 육수가 담백하며 국물에 라임 주스와 후추를 많이 넣어 국물맛이 새콤하면서 매운 것이 특징이다. 식사 전과 후에 차를 즐겨 마시며 프랑스 미국, 이탈리아의 영향을 받아 커피를 즐기기도 한다. 커피를 많이 생산하여 베트남 특유의 쓴맛과 단맛, 신맛을 함유한 커피를 생산한다. G7 커피는 인스턴트 가공 커피로 세계인의 대중적인 입맛을 사로잡았다.

2) 중부 지역

중부 지역의 대표적인 요리는 '후에(Hue : 베트남 옛 왕조) 요리'이다. 한때 베트남의 수도였던 후에는 아직도 그 당시의 격식을 갖춘 궁중요리가 전통으로 전해 내려오고 있다. 칠리를 많이 사용하고, 후추를 덜 사용하며 음식이 자극적이고 무겁다. 중부 지역의 대표적인 쌀국수를 '분보후에'라고 하여 우동처럼 두꺼운 쌀국수에 어묵, 쇠고기, 돼지족발 같은 고명을 얹고 쇠고기 국물을 넣어 만든 것으로 육수의 맛은 진하고 칠리고추로 연하게 색을 내는 것이 특징이다. 먹을 때 라임을 띄우고, 소스와 설탕을 넣어 먹기도 한다.

3) 남부 지역

남부 지역은 메콩강 하류에 넓게 퍼져 있는 베트남 제일의 평야이며 곡창 지대로

| 월남쌈

서 연중 매우 더운 기후이며 날씨가 습하다. 음식 맛은 대체로 매운맛과 단맛이 많이 나며, 양념의 주가 되는 '다레'는 느억맘(Nuoc Mam)에 라임이나 매운 고춧가루를 섞어 만든 것이다. 또한, 간수이를 넣어 만든 중국식 노란 국수나 튀김면을 이 지역에서 흔히 볼수 있고, 쌀가루를 이용하여 만든 라이스페이퍼를 여러 종류의 해산물과 각종 채소를 얹어 쌈으로 먹는다. 남부 지역 요리는 주변 국가인 프랑스, 미국, 태국의 영향을 많이 받았으며, 쌀국수에는 북부 지방과는 달리 생채소를 많이 넣어 먹는 것이 특징이다.

5. 일상식

베트남의 주식은 쌀이지만 우리나라 쌀과 달리 찰기가 없어 조금 먹어서는 배가 차지 않는다. 그러나 태국인들은 우리가 먹는 찰기 있는 쌀보다 후루룩 불면 날아갈 듯한 안남미를 더 좋아한다. 베트남은 간장과 마늘, 고추를 즐겨 먹고 특히 고추와 마늘은 한국의 것과 비교해서 크기는 작지만 훨씬 맵다. 간장은 집집마다 담으며, 음식의 간을 소금과 간장으로 하고 있다. 기름기가 많고 매운 음식을 좋아하며, 식사 전후에 차를 즐겨 마시며, 커피도 기호에 따라 식후에 즐긴다. 이 때문에 베트남 차를 끓인 물에 얼음을 넣은 차(Tra Da)를 물 대신 먹는다. 우리나라의 냉녹차와 비슷하다.

1) 아침 식사

베트남의 아침 식사는 쇠고기나 해산물, 채소를 넣은 죽(Chao), 닭고기나 돼지고기를 넣은 쌀국수 등의 간단하면서도 따뜻한 음식을 즐긴다. 최근에는 프랑스의 영향으로 프랑스 식빵 크로와상이나 모닝 빵 등을 커피와 함께 먹으며, 삶은 고구마에 육류와 땅콩을 잘게 다져 뿌린 요리도 즐긴다.

2) 점심

쌀국수, 차가운 국수 샐러드, 껌디아(접시에 밥, 고기, 채소를 얹은 것) 등을 먹으며 대체로 가벼운 식사를 즐긴다. 현대에는 슈퍼나 인스턴트 음식점이 많이 활성화되어 빵이나 샌드위치 등의 직장인들을 위한 메뉴도 인기가 있다.

3) 저녁 식사

저녁 식사에는 가족과 함께 밥, 젓갈 발효음식(Nouc Mam), 국, 생선, 고기, 채소, 피클 등을 원탁형 식탁에 놓고 먹는다. 반찬으로는 숙주, 죽순, 부추, 가지, 두부 등 이는 중국의 영향을 받아 채소를 볶거나 튀긴 음식이 대부분이며 거의 간단한 조리법을 이용한다. 비타민 섭취를 위하여 단맛이 강한 열대 과일을 먹기도 하며, 음식과 함께 후식류도 즐긴다.

6. 특별식

1) 음력 정월(Tet)

베트남인들에게 1년 중 가장 중요한 행사인 뗏(Tet)은, 음력 1월 정월에 조상의 영혼이 1년에 한 번 찾아 온다는 날인데 베트남에서는 가장 큰 명절이다. 음력 1월 1~3일 동안에 행해지며 제일 화려한 색채에 둘러싸이는 축제 기간이다. 우리나라와 마찬가지로 베트남에서도 설날에는 각종 별식을 하게 되는데, 그중 대표적인 것으로 반(Phan)이 있다. 반은 빵, 술, 과일, 닭고기, 떡, 쌀, 만두피 등의 의미를 가지며 설날에 먹는 빵은 반쫑이라고 한다. 윗사람에게 세배를 하는 풍습이 있는데 붉은 봉투에 세뱃돈을 넣어준다. 붉은색은 행운과 부를 의미한다고 한다.

7. 대표 음식

1) 쌀국수(Pho)

| 쌀국수

　쌀국수는 베트남의 어디에서나 볼 수 있는 국민음식으로, 주로 아침 식사로 제공되며 사람들이 길가의 식당에 앉아서 쌀국수를 먹는 모습을 흔히 볼 수 있다. 쌀국수의 종류는 매우 많은데 남부와 북부의 스타일이 서로 다르다. 또한, 국물에 따라 닭고기나 쇠고기로 국물을 우려내고, 국수의 종류도 굵은 것과 그렇지 않은 것으로 나누는 등 매우 다양하다. 우선 쌀국수는 쌀가루를 불려서 열을 약간 가한 판 위에 빈대떡 모양으로 얇게 펴고 그 위에서 약간 꾸덕꾸덕하게 되면 이것을 떼어내어 차곡차곡 쌓아두었다가 칼국수보다 더 가늘게 썰어서 만든다. 이렇게 만든 국수는 커다란 그릇에 담고 파슬리나 샬롯, 생숙주나물, 육계피 등을 얹고 그 위에 얇게 썬 쇠고기나 닭고기를 얹는다. 기호에 따라 칠리소스나 레몬을 곁들이기도 한다. 베트남 쌀국수의 맛은 국물의 향초 맛과 느억맘(Nouc Mam)의 비릿한 맛이라고 할 수 있다.

2) 쌈(Cha gio)

| 짜조

　쌀국수와 함께 대표적인 베트남 음식으로, 쌀로 만든 만두피에 잘게 썬 고기, 게살이나 가느다란 국수, 버섯, 양파, 달걀 등을 넣고 싸서 기름에 튀긴 것이다.

3) 음료

　베트남은 더운 날씨로 인해 땀을 많이 흘리기 때문에 수분을 많이 필요로 하지만 베트남의 물은 석회 성분이 있어 그냥 마시기에는 적당하지 않다. 따라서 음료문화가 발달되어 있고 물을 마시고 싶을 때에는 생수를 구입해 마시거나 그 외 음료수로 사탕수수즙, 과일즙에 얼음을 넣은 음료수를 많이 마신다.

- 가장 선호되는 음료는 차(茶)이다. 베트남에서는 중국의 차 문화와는 달리 식선과 식후에만 차를 마시며 식사 중간에는 마시지 않는다. 차는 화차(花茶)를 흔히 마시는데 장미, 재스민, 국화, 연꽃 등을 넣는다.
- 인도네시아에 이어 아시아에서는 두 번째 커피 수출국이다. 진한 커피에 연유를 듬뿍 넣어 마시는 것을 좋아한다.
- 술은 맥주를 즐겨 마신다. 베트남 현지에서 생산되는 맥주의 종류만 20여 가지가 넘으며 어떤 모임 장소든지 맥주는 빼놓을 수 없는 기호품으로 여겨지고 있다. 생맥주의 경우 맥주같이 도수가 낮고 수분이 많다. 마실 때 큼직한 얼음을 넣어 시원하면서도 양을 늘려 먹는 것을 즐긴다.

8. 베트남의 식사 예절

- 여러 사람이 같이 먹을 수 있도록 커다란 그릇에 음식을 담아 함께 먹는다.
- 밥은 개인 밥그릇에 담은 후 먹을 때에는 밥그릇을 왼손으로 들고, 입 가까이에 대어 젓가락으로 밥을 넣는다.
- 여럿이 먹는 음식을 개인 접시에 덜 때는 젓가락을 거꾸로 하여 이용한다.
- 밥그릇에 밥이 있을 때 젓가락을 밥에 꽂지 말아야 하고, 밥을 다 먹은 후에는 젓가락을 밥그릇 위에 가지런히 얹어 둔다.
- 식사 도중 숟가락을 식탁 위에 둘 때에는 먹은 흔적이 보이지 않도록 반드시 엎어둔다.
- 찬물보다는 뜨거운 물을 마시며, 차는 조금씩 음미하면서 마시고 한꺼번에 마시지 않는다.

볶음쌀국수 (2인분 기준)

1 재료

쌀국수 200g, 양파 1/2개, 소금 1작은술, 식초 2큰술, 숙주나물 50g, 매운고추 2개, 붉은고추 1개, 칠리소스, 레몬즙, 양지머리 150g, 생강 1톨, 대파 1/2개, 물 7컵, 향신료(통후추 · 월계수잎 · 고수 · 민트 등), 소금, 후춧가루 약간

2 만드는 법

① 양지머리는 찬물에 담가 핏물을 빼고 양파, 마늘, 파, 저민 생강을 넣고 물 5컵을 부어 거품을 거둬 내며 끓이다가 물 2컵과 통후추 · 월계수잎 · 고수 · 민트 등의 향신료를 넣고 한소끔 더 끓인다.

② 국물이 우러나면 고기는 체에 걸러 편육으로 썰고 국물은 소금과 후추로 간을 맞춘다.

③ 양파는 링 모양으로 썰어 소금이나 식초에 절였다가 물기를 빼고 숙주는 머리와 꼬리를 떼고 씻어서 물기를 뺀다.

④ 매운고추와 붉은고추 · 파는 송송 썰고 쌀국수는 미지근한 물에 1시간 정도 담갔다가 끓는 물에서 30초 정도 삶아 찬물로 헹궈 체에 받쳐 놓는다.

⑤ 그릇에 쌀국수와 편육, 숙주, 양파 절인 것을 담고 따끈한 육수를 넉넉히 부은 뒤 고수나 민트로 장식하고 생선소스인 느억맘(Nuoc Mam)이나 고추 썬 것, 칠리소스, 레몬즙을 곁들인다.

월남쌈(4인분 기준)

1 재료

라이스페이퍼 적당량, 오이 1개, 파프리카 2개, 파인애플 1/4쪽, 양상추 약간, 무순 1팩, 칵테일새우 약간

월남쌈 소스 재료 : 땅콩버터 2큰술, 호이신 소스 1큰술, 파인애플 즙 2큰술

해선장 소스 재료 : 해선장 2큰술, 식초 1큰술, 파인애플 1큰술, 매운 고추 1개, 홍고추 1개,
　　　　　　　　설탕 1/2큰술, 다진 마늘 1/3큰술

2 만드는 법

① 오이는 3cm 길이로 자라 돌려 깎기 한 후 채 썬다.

② 파프리카는 씨를 제거한 후 얇게 채 썰고 양상추와 파인애플도 파프리카 정도의 굵기로 채 썬다.

③ 분량의 재료를 섞어 땅콩소스와 해선장 소스를 만들어 둔다.

④ 손질한 채소, 해산물 등을 접시에 돌려 담은 후 ③의 땅콩소스, 해선장 소스, 따뜻한 물, 라이스페이퍼를 상에 내 각자 원하는 재료를 넣어 싸 먹는다.

6. 인도

나라 이름: 인도(India)

수도: 뉴델리

언어: 힌디어(40%)외 14개 공용어, 영어(상용어)

면적: 3,287,263㎢ 세계 7위 (CIA 기준)

인구: 약 1,281,935,911명 세계 2위 (2017.07. est. CIA 기준)

종교: 힌두교 약 81%, 이슬람교 약 13%, 그리스도교, 자이나교 등

기후: 열대 몬순성기후

위치: 남부아시아

전압: 220V, 50Hz

국가번호: 91(전화)

GDP(명목기준): 2조 4,390억$ 세계 7위(2017 IMF 기준)

GDP(1인당기준): 1,852$ 세계 142위(2017 IMF 기준)

www.india.gov.in 위키백과

1. 개요

다양하고 풍부한 문화적 유산을 가지고 있는 고대 문명국 중의 하나인 인도는 중동아시아와 동남아시아를 잇는 중간에 위치하고 있으며, 광대한 영토를 지니고 있는 세계 7번째로 큰 나라이다. 세계 2위인 인구 약 11억 5,700만 명(2010년 기준)으로 추정되는 나라이지만 약 20년 후엔 중국을 제치고 1위가 될 것으로 예상한다. 영어가 제2외국어로 높은 교육열이 있는 나라이며, 세계 최대 IT 인력을 보유하고 있다. 빈부 격차가 심하고 여성이나 과부를 천대시 하지만, 노벨물리학상을 6회 수상한 미래 가능성이 아주 많은 나라이다.

2. 역사

1) 기원전 3000년~기원전 1000년

세계 4대 문명 발생지 중 하나인 인도는 기원전 2000년 전반에 이미 인더스 강 유역에서 인류가 처음으로 곡물을 재배하고 가축을 사육했다고 전해진다. 기원전 2000~1000년 사이 페르시아(지금의 이란)에 기원을 두고 게르만, 슬라브인 등과 같은 혈통을 타고난 아리아족이 철제 무기로 무장하여 당시 청동기 단계에 미물러 있던 드라비다인들을 정복하였다. 이들은 자신들의 문화적 우월성을 공고히 하기 위해 '카스트'라는 계급 제도를 만들었고, 토착민과의 혼혈을 통해 오늘날 인도 민족의 주류를 형성하게 되었다. 따라서 인도의 음식문화는 민족, 종교, 카스트 계급에 따라 매우 다양하게 나타나며 지역 간의 차이는 북부와 남부인도 사이에서 가장 현저히 나타난다. 아리아족은 소와 양을 몰고 다니는 유목민이었기 때문에 주식은 양고기, 쇠고기, 우유, 치즈, 요구르트 등이었다. 그러나 인도대륙으로 남하하면서 익숙하지 않은 기후 조건으로 인해 소의 사망률이 높아지고 토착민들이 이들의 식생활을 수용하여 소에 대한 수요가 공급을 초과하게 되면서 심각한 소의 부족 현상이 나타났다. 그래서 초기에는 더 많은 유제품을 생산할 수 있는 소의 도축을 금지하게 되었다. 아리아족의 종교는 자연신을 숭배하는 브라만교로, 이들은 음식으로 양, 염소, 말, 버팔로는 먹을 수 있으나 소를 먹는 것은 조상을 모욕하는 행위임을 명시하여 쇠고기 섭취에 종교적인 금제를 걸었다. 이후 인도 남방 지역까지 브라만교가 세력을 확장하면서 소의 도축이 전면 금지하였고, 브라만교는 후에 힌두교의 모태가 되었다.

2) 기원전 7세기~기원전 1세기

기원전 7세기경부터 기원전 1세기경까지 불교가 퍼지면서 인도의 식생활은 소뿐 아니라 모든 육식이 터부시되어 자연스럽게 인도 전역에서 채식 위주의 식생활이 발달하게 되었다. 채소만으로 맛있게 음식을 조리하기 위해 식물의 씨나 뿌리, 열매에서 각종 자극적인 향신료를 채취하여 요리에 이용하게 되었고 우유 및 유제품은 귀하게 사용되었다. 기원전 4세기경 브라만교와 불교, 인도의 토착 종교가 결합된 힌두교가 굽타 왕조의 국교가 되면서 정갈한 식품과 부정한 식품이 엄격하게 구분되었다. 표면적으로 육식을 금지한 것은 아니지만 불교가 식생활에 미치는 영향이 강하여 신분이 높은 계층에서는 채식을 선호하였다.

3) 기원후~12세기 후반

인도는 강력한 통일 국가가 형성되지 못한 채, 각 지방을 대표하는 왕조가 흥망을 되풀이하게 된다. 북서 인도를 중심으로 일어난 쿠샨 왕조(Kushan Dynasty)가 힌두 문화를 성립시켰다면 인도 문화의 황금기를 열었던 굽타 왕조(Gupta Dynasty), 그리고 벵골 지방의 벵골 문화를 확립했던 팔라 왕조(Pala Dynasty) 등이 이 시기를 거쳐 간 대표적 왕조들이다.

4) 12세기 이후~ 1700년

| 터머릭 코코넛 쉬림프

12세기 이후 그 동안 강대해진 이슬람 세력이 인도반도를 넘보기 시작하더니 급기야 침략이 본격화되면서 1526년 티무르의 5대 손인 바부르에 의해 회교 왕국인 무굴 제국이 건설된다. 이로써 현재까지 '무굴식' 이라고 알려진 새로운 음식문화가 탄생하였다. 무굴식은 이슬람과 힌두교의 음식문화가 혼합된 것이다. 이슬람 경전에 명시된 부정한 식품인 돼지고기는 섭식이 금지되었으며, 인도 북부 지역에서는 돼지고기를 제외한 닭, 양, 염소 등의 육류 섭취가 일반화되었다. 이슬람 문명은 인도 식사에 달콤한 후식과 아몬드, 피스타치오, 양파, 샤프란, 마늘, 생강 등이 도입하게 되었고, 이슬람 세계에는 인도의 터메릭, 커민, 망고가루, 타마린드 등 다양한 향신료가 퍼지게 되었다.

5) 1857년~1947년

인도는 영국의 직할지로 편입되어 1947년 인도와 파키스탄으로 분리 독립될 때까지 영국의 지배를 받았다. 이 기간 동안 인도의 아쌈 지방의 홍차가 영국으로 대량 수입되어 영국인들의 차문화를 꽃피우게 되었고, 커리가 영국인들에 의해 서구 세계에 알려지게 되었다.

3. 인도 음식문화의 일반적 특징

- 거의 모든 음식에 후추와 정향 등 다양한 향신료를 사용한다.
- 음식은 신성한 음식으로 간주되며 유제품을 널리 이용한다.
- 사회 계급과 종교의 영향으로 채식주의자가 많이 있다.

| 향신료

◆ 인도는 맛과 색, 질감이 훌륭한 조화를 이루고 있고, 중동과 서양 문화의 영향을 받아 음식이 더욱 다양해졌다. 인도 모든 지역의 요리에는 향신료가 들어가며 음식 맛의 기본을 이룬 다는 것이 특징이다. '마살라(masala)'는 힌두어로 '향신료'를 뜻하며, 가정에서 자주 쓰는 향신료는 최소 7가지 이상이 된다. 마살라의 묘미는 어떤 종류의 향신료를 어떻게 배합했는가에 따라 무한한 맛의 창조가 가능한 것이다. 또한, 인도는 지방이나 계급, 날씨, 지형, 외국과의 상호작용 등에 따라 사람들마다 차이가 있기는 하지만, 인도인의 대다수는 종교적인 이유로 인해 채식주의자가 많으며, 힌두교의 식관습은 정신과 영혼의 순결함을 강조하고 있다. 오염된 음식을 먹어서는 안 되며, 술과 고기는 대표적인 오염 음식으로 여겨지며, 깨끗한 음식을 먹어야 한다. 그러나 힌두교도라 하더라도 노동자와 군인들, 산모와 허약자나 병자에게는 체력 유지를 위해 육식이 허용되었고, 일부 브라만계급에서도 그 지역에서 주로 생산되는 '오염된 음식'을 먹는 것이 허용되었다. 예를 들면 해안 지역에서는 '바다의 과일'이라고 하여 생선을 허용하였고, 북부에서는 양고기를 허용하기도 한다. 모든 생명체에 영혼이 있다고 믿고 있는 자이나교도들은 엄격한 채식주의를 실천한다. 이들은 붉은색을 띠고 있는 과일은 먹지 않았는데, 토마토와 수박 체리와 같은 붉은색은 피 색깔이라고 하여 먹지 않는다.

4. 지역별 음식의 특징

1) 북부 인도

북부 지방의 주식은 밀이며 밀로 만든 빵이며. 화덕에 구운 난이나 차파티, 푸리가 대표적이며, 밀가루피에 양념한 양고기, 감자, 채소로 만든 소를 넣고 싸서 삼각형으로 튀긴 사모사(samosa)는 스낵으로 인기가 많다. 차, 달걀, 마늘을 말려서 사용하거나, 소금에 절인 과일과 채소의 사용이 많고 자극적이기보다는 향기롭게 건조된 마살라를 사용한다. 오랜 기간 이슬람의 지배를 받은 파키스탄과 북부 인도는 이

| 치킨커리

| 사모사

슬람 음식의 영향을 많이 받았다. 식사 내에 주요리가 담백한 육류이며, 수분을 증발시킨 버터에 열을 가해 갈색으로 만든 정제버터 기(Ghee)와 요구르트와 크림, 견과류를 많이 사용한다. 이슬람교도들이 많이 살고 있는 이지역은 돼지고기를 이용하지 않으며, 소고기나 닭 등 육류에 주로 향신료를 넣어 촉촉하게 요리한 스튜 형태의 음식이 많다. 또는 소스에 절인 고기를 땅에 반쯤 묻는 탄두리 오븐이나 숯을 넣은 화로에 훈제 가열하는 식으로 조리한다. 육류를 많이 먹으므로 후식으로는 홍차를 주로 마신다.

2) 남부 인도

전통적으로 힌두교도가 많은 남부 인도 지역은 북부 지방과는 달리 쇠고기를 먹지 않으며, 불교의 영향으로 육류의 섭취가 매우 적다. 평원 지대가 많아 쌀농사가 잘되고 주식으로 쌀을 이용한

| 쌀

밥이다. 밥과 함께 제공되는 찬류에는 콩으로 만든 음식과 채소류로, 특히 맵고 짠 맛이 강하며 향신료가 다양하게 사용되어 매우 자극적이다. 타밀 지역은 인도 전역에서 가장 매운 커리 요리를 만드는 지역이며, 향신료가 많이 들어간 매콤한 채소 커리가 대표적인 음식이다. 남인도 음식의 조리법으로는 수증기로 찌는 방법이 많이 쓰이며, 코코넛 밀크를 물이나 육수 대신 사용하는 것이다.

| 커리

삼바(sambaar)라는 콩 요리가 매끼마다 밥에 곁들여지는데, 이것은 병아리콩과 렌즈콩을 푹

| 아차르

익혀서 곱고 걸쭉하게 갈아 양념을 한 요리이다. 삼바는 얇고 파삭하게 튀긴 빵에 곁들여 먹기도 하며, 향이 강한 채소나 과일로 만든 피클 처트니, 산뜻한 요구르트에 향신료로 양념한 파차디(pachadi)를 곁들여 먹기도 한다. 이 외에 기름에 튀긴 스낵을 즐겨 먹는데 잘레비(jalebis)는 프레첼 모양으로 튀겨 시럽에 담가 먹는 달콤한 스낵이고 도사(dosa)라는 얇고 넓적하게 구워서 둘둘만 팬케이크는 남인도의 별미이다. 후식 음료로는 진한 커피를 마신다.

5. 일상식

인도의 밥상은 우리나라와 비슷하게 한꺼번에 모든 음식을 차려놓고, 온 가족이 함께 식사를 한다. 금속으로 만들어진 쟁반같이 납작한 접시인 탈리(Thali)는 '큰 접시'라는 뜻을 가지고 있으며, 각 음식을 탈리를 중심으로 가장자리에 적당히 둘러 담아 접시 위에 음식을 나열하여 먹는다. 국물이 있는 음식은 밑이 오목하고 위가 둥근 작은 그릇에 담고, 탈리의 가운데 부분엔 주식인 밥이나 난과 같은 빵을 놓아둔다.

한국 음식과 비슷한 산바는 식사 때마다 빠지지 않는 요리이다. 여기에 '다르' 라고 하는 인도산 콩을 넣어서 푹 끓여 먹는다. 남인도에서는 탈리를 대신하여 바나나잎이나 크기가 큰 넓적한 잎 위에 밥과 반찬을 놓고 먹기도 한다. 탈리에 담은 여러 가지 음식과 소스를 배합하여 손가락으로 먹는다. 역이나 일반 식당에서도 탈리의 형식으로 식사를 하며, 1인 정식은 가격도 저렴한 편이어서 인도인이 즐기는 정식의 형태이다. 식후에는 소화를 돕기 위해서 반드시 판리프, 피틀넛, 안시드 등을 먹는다.

1) 이른 아침 식사

이른 아침 식사하기 거북한 시간에는 농후한 커피나 인도식 밀크티인 차이(힌두어로 茶)를 즐기며, 간단한 스낵을 먹는다.

2) 아침 식사

| 로띠

저녁 식사를 잘 챙겨 먹기 때문에 반대로 아침 식사는 간단하다. 밥이나 로티, 처트니 또는 전날 저녁에 남은 다알로 구성되며, 보통 9시에서 11시 사이에 먹는다. 인도산 콩인 '다르' 를 이용한 스프류인 '산바' 를 밥이나 찐만두에 끼얹어 먹는다.

3) 오후 간식

오후 4~5시 사이에 아침과 비슷한 음식 혹은 스낵을 커피나 차와 함께 먹는다.

| 베지터블 샤히 코르마

4) 저녁

인도의 저녁 식사도 유럽과 마찬가지로, 오후 7~9시에 먹는 식사로 하루 중 가장 잘 챙겨 먹는다. 밥, 커리로 요리한 채소나 고기요리, 콩요리, 굽거나 튀긴 로티, 처트니, 요구르트 혹은 요구르트에 버무린 샐러드, 후식으로 단과자 또는 과일이나 요구르트 음료 라씨가 포함된다.

5) 스낵

인도인들은 스낵을 매우 즐기며 따라서 그들의 식사에서 스낵은 상당히 중요하다. 대도시나 중소도시에서는 작은 가게나 거리의 행상에서 갖가지 종류의 스낵을 파는데, 스낵은 주로 기름에 튀기거나 지진 것이 많다.

6) 커리(Curry)

인도에서는 스튜의 재료에 향신료가 잘 스며들게 하려고 약한 불로 장시간 가열하는 방법이 특징인데 대표적인 것이 커리이다. 인도 커리는 종교적인 관습과 기호에 따라 고기와 채소 중 한 가지만을 사용하는 것이 보통인데, 고기를 이용한 커리는 소고기와 돼지고기를 제외한 대중적인 육류인 양고기와 닭고기를 주로 이용하며, 양의 골을 이용한 커리도 있다. 채소를 이용한 커리에는 양배추, 가지, 감자, 완두콩,

토마토, 시금치 등을 재료로 이용하고, 인도에서는 제철에 나는 채소를 주로 선택하여 사용한다. 커리는 밥에 얹어 먹거나 차파티나 난과 함께 찍어 먹는다. 매운맛이 강하고 자극적이지만 버터를 넣어 깊은 맛을 내는 것이 특징이다.

커리의 유래

인도에는 각기 맛이 다른 수천 종의 커리가 있는데, 커리는 소스를 뜻하는 남부 인도의 타밀(Tamil)어 'Kari'에서 나왔고, 영국인들에 의해 커리(Curry)라고 불렸다. 기본적인 소스는 양파, 마늘, 생강, 토마토 등을 볶다가 허브나 여러 가지 향신료 혹은 혼합 향신료 가루인 마살라, 그리고 액체(물, 우유, 크림 등)를 넣는데, 여기에 고기, 채소, 콩 등 기호에 맞는 원하는 재료를 넣고 스튜 형태로 걸쭉하게 끓인 것이 커리이다. 향신료는 요리하기 직전에 갈아서 혼합하여 쓰는데, 이는 향신료 고유의 향을 제대로 느낄 수 있기 때문이다. 커리는 무쇠로 만든 '카드하이(kadhai)'에서 조리하며, 볶음이나 튀김을 할 때도 사용한다. 카드하이는 중국의 웍보다 폭이 좁고 바닥이 깊은데 인도 전역에서 사용되는 전통 솥이다.

7) 달(Dhal)

달은 인도인들의 단백질 주요 급원 식품이며, 매 식사 시마다 식탁에 오르는 친근한 음식이다. 부드럽게 삶은 콩에 마살라를 가미한 스프이며, 달(Dhal)은 힌두어로 콩 종류를 통칭하는 말로 콩을 넣어 만든 요리를 통칭하여 달이라고 한다. 달을 만드는 콩은 여러 종류가 있다. 큰 것과 작은 것, 황색과 검은빛이 도는 것 등이 있는데, 콩의 종류에 따라 맛과 모양이 다르게 나타난다. 달은 밥 위에 끼얹어 먹거나, 곱게 으깨어서 양념을 하여 걸쭉하게 만들어 난이나 차파티에 찍어 먹는다.

| 달커릭

| 램치킨달

8) 난(Nan)

밀을 주식으로 하는 지역에서는 쌀만큼이나 밀가루의 소비가 많은데, 특히 빵류를 만들어 주식으로 사용하는데, 밀을 이용한 차파티(chapati), 퓨리(puri) 등이 난(nan)과 함께 인도에서 주로 소비하는 빵(로티 : Roti)의 종류에 속한다.

난은 밀가루에 효모를 넣고 약간 부풀려 탄두르 화덕의 안쪽 면에 넓은 잎사귀 모

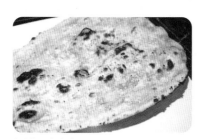
| 난, 차파티

양으로 얇게 늘여 붙여 납작하게 구운 빵이다. 차파티가 밀기울이 든 밀가루를 물로 개어 만든 것이라면 난은 정제한 하얀 밀가루로 구워 고급 빵으로 여겨지고 있다. 현대에는 인도음식의 세계화로 버터나 치즈, 우유 등을 첨가한 난의 종류가 늘어나고 있다.

| 탄두리 치킨

9) 탄두리 치킨(Tandoor chicken)

북부 인도에서는 탄두르(Tandoor)라는 큰 항아리처럼 생긴 진흙 화덕을 이용하여 요리를 한다. 탄두리 치킨은 치킨을 요구르트에 절인 후 여러 가지 향신료를 더해 탄두르에 넣고 은근하게 구운 것이다. 불이 잘 통하게 해서 향신료를 재료 속까지 배도록 하므로 그 맛이 향기롭다. 향신료의 첨가에 따라 매운맛, 단맛, 새콤한 맛 등이 나타난다.

10) 음료

인도에서는 물을 함부로 마실 수 없기 때문에 다양한 음료가 발달하였다. 그중 라씨와 차이는 가장 대중적인 음료이다.

- 라씨(Lassi)는 요거트에 설탕과 물을 넣어서 섞은 음료이다. 단맛과 신맛이 어우러져 있고 갈증 해소에도 좋다.
- 차이(Chai)는 인도 홍차를 끓여서 우유, 설탕을 넣고 마시는 인도식 밀크티 음료이다. 영국식 밀크티와 비슷하다.

| 라씨 | 차이 | 주전자

6. 인도의 식사 예절

- 식사 때 낮은 의자를 사용하거나 바닥에 앉는다.
- 힌두교도인들의 좌석 배치는 규칙이 있다. 오른쪽에 주인이 앉고 그곳에서부터 왼쪽으로 가면서 연령순으로 앉고 노인과 소년, 소녀는 떨어져 앉는다. 성인이 되면 여자는 남자와 함께 식사를 할 수 없고 남자의 시중을 든다.
- 음식이 뜨거운 경우를 제외하고 대부분의 음식을 손으로 먹기 때문에 식사 전에 반드시 물로 양손을 씻는다.
- 접시로 사용하는 나뭇잎이나 탈리의 왼쪽에 음료를 놓고 왼손으로 마신다.

- 힌두교는 침을 싫어하기 때문에 물을 마실 때에는 컵을 입에 대지 않고 물을 입안에 부어 넣는다.
- 식사 중에 이야기하지 않는 것을 예의로 여기고, 식사가 끝나면 손을 씻고 양치한 후 이야기를 시작한다.
- 카스트제도로 인해 자기나 토기로 된 부엌 용구 및 그릇은 한 번 더럽혀지면 완전히 정결해지지 않는다고 생각해 깨어버리고, 포크와 스푼도 다른 사람이 사용했을지 모르기 때문에 재사용을 꺼린다.
- 상류 계급에서는 음식을 하루에 두 번 먹는데, 그중 한 번은 정오 때 먹고 취침하기 전에 저녁 식사를 한다. 신앙심이 두터운 정통 힌두교도는 정오 식사 전까지 어떠한 종류의 음식이나 음료를 결코 입에 대지 않는다. 그러나 최근에는 점차 커피나 케이크로 가벼운 아침 식사를 하는 것이 보편화하고 있다.
- 남은 음식은 천민을 제외하고는 주지 않으며, 보통 개나 새에게 던져 주고 치운다.

커리 (4인분 기준)

1 재료

인도커리 페이스트 2큰술, 토마토 페이스트 1캔(기호에 따라 선택), 닭가슴살 2개, 양파 1/2개. 생크림 500ml, 소금 약간, 인도 빵 또는 밥

2 만드는 법

① 닭가슴살을 먹기 좋은 크기로 잘라 인도커리 페이스트를 고루 묻힌다.

② 양파도 먹기 좋게 썰어 닭가슴살과 함께 기름을 두르고 볶는다.

③ (토마토페이스트)와 생크림을 ②의 냄비에 넣고 닭고기가 완전히 익을 때까지 잘 끓인다. 이 때 소스의 단백질 성분으로 인해 가장자리가 타기 쉬우므로 중불에 볶는다.

④ 인도빵인 난 또는 밥과 함께 커리를 낸다.

⑤ 토마토 페이스트는 기호에 따라 가감할 수 있다.

02
중동의 음식문화

1. 이란

나라 이름: 이란(Iran)

수도: 테헤란

언어: 페르시아어,쿠르드어,터키어

면적: 1,648,195㎢ 세계 18위(CIA 기준)

인구: 약 82,021,564명 세계 17위 (2017.07. est. CIA 기준)

종교: 이슬람교 시아파 약 94%, 이슬람교 수니파 약 4%, 그 외 조로아스터교 등

기후: 동부 지중해성 기후, 서부 온대습윤 기후

위치: 서남아시아페르시아 연안

국가번호: 98(전화)

GDP(명목기준): 4,276억$ 세계 27위(2017 IMF 기준)

GDP(1인당기준): 5,252$ 세계 96위(2017 IMF 기준)

en.iran.ir

1. 개요

평균 고도 450m가 넘는 고원지대 산들로 둘러싸여 있는 이란은, 전 국토 면적의 약 35%만이 목초지와 경작이 가능한 땅으로, 지표면의 50% 이상이 염분 사막과 사람이 살 수 없는 황무지로 이루어져 있다. 그러나 세계 석유 매장량의 10% 가량에 해당되는 풍부한 석유 매장량은 이란 경제의 기반이 되며. 과거 페르시아라는 이름으로 알려진 이란은 동쪽과 서쪽에 인더스 강과 티그리스 강, 유프라테스강을 접하고 있는 대국이며, 세계 최고 문명 발상지 중 하나로서 인류 역사상 거대한 역할을 수행한 땅 이기도 하다. 정치적으로는 단원제를 채택한 이슬람 공화국이고, 국가의 여러 감독 기구는 종교 지도자들로 구성되어 있다. 국가의 대표는 대통령이지만 최고 권한은 종교지도자(rahbar)에게 있다. 이와 같이 이란의 음식문화는 이슬람교와 기후, 정치와의 관계를 이해하여야 가능할 것이다. 특히, 고대 페르시아의 궁정이나 민간에서는 요리를 담당하고 발전시켜 온 주역이 여성이었다는 점에서 다른 나라와

차별화된다고 볼수있다. 발전된 이란의 음식문화는 주변국인 아르메니아, 시리아, 터키, 이라크 등에 큰 영향을 주었다.

2. 역사

1) 고대 페르시아 제국

이란 고원에 인류가 정착한 것은 아주 오랜 일이다. 페르시아라는 이름 또한 과거 이란의 이름이다. 이란인의 직접적인 조상은 인도-유럽어족의 한 갈래인 아리아인이다. 이들이 고원에 들어온 것은 기원전 2500년 쯤으로 추정된다. 중앙아시아 초원에 살던 아리아인들은 기원전 4000~3000년 무렵에 이동해서 일부는 유럽에 들어가 게르만, 슬라브, 라틴의 원조가 되었고 일부는 남쪽의 고원에 정착해 이란인이 됐다고 한다.

2) 중세

아랍족은 이란인들보다 문화적으로 뒤처져 있던 사막의 유목민족이었다. 보통 이란을 아랍국으로 알고 있지만, 아랍과 이란은 뿌리도 언어도 다르다. 비슷한 점이라면 같은 이슬람을 믿는다는 점, 지리적으로 가깝다는 점 정도이며 실제 아랍국들은 이란을 경외시 혹은 백안시(白眼視)한다. 무함마드가 아라비아반도를 장악한 뒤 이슬람 군대가 가장 먼저 전쟁을 건 대상도 바로 이란(페르샤)이었다.

아랍 지배 뒤에도 이란인들이 관료로 많이 등용됐고 교육, 철학, 문학, 법학, 의학 등 학문 발달에도 크게 기여했다. 아랍어가 공식 언어가 됐지만 이란의 민중들은 페르샤어(파르시)를 지켰다. 특히 샤나메를 비롯한 페르샤의 서사시는 유명하다. 파르시에서 파생된 말들은 인도는 물론이고 아프간을 비롯해 '-스탄'으로 끝나는 대부분 나라들에서 오늘날에도 쓰이고 있다.

3) 근대

근대 이란은 카자르(Qajars) 왕조(1795~1925) 시기부터라고 볼 수 있다. 아그하 모하마드 칸(Agha Mohammad Khan)은 케르만 지방에서 잔드(Zand) 왕조를 끝내고 카자르 왕조를 연 뒤 테란으로 천도했다. 하지만 성격이 극악무도해서 시종에게 살해되고 말았다.

1800년대 수많은 개혁 추진이 있었으나 모두 실패하고 이란은 결국 자발적인 근대화를 이루지 못했다. 영국의 경제 침탈이 본격화되면서 민중의 반외세 운동도 거세졌다. 1890년에는 영국이 담배 독점권을 가져가자 이슬람 지도자가 금연령을 포고, 결국 독점권을 되찾은 일도 있었다.

3. 이란 음식문화의 일반적 특징

- 제철에 나는 식품을 사용하여 신선함을 살리는 것을 가장 중요시한다.
- 음식의 맛뿐 아니라 향기도 매우 중요시된다.
- 음식의 영양가는 높고 콜레스테롤 수준은 매우 낮은 것으로 평가된다.
- 꿀의 소비가 높은데 이는 꿀이나 단 시럽을 먹는 것이 삶을 달콤하게 해주고 악귀를 쫓는다고 믿기 때문이다.

4. 대표 음식 및 식재료

1) 캐비어

이란이 세계에 자랑하는 식재료 중 하나로, 카스피 해에서 잡히는 철갑상어의 알이다. '살아있는 화석'이라고 불리는 철갑상어는 공룡 시대에도 생존했을 만큼 생명력이 아주 우수하고 진귀한 생물임에 틀림없다. 빛깔은 회색에 가깝고 레몬즙을 쳐서 먹으면 맛이 좋고 세계 3대 요리에 뽑힐 정도로 인기 있는 요리이다. 세계인의 입맛을 잡고 있는 캐비어는 수요가 급격히 늘어나서, 씨가 말라가는 위기에 처하게 되었다. 이란의 주요 상품으로 멸종 위기에 있는 철갑상어 보호를 위하여 연구소를 세우고 대책 세우기에 바쁘다.

2) 케밥(Kabob)

이란을 비롯한 중동의 대표적인 음식으로 꼬치에 끼워 구운 요리를 의미한다. 이란에서는 주로 첼로케밥, 주제케밥, 머히케밥을 즐겨 먹는다. 양고기로 만드는 첼로케밥은 양고기를 다져서 요리한 쿠비데와 양고기를 얇게 베어 구운 바르그가 있다. 양고기에 다진 양파와 소금, 후추로 간을 해서 구운 쿠비데는 양고기 냄새가 덜 나기 때문에 외국인들에게도 인기가 있다. 주제케밥은 닭고기를 꼬치에 끼워 굽는 요리로 우리나라의 닭꼬치를 연상하게 한다. 주제케밥 역시 첼로케밥 만큼 이란인들이 즐겨 먹는 대중 음식이다. 머히케밥은 생선(머히)을 통째로 굽거나 토막 내서 꼬치에 끼워 구운 음식이며, 대개 바다나 강에 가까운 지역에서 보편화하여 있다.

3) 폴로우(Polow)

쌀 요리 중 하나로 쌀은 처음에 끓는 물로 데치고 약한 불로 찌는 방법을 쓴다. 우리나라의 볶음밥이나 서양의 필라프(Pilaf)와 비슷하다.

4) 난(Nahn)

이란의 대표적인 주식인 난은 효모를 쓰지 않고 자연 발효를 시켜 손바닥을 이용하여 편다. 높은 온도의 오븐 안쪽에 발라 2분 정도 구워내는데 인도의 난을 구워내는 오븐이 수직식 오븐가마라면, 이란의 오븐은 수평식 오븐 가마가 많다는데 차이가 있다.

| 난

이란의 전통 빵집은 식사 시간 전후로 한두 시간 안에 즉석으로 빵을 구워 팔기 때문에 아침 일찍부터 빵을 사기 위해 줄을 서서 기다리고 있는 사람들을 쉽게 찾아 볼 수 있다. 특히 너네 라버쉬는 밀가루를 2~3mm 정도로 얇게 반죽하여 전통 오븐에 구워낸 즉석빵으로 이란인들이 즐겨 먹는다.

5) 코레쉬(Khoresh)

이란식 스튜로, 잘게 썬 양고기와 채소가 들어간 스튜이다. 봄에는 가지, 시금치, 버섯, 양고기나 닭고기 등을 넣어 요리하고, 여름에는 복숭아, 체리, 콩, 고기를 주재료로 쓴다. 가을에는 호박, 사과와 고기, 겨울에는 마른 콩과 고기를 넣는다. 따라서 계절적인 색을 강하게 가지고 있다.

6) 쉬리니

이란인들 역시 다른 아랍인들처럼 단맛을 좋아하는데 이런 식습관으로 인해 단과자, 사탕, 케이크 등이 매우 발달하였다. 이란의 쉬리니는 우리 입맛에는 지나치게 달게 느껴질 만큼 단데, 주로 생크림과 요구르트를 사용하고 견과류와 초콜릿, 설탕과 버터 사용이 많다. 그러나 지방마다 조금씩 맛이 다르다.

7) 음료

- 홍차 : 이란 사람들은 세계에서 홍차를 가장 많이 마시는 나라 중 하나이다. 술이 법적으로 금지되어 있어 이란 내에서는 구할 수도 없을 뿐 아니라 외국인이라도 입국 시에 통관이 되지 않는다. 따라서 차문화가 발전했는데 홍차를 많이 마시게 되었다.
- 머스트(Mast) : 요구르트와 같은 걸쭉한 발효유로 이란 사람들은 거의 매일 먹는다. 때로는 후식이 되기도 하고, 향신료, 소금, 후추 등을 넣어 샐러드 드레싱으로 쓰기도 한다. 머스트에 물, 소금, 향신료를 넣어 희석시켜 '두그(Doogh)'라고 불리는 음료수를 만들어 마시기도 한다.

5. 이란의 식사 예절

- 주인은 손님을 맞이할 때 환영한다는 말과 함께 아랍 커피를 한 잔씩 따라 준다.
- 식사 전에 반드시 화장실에 가서 손을 씻어야 한다.
- 주인은 손님의 이름이나 방문한 이유를 물어선 안 되며 최소 3일을 대접하는 것이 예의이다.
- 손님은 초대받은 집에 빈손으로 가는 것은 예의가 아니다.
- 식탁에 앉을 때 손님, 지역 유지들, 연장자, 젊은이와 친척들 순서로 앉는다. 이때 주인은 음식을 나르는 등의 이유로 앉지 않는 것이 보통이다.
- 식사를 할 때에는 비스밀라히 라흐마니 라힘(자비롭고 자애로운 하나님의 이름으로)라고 말한다.
- 오른손을 사용하여 식사를 하며, 왼손은 가급적 사용하지 않는다. 요즘은 포크와 나이프를 사용하기도 한다.
- 이슬람식으로 잡지 않은 짐승을 먹어선 안 된다.
- 짐승의 피를 마시거나 먹어선 안 된다.

- 음주는 이집트를 제외하고 이슬람권에서는 일반적으로 금지된다.
- 무슬림들의 집에서는 남녀가 같이 앉아 식사하지 않는다.
- 친한 사람이 아니면 아내나 큰딸의 안부를 묻지 않는다(관심이 있다는 표현이 될수 있다).
- 식사가 끝나면 "알함두릴라(하나님에게 감사를)"라고 말한다.

2. 사우디아라비아

나라 이름: 사우디아라비아 (Saudi Arabia)

수도: 리야드

언어: 아랍어

면적: 2,149,690㎢ 세계 13위 (CIA 기준)

인구: 약 28,571,770명 세계47위 (2017.07. est. CIA 기준)

종교: 이슬람교(수니파 약 90%, 시아파 약 10%)

기후: 사막 기후

위치: 아시아 아라비아반도

국가번호: 966(전화)

GDP(명목기준): 6,785억$ 세계 20위(2017 IMF 기준)

GDP(1인당기준): 2만 0,957$ 세계 37위(2017 IMF 기준)GDP

1. 개요

이슬람교의 진원지인 사우디아라비아는 국민의 대부분이 아랍인이다. 공용어는 아랍어이며, 종교는 이슬람교를 믿으며, 수니파가 우세하다. 종교가 생활의 규범이며, 가치의 기준이다. 사우디아라비아는 좁은 홍해 해안을 사이에 두고 웅장한 산악지대 고원에 위치하며, 국토의 90% 이상이 사막이며, 남부에는 세계 최대의 연속 사막지대인 룹알할리가 있다. 세계 최대 석유 수출 국가이며, 생산물로는 대추야자, 천연 가스, 석고 등이 있다. 따라서 음식문화를 비롯하여 사우디아라비아 전반을 이해하기 위해서는 이슬람에 대한 이해가 뒷받침되어야 한다. 라마단 때 먹는 대추야자는 아주 좋은 열원 음식이며, 이 나라의 국화이다.

| 대추야자

2. 역사

이슬람 발생 이전의 아라비아 반도에는 사막 유목민인 베두원족이 거주하였다. 이들은 사막에서 초원을 찾아 유목생활을 하였으며 이 유목민들의 음식이 현재 사우디아라비아음식의 중요한 기초가 되었다. 이들에게는 이동 생활에 적합한 간편한 요리가 필요했으며, 운반이 쉬운 말린 곡식이나 대추야자, 열매, 양이나 낙타를 이용한 요리가 발달하게 되었다. 낙타는 사막에 잘 견디는 유일한 동물이었으므로 낙타요리와 그 젖이 일반적인 식품이 되었다. 이슬람교가 나타나면서 돼지고기를 금기시하게 되고 양고기를 주로 먹게 되었다.

3. 사우디아라비아 음식문화의 일반적 특징

* 사우디아라비아에서는 술과 돼지고기를 종교적으로 금기시하고 있어 내국인은 물론 외국인이라도 이를 지참 시에는 입국이 거부된다.
* 돼지고기 외에 다른 고기를 먹을 때에도 할랄음식, 즉 이슬람식 도살 의례를 거치지 않은 고기는 먹지 않는다.
* 바다에서 잡히는 물고기를 먹는 것은 종교상 허용되지만 꾸란의 내용 중에 금

기시하는 물고기 관습상 비늘이 없는 뱀장어, 게, 전복, 조개 등의 해산물은 먹지 않는다. 그 외 생선과 물고기는 인기가 많다.

- 유목민들에게 가축은 집안의 재산이었고, 물과 같은 생명수의 역할을 한 젖은 남자만 착유하였지만 버터, 치즈 등의 만드는 유제품 가공 일은 여자들의 몫이었다.
- 그릴 형태의 조리법으로 고기를 불에 굽는 방법으로 요리를 많이 한다. 이는 유목 문화의 전통에서 유래된 것이다.
- 모든 음식에 올리브유를 많이 사용하며 밥을 지을 때도 쌀을 기름에 볶다가 물을 부어 짓는다.
- 과일과 견과류를 혼합하여 고기와 함께 요리하는 경우가 많다.
- 치즈와 요구르트는 식사에서 빠지지 않고 매끼의 식사에 오른다.
- 이슬람교에서는 술을 금기시하며, 간식과 디저트로 단과자와 차, 커피를 즐겨 마신다.

| 사우디쿠키

4. 일상식

사우디아라비아를 비롯한 아라비아반도의 나라들(이라크, 쿠웨이트, 예맨, 오만 등)은 일상적으로 간단한 식사를 한다. 그러나 손님에 대해서는 매우 극진하여 향료로 조리한 음식을 내놓기도 한다. 일상적인 식사는 젖이나 유제품, '데츠'라는 야자의 열매이고, 최근에 와서는 아침과 저녁으로 빵과 밥을 먹으며, 유제품의 소비가 증가하였고, 젖의 소비는 양 〉 낙타 〉 염소순으로 나타나고 있다.

데츠(date)

데츠는 대추야자 열매로 9월이 수확기이다. 성모 마리아가 예수를 출산했을 때 데츠를 먹고 건강을 되찾았다고 하는 유래가 있을 만큼 영양가가 높고 맛이 있으며 보존에도 좋아 주식으로 먹는다. 데츠와 버터를 같이 넣고 끓인 죽은 추위에도 제격이다. 카라멜 향이 나며, 말렸을 땐 곶감 맛이 난다. 고기완자요리와 생선의 뱃속에도 넣는 등 다양하게 쓰이는 식재료이다. 우리나라의 대추 열매처럼 생겼지만, 당도가 많이 높다.

5. 특별식

1) 라마단

라마단은 이슬람력으로 9월에 해당하는 단식 성월이다. 단식은 이슬람 5대 의무 중 하나로 이 기간 중 하루에 3번 또는 5번 성지 메카나 메디아를 향해 기도하고 철저히 절제된 생활을 한다. 단 환자인 경우, 생리를 하거나 임신한 여성인 경우에는 단식을 하지 않아도 된다. 해가 떠 있는 동안 일체 음식과 물을 먹지 않고 술, 담배, 성생활도 중지한다. 일몰 후에는 식사를 하며 동틀 무렵 새벽 예배 직전 단식을 시작하기 전에 소량의 가벼운 음식을 먹는다. 하루 단식이 끝나는 순간 '알라의 이름으로'라고 말하면서 잘 익은 대추야자인 데츠를 먹는다. 포도 같은 과일이나 요구르트, 빵조각을 먹기도 한다. 그리고 나서 가족들과 본격적인 저녁 식사를 한다. 이를 이푸타르(iftar)라고 하는데, 이푸타르에는 스프와 육류요리, 생선요리, 밥, 샐러드, 단과자 등 일상 때보다 푸짐하게 차려 먹는다.

2) 이드알피트르 (Eid al－fitr)

이드알피트르는 이슬람력 10월 제 첫째 일에 하는 이슬람 축제이며, 샤우와르는 샤우와르의 1~3일까지로 한 달간의 라마단 금식이 끝난 뒤의 축제일로 가장 큰 명절이다. 이드알피트르에는 보통 3~4일 정도 쉬며 모스크에 가서 축제 예배를 드리고 가족들과 친구들 사이에 선물을 하며 가난한 사람들을 위해 종교세를 내기도 한다. 이웃들 간에 서로 음식과 자선을 베푸는 등 축복을 나누며, 명절을 축하하는 인사말을 주고받는다.

6. 대표 음식

1) 캅사

캅사는 양고기와 밥으로 이루어진 약간 매운 음식으로 사우디아라비아 전 지역에서 인기 있는 음식이다. 대중음식점에서는 양고기보다 가격이 저렴한 닭고기를 이용한 캅사를 많이 판다. 캅사에 들어가는 닭고기는 가스불로 직접 구운 것으로 양념을 전혀 하지 않고 꼬챙이를 돌려가면서 굽기 때문에 기름이 거의 빠져 그냥 먹어도 담백하다. 가스불로 굽는 것 외에 숯불구이도 하는데, 이때는 양념이 들어간다. 일반 가정집에서는 프라이팬에 볶는 조리법으로 하기도 한다. 캅사를 만드는 법은 쌀을 쇼트닝에 볶다가 물을 알맞게 넣고, 향신료로 라임, 계피, 샤프란, 통후추, 디마, 오레가노 등을 넣는다.

2) 만디

사우디아라비아의 대표적인 손님 접대 음식이다. 큰 접시에 볶은 밥과 삶은 달걀, 레몬, 토마토 등을 깔고 그 위에 양고기나 닭고기를 올린 후 통째로 올린다. 난이나 채소가 같이 나오는데 한 손으로 난 밥과 채소, 고기를 찢어서 싸 먹는 요리인데, 중요한 손님일수록 주로 양고기를 사용한다. 이는 유목민들에게 양은 먹을거리이면서 재산이기 때문에 내가 가진 것을 손님에게 전부 내놓는다는 중요한 의미를 지니고 있다.

7. 사우디아라비아의 식사 예절

- 사회 계급, 지위의 고하를 막론하고 이슬람법이 규정하고 있는 음식 조리법만큼은 의무적으로 꼭 지키려고 한다.
- 손으로 음식을 먹으며, 이때에는 오른손을 사용한다. 식사 전 손을 씻는 것이 필수이고 나이프나 포크는 사용하지 않는다.
- 손에 묻은 것을 닦기 위한 작은 수건을 각자에게 나누어 준다.
- 대가족 제도인 사우디아라비아인들은 손님에게 음식을 풍성히 대접하는데, 손님이 많이 먹어 주는 것을 기쁘게 여긴다.
- 남자가 먼저 음식에 손을 대고 먹을 것을 선택한다. 여성이 남자들과 따로 떨어져 식사하는 경우가 많다.
- 집 안에서도 여자는 바깥사람과 잘 마주치지 않으므로 손님이 왔을 때에도 차나 음식을 남자들이 서빙한다.
- 방문객도 그 집 여자에 대해서는 물어보지 않는 것이 관례이다. 만약, 물어본다면 여자에게 관심이 있다는 뜻이 된다.
- 손님이 왔을 경우 주인이 향불을 먼저 돌리는데, 향불의 연기를 자기 몸에 쏘이고 옆 사람에게 넘긴다.
- 아랍 커피는 아주 조그만 잔에 따라주므로 보통 2~3잔을 마시는 것이 예의이며 마신 후 잔을 돌려줄 때에는 다 마셨다는 신호로 잔을 잡은 손을 가볍게 흔들어 주면 잔을 가져간다.
- 식사 중에 거의 물을 마시지 않고 보통 식사 후에 한꺼번에 많이 마신다. 물을 마실 때에는 컵에 입술을 대지 않고 입 속에 부어 넣듯이 마신다.
- 코란이나 하디스 가르침과 종교적 관습 지침

캅사 (4인분 기준)

1 재료

닭 1개, 양파 1개, 토마토 3개, 향신료(시나몬 2개, 월계수잎 2장, 커민 2작은술, 클로브 3개, 카다몸 4알), 소금 약간, 후춧가루 약간, 롱그레인쌀 2줌, 생강 1/2조각, 말린 레몬

2 만드는 법

① 양파 1개와 토마토 3개는 다이스 모양으로 자른다. 토마토 대신 토마토 페이스트 3큰술로 사용해도 무방하다.

② 쌀은 깨끗하게 씻어 불려놓는다.

③ 넓은 프라이팬에 기름을 두르고 닭과 양파를 넣고 볶는다. 치킨이 노랗게 변할 때 소금으로 간을 한다.

④ ③에 잘라둔 토마토, 향신료를 넣고 양파가 부드럽게 익으면 닭이 잠기도록 물을 충분히 넣는다.

⑤ 치킨이 다 익었으면 불려준 쌀을 물기를 제거한 후 냄비에 넣는다.

⑥ 냄비의 바닥이 타지 않도록 중간중간 젓는다. 물의 양이 줄고 쌀이 다 익으면 완성이다.

⑦ 마지막에 기호에 따라 레몬을 살짝 뿌려도 좋다.

3. 터키

나라 이름: 터키(Turkey)

수도: 앙카라

언어: 터키어, 아랍어, 쿠르드어

면적: 783,562㎢ 세계 37위(CIA 기준)

인구: 약 80,845,215명 세계 18위 (2017.07. est. CIA 기준)

종교: 이슬람교 99%, 기독교, 유태교 등

기후: 대륙성, 흑해양성 기후, 지중해성 기후

위치: 아시아서쪽

전압: 220V, 50Hz

국가번호: 90(전화)

GDP(명목 기준): 8,412억$ 세계 17위(2017 IMF 기준)

GDP(1인당 기준): 1만 434$ 세계 63위(2017 IMF 기준)

1. 개요

유럽, 아시아, 아프리카 세대륙을 연결하는 교두보로서 지정학적으로 중요한 위치에 자리 잡고 있는 터키는, 터키 영토를 여러 문명이 교류되고 교차되는 장으로 만들었고 다양한 문화를 꽃피운 토양이 되게 하였다. 터키의 음식문화는 중앙아시아의 유목 문화적 색채가 농후하며 이슬람적 요소, 동유럽적 요소가 혼재되어 있다. 오스만 제국의 근대화와 함께 서양과의 관계가 증대되자 서양의 식습관도 수용하였다.

2. 역사

1) 8세기~10세기

알타이 산맥 서쪽과 우랄산맥 남동쪽에서 시작된 터키 민족은 내륙 아

시아에서 주로 유목생활을 하였다. 이들은 긴 유목생활에 유리한 방식을 음식문화에도 적용하여 주로 휴대가 편리하고 보존이 잘되는 식품을 준비하였는데, 대표적인 것이 치즈와 요구르트이다. 특히 요구르트는 순수한 터키어로써 8세기에 이미 이 단어가 터키 문헌에 실려 있는 것을 미루어 보아 터키가 요구르트의 원조임을 알 수 있다. 중앙아시아의 건조한 풍토에는 식품을 말려서 장기보존 했기 때문에 다량의 암염을 넣어 햇빛에 말린 치즈가 많고, 소금과 향신료로 고기를 싸서 건조시킨 파스트르마(Pasatirma)도 있다. 파스트르마는 우리의 육포와 비슷한 맛으로 장기간 보관하기 쉽고 운반도 편리하여 터키 민족이 유목생활을 할 때 애용되던 식품이자 전투 시 군용 식품이기도 했다.

8세기 중엽까지 교역과 전쟁을 하며 수나라 및 당나라와 관계를 맺은 터키족은 흉노와 돌궐국을 건립하여 당나라를 상대하였으나 패권에 밀려 서쪽으로 이동하는 과정에서 이슬람인들과 접촉하게 되었다. 샤머니즘과 불교를 신봉하던 터키족은 당에 대적하기 위해 이들과 협력했고, 종교를 이슬람으로 개종하게 되었다.

2) 11세기~16세기

이 시기 터키인들은 시르다리야 유역으로 옮겨가 이란계 농경민과 접촉하면서 기존의 유목생활보다는 농경적 성향이 더해졌다. 음식 명칭에 있어서도 영향을 많이 받았는데, 예를 들면 초르바(스프), 필라프(버터볶음밥), 보렉(파이), 퀘프테(다진 고기 경단) 등을 뜻하는 터키어는 모두 페르시아어에서 유래했다. 11세기부터는 셀주크 투르크로 세력이 확장되었고 1453년에는 오스만투르크로 강성해졌다. 비잔틴제국의 수도 콘스탄티노플(현재 이스탄불)을 점령한 후부터는 대제국으로서의 면모를 갖추게 되었다.

3) 16세기~20세기

16세기 중반, 오스만 제국은 동유럽 공략을 시작으로 서남아시아, 북아프리카, 동유럽의 대부분을 정복하고 서유럽까지 위협하였다. 오스만 제국의 통치로 중동, 북아프리카, 동유럽 지역의 문화는 상호 교류되는 계기가 마련되었다. 터키인은 비잔틴 제국에서 활발했던 포도, 올리브 재배와 양봉업을 이어받았으며 그들의 식품도 받아들였다.

커피는 16세기 이집트에서 터키로 전해졌으며 17세기에 터키에서 유럽으로 전해져 보급되었다. 오늘날 터키요리에서 가장 중요한 재료인 토마토 페이스트는 17세기 말 이후부터 요리에 사용했다. 터키는 15세기 후반부터 20세기 초까지 오스만 제국이 지배한 영토 확장 기간 동안 세계 여러 나라의 음식문화를 적극적으로 흡수해 화려한 음식문화를 꽃피우게 되었다.

| 터키커피

3. 터키 음식문화의 일반적 특징

- 터키음식에는 소나 양 염소의 젖을 걸쭉하게 발효시킨 요구르트가 다양하게 이용된다. 터키인들은 요구르트의 시큼한 맛을 매우 즐기며, 요구르트는 구운 고기 위해 뿌려 먹거나 찍어 먹고, 스프, 샐러드드레싱, 음료 등 두루 사용된다.
- 터키음식은 중앙아시아 유목민들의 소박한 요리에서 시작하여 채소, 과일, 육류, 해산물 등 풍요로운 자연 식자제의 공급으로 만들어진 중동 지방의 섬세하고 풍요로운 요리로 발전되면서 독특한 세계적인 음식문화로 자리 잡게 되었다.
- 빵을 많이 먹으며, 구운 빵은 이동 시 쉽게 먹을 수 있고, 보관하여 사용하기에 쉬우므로 유목민들에게는 매우 편리한 음식이었다.

- 육류를 즐기며, 가장 즐겨먹는 고기는 양고기이며 그 밖에 닭고기, 여러 가지 새 고기, 물고기 등도 이용된다. 잎채소의 이용은 다소 저조한 편이며, 채소는 시금치, 호박, 무, 당근, 양파 등을 많이 이용한다.

- 차와 커피 문화가 발달하였지만, 이슬람교의 영향으로 음주는 금하고 있다. 터키어로 차를 '차이'라고 하는데 끓이는 시간과 첨가하는 향신료에 따라 다양한 맛이 나며, 차이는 인도 '마살라 차이(Masala chai)'처럼 향신료를 넣고 끓이는 차이다.

4. 일상식

1) 아침 식사

빵이나 스프를 먹으며 따뜻한 차이(Chai)를 마시는 정도로 간단하면서도 영양가가 풍부한 아침 식사를 한다. 올리브와 토마토, 치즈, 요거트 또한, 아침 식사 시마다 빠지지 않고 나오는 음식 중 하나인데 올리브의 원산지답게 그린올리브와 블랙올리브가 같이 나오고 짭짤하지만 아침 식탁을 풍성하게 해준다.

2) 점심

| 에페소(터키맥주)

아침을 간단히 먹기 때문에 점심은 대체로 일찍 먹으며, 보통 육류나 생선요리 한 가지와 빵, 샐러드 등을 먹는다. 후식으로는 과일이나 단 과자를 먹고, 음료는 물, 차, 아이란, 맥주 등을 마시며 음료는 식사와 함께 한다.

3) 저녁 식사

아침과 점심을 간단히 먹기 때문에 저녁은 가족이 모여 성찬을 즐기는 전통을 이어오고 있다. 음식은 순서에 따라 나오며, 처음에는 스프류, 밥과 함께 육류, 에크멕, 마카로니 또는 보렉(Borek) 등이 나온다. 다양한 양념을 사용하여 음식을 정성껏 만드는데, 채소 샐러드, 투루슈(Torishi), 요구르트 등은 가족이 공동으로 함께 먹을 수 있도록 큰 접시에 나온다. 음식은 이중적인 맛을 지니고 있으며, 짠 것은 아주 짜고 싱거운 것은 아주 싱겁다. 매운 음식을 먹은 후에는 아주 단 후식을 먹고 신선한 생채소를 먹는다. 후식으로는 주로 단 과자나 단빵, 과일을 먹으며, 대체적으로 터키인은 구워먹는 조리법과 육류를 이용한 음식을 좋아한다.

| 로쿰

5. 특별식

1) 결혼식

터키에서는 결혼은 부모가 정해준 사람과 하는 것이 전통이었는데, 요즘의 터키는 개방의 물결을 타고 전통 이슬람의 관행이었던 네 명의 부인을 거느리던 방식은 사라지고 있다. 현대의 신혼부부들의 중매보다는 본인 스스로 결정하여 결혼하는 경우가 많다. 결혼식은 우리나라와 마찬가지로 결혼 서약이 끝나면 신랑, 신부의 친척과 친지들이 함께 모여 음식을 즐기는데, 주로 쌀밥과 고기를 함께 볶은 볶음밥, 스프, 단 과자 또는 케이크를 먹는다. 파티는 밤이 새도록 행하여지는 것이 특색 있다.

2) 할례

이슬람 전통에 따라 터키의 남성들은 결혼과 함께 중요하게 여기는 할례는 남자아이가 4~15세가 되면 할례를 받게 되는데, 이 의식을 이루어야지만 진정한 남자가 된다고 한다. 수술 전날부터

| 양고기

몸가짐을 깨끗이 하고, 머리레 마샬라(masallah)라고 쓴 붉은 띠를 두르고, 할례 당일은 옷을 머리에서 발끝까지 아래위로 하얗게 입고 제물로 바친 양고기를 이용한 음식을 먹으며 볶은밥이나 스프, 단 과자와 같이 혼례 때 먹는 음식과 비슷한 음식을 나누어 먹는다.

3) 상례

터키에서는 상가에서 조문객에게 음식을 후하게 대접한다. 식사 후 디저트에도 신경을 쓰는데 터키인들이 좋아하는 밀가루, 기름, 설탕, 우유를 이용해 민든 빵 종류인 헬바(Helva)와 피데를 먹는다. 특히 힘든 일을 겪었거나 죽을 고비를 넘긴 사람은 "하마터면 헬바 먹을 뻔 했네."라는 말이 있듯이 헬바는 장례식 때에는 빠지지 않는 후식이다.

4) 바클라바 (Baklava)

바클라바는 터키의 후식 중 당도가 높은 파이류이며, 패스트리 반죽에 호두, 피스타치오 등의 호두 등의 견과류를 섞어서 만들고, 설탕시럽을 얹어 만드는 달콤한 과자이다. 현대에는 다른 형태의 바클라바가 많이 있으며, 라마단 명절, 희생절 등의 명절, 아들을 군대에 보낼 때, 생일잔치, 집들이 잔치에 초대되어 갈 때에 '바클라바' 라는 단 후식을 준비한다.

6. 대표 음식

1) 케밥(Kebab)

터키인들은 오랜 유목생활로 육류가 풍부한 반면 물이 귀하기 때문에 고기를 삶아 먹기보다 꼬치에 끼워 구워 먹는 식습관을 가지게 되었다. 이 대표적인 음식이 바로 케밥이며 비슷한 요리로 퀘프테(Kofte)도 즐겨 먹는다.

| 도네르 케밥

- 쉬쉬케밥 : 양고기, 쇠고기, 닭고기 등을 적당한 크기로 잘라 꼬치에 끼워 숯불에 구워내는 케밥이다.
- 도네르 케밥 : 얇게 썬 고기를 몇 겹으로 봉에 감아 회전시키면서 굽는 회전 숯불구이이다. 겉이 익은 부위부터 가늘고 긴 칼로 위에서 아래로 베어내 토마토, 고추 등의 채소와 함께 얇은 빵에 싸서 먹는 케밥이다. 여기에 요구르트와 토마토소스를 첨가하면 이쉬켄데르 케밥이 된다.

| 촘맥 케밥(항아리 케밥)

- 촘맥 케밥 : 고기를 잘라 항아리에 채소와 함께 담은 뒤 항아리 째로 오븐 안에서 익혀내는 케밥이다.

2) 퀘프테(Kofte)

잘게 다져진 고기를 다양한 음식재료와 함께 양념하여 화덕에 구운 것으로 우리나라의 떡갈비

| 퀘프테

와 맛이 비슷하다. 케밥과 함께 가장 인기 있는 육식으로 빵, 구운 고추, 생 토마토 등을 곁들여서 먹는다.

| 터키식 피데

3) 빵

터키인들의 주식인 빵은 이동과 보관이 용이하기 때문에 유목민들에게 편리한 음식이었을 뿐 아니라 밀이 풍부한 터키에서는 다양한 빵을 만들어 먹게 되었다.

- 에크멕(Ekmek) : 프랑스의 바게트 빵과 맛으로 가장 쉽게 볼 수 있다.
- 피데(Pide) : 밀가루만을 사용하여 구운 얇은 빵으로 피자처럼 생겼으나 치즈의 양이 적어 담백하게 식사로 즐길 수 있다.
- 시미트(Simit) : 길에서 시미트를 파는 사람을 쉽게 만날 수 있을 만큼 쉽게 구할 수 있는 길거리 음식이다. 짭짤하고 깨가 붙어 있어 고소한 빵이다.
- 보렉(Borek) : 치즈나 달걀, 채소, 간 고기 등이 들어 있는 얇은 페스추리로 굽거나 튀긴 것이다.

| 아이란

| 자즉

4) 아이란(Ayran)

터키인 대부분이 시큼한 요구르트나 흰 치즈, 식초 등을 즐겨 먹는다. 이는 유목생활 시 요구르트와 흰 치즈를 이용한 음식을 많이 먹었던 데서 유래한다. 아이란은 요구르트에 물, 소금을 섞어 희석시킨 짠맛이 나는 음료로 요구르트의 비율이 아이란의 맛을 결정한다. 아이란을 마시면 갈증이 없어지고 숙면을 취할 수 있기 때문에 더운 여름밤에 특히 많이 마신다. 아이란에 오이채나 마늘을 갈아 차게 마시는 스프를 자즉(Cacik)이라고 한다.

5) 아슈레(Asure)

터키에서 식사 후 먹는 대표적인 디저트 중 하나로 이집트 콩, 흰색 강낭콩, 밀, 설탕, 말린 살구, 무화과, 호두, 건포도, 계피, 생강, 소금 기타 양념들을 모두 넣어 스프처럼 끓인 푸딩이다. 단식월인 라마다 기간이 되면 시장기를 없애기 위해 대추야자를 먹기도 하는데, 한 달 지난 후부터 일주일간 아슈레를 먹는 기간이 따로 정해져있다. 아슈레는 성경에 나오는 '노아의 방주'에서 노아네 가족들이 대 홍수를 피해 방주 안에서 지낼 때 가지고 잇던 식량들을 이것저것 한데 섞어 만들어 먹은 것이라는 전설이 있다. 이 때문에 아슈레를 영어로는 'Noah's pudding'이라고 한다.

7. 터키의 식사 예절

- 터키의 격언에 "많이 먹고 단명하지 말고 조금 먹고 천사가 되어라."라는 말이 있다. 이처럼 터키에서는 과식을 경계하고 소식하는 것을 미덕으로 여긴다. 그러나 손님을 초대했을 경우에는 음식을 충분히 마련하여 대접한다. 따라서 손님은 자신에게 제공된 음식을 남기지 않고 다 먹는 것이 예의라고 생각한다.
- 음식에 코를 대고 냄새를 맡거나 뜨거운 음식을 식히기 위해 입으로 불지 않는다.
- 상대방의 빵을 먹거나 자신의 빵이라도 숟가락이나 포크를 빵 위에 올려놓지 않는다.
- 음식을 주고받을 때는 반드시 오른손을 사용한다.
- 식사 중에는 나쁜 소식은 전하지 않는다.
- 식사를 깨끗이 하고 음식을 남겨선 안 된다.
- 식사 후 감사의 인사를 한다.

케밥 (2인분 기준)

1 재료

닭고기 300g, 토마토 1개, 피망 1개, 양파 1개, 양송이 3개

2 만드는 법

① 닭고기를 사방 5cm 정도의 크기로 다듬고 모든 채소도 이 크기에 맞추어 자른다.

② 꼬치에 닭고기와 채소를 순서대로 꽂고, 소스를 바르면서 굽는다.

03
유럽의 음식문화

1. 이탈리아

나라 이름: 이탈리아(Italy)

수도: 로마

언어: 이탈리아어

면적: 301,340㎢ 세계 72위(CIA 기준)

인구: 약 62,137,802명 세계 23위(2017.07. est. CIA 기준)

종교: 로마가톨릭 약 91%

기후: 지중해성 기후

위치: 유럽 남부, 지중해 연안 이탈리아반도

전압: 220V, 50Hz

국가번호: 39(전화)

GDP(명목 기준): 1조 9,211억$ 세계 9위(2017 IMF 기준)

GDP(1인당 기준): 3만 1,619$ 세계 25위(2017 IMF 기준)

www.palazzochigi

1. 개요

　이탈리아는 유럽의 여러 나라들 중에서 오랜 기간 동안 수많은 자치도시와 지역 국가로 분열되어 있었던 복잡한 역사를 가지고 있지만, 각 지역마다 특유의 요리가 발달하였고, 밀가루를 이용한 요리는 다양하게 발전하여 세계인의 입맛을 사로잡았다. 삼면이 바다로 둘러싸인 반도로서의 지리적 특성으로 인하여 풍부한 해산물과 지중해성 기후의 독특한 자연환경으로 인하여, 풍부한 식재료의 공급으로 음식문화를 발전시킬 수 있었다. 뜨거운 음식들을 중심으로 육류와 빵이 발달하였고, 동물성 재료와 식물성 재료들의

| 베네치아-탄식의 다리

이상적인 조화는 현대에 이르기 까지 음식문화의 전통을 잇고 있다.

2. 역사

1) 고대(기원전 4000년~330년)

이탈리아 요리의 역사는 그리스 식민지 문화가 예술을 대중화시킨 마그나 그레치아(Magna Grecia) 지역에서 시작되었다. 고대 시대 이탈리아의 일상 음식은 돼지고기, 절인 생선, 병아리콩, 루퍼너스 오리브, 피클, 말린 무화과와 같이 간단한 것이었다. 그러나 파티 음식은 스프, 아몬드와 호두가 곁들여진 과자류, 식초와 꿀이 있는 소스 등으로 풍부하고 다양했는데 이는 고대 로마인들이 '사치스러운 파티'라고 일컬었던 식사의 즐거움과 풍성함을 좋아했기 때문이다. 고대 이탈리아에 살았던 에스투리아인들은 현재 토스카나 지방의 기름진 지역에 적합한 곡물에 기반을 둔 간단한 식사를 하였다.

2) 공화정 시대

공화정 시대의 로마인들은 검소한 식사를 습관으로 하는 수수한 사람들이었다. 그러다 공화정 시대 중 후반으로 가면서 이들의 식사문화는 세련되어 졌다. 이들은 평소 아침 식사와 점심의 중간 개념인 '플란디움(Prandium)'이라는 식사와 저녁

| 건포도

식사 등 하루 두 끼만 먹었다. 그러나 점차 곡물, 꿀, 치즈 및 말린 과일 등으로 된 아침 식사의 관습이 도입되면서 고정적으로 아침 식사를 하게 되었다. 아침 식사로는 주로 포도, 올리브, 달걀, 와인에 적신 빵을 먹었다. 식사에는 향기 좋은 와인과 과자류가 곁들여졌다.

3) 중세(기원후 476~1600) 초기~중기

5세기 이탈리아는 귀족의 권력이 약해지면서 노예의 수가 감소하였다. 이에 따라

음식문화에도 변화가 생기는데 식탁은 과거에 비해 빈약해지고 곡물과 우유, 치즈, 채소가 주식이 되었다.

그러나 수도원 근방의 주요 농업 생산지를 중심으로 다시 요리 기술이 부활하기 시작하였다. 이 시기 요리 기술은 몸에 좋게, 입맛을 돋우고, 소화가 잘되게 만드는 것이며 복잡한 준비 과정을 없애고 신선한 과일과 채소를 중심으로 한 것이 일반적이었다.

중세 초기 이미 향료의 거래가 있었고, 십자군 원정과 의약품, 요리에 대한 수요가 많아진 이후 무역이 더욱 활발해 졌다. 향료는 진기함과 높은 가격의 매력과 더불어 육류와 생선류의 장기 보존, 음식 맛을 낸다는 실용적이고 중요한 특성을 지녔다.

봉건 시대(1200년경) 영주들의 생활은 상업과 사회적인 활동의 재개에 의해 자주 연회와 파티, 마상 시합을 열었다. 이런 파티 때마다 기사들은 볼품없고 일률적인 요리를 제공받았으며, 또한 마늘 소스로 맛을 낸 구운 고기 종류가 많았다. 로마인들의 요리와 별 차이는 없었으나 향료가 다량 들어오면서 이국적인 향을 내기 시작하였다.

르네상스 시대에는 음식문화에 있어서도 화려한 모습을 지니게 된다. 15, 16세기는 이탈리아 음식에 있어 풍요로운 시기였다. 이전 시대 요리에 대한 존경으로 음식이 다양하고 풍성해졌다. 음식은 스프와 굽고, 튀기고, 삶은 육류와 고기를 다져 넣은 만두류, 생선, 채소, 샐러드, 아몬드가 들어간 과자류 등이 있었다. 또한, 당시 비쌌던 사탕수수 설탕 대신 꿀을 사용한 음식도 많이 나타났다. 반면 일반 대중들의 음식은 콩, 병아리콩, 렌즈콩, 스프와 죽을 만들기 위해 달걀, 치즈, 양고기 등 여전히 소박한 식문화가 주를 이루었다.

4) 중세 후기~17세기

16세기 이탈리아는 외국 세력의 싸움터가 되었고, 17세기에는 상업으로의 변화에 의해 경제적으로 정체되었다. 그러나 중세 말부터 17세기까지 이탈리아의 요리는 여전히 최고의 위치를 점유하고 있었고, 외국에 현저한 영향을 주었다. 특히 카트린느 드 메디치(Catherine De' Medici)는 장차 왕이 될 앙리 2세와의 결혼으로 프랑스에 과자류와 아이스크림 등 이탈리아의 요리법을 대중화시켰다. 또한, 처음으로 메뉴와 식사 규칙이 인쇄되었고, 개인 식도(食刀)를 사용하게 되는 등 식탁에서의 예절이 발전하였다. 이탈리아 사람들은 유럽인들의 요리문화에 대한 교육자 역할을 하였다.

5) 근세(1650~1830)

17~19세기 이탈리아 상류층의 요리는 세련되었다. 샤크테리 오르되브르(Charcuterie Hors D'oeuvre)와 프랑스풍의 스프, 고기, 생선요리, 퓌레, 과자와 과일 범벅이 나왔고, 급속히 증가하던 레스토랑에서 이런 음식들이 제공되었다. 그러나 일반인들의 요리는 빵, 스프, 감자 등을 기본으로 하는 아주 검소하고 단조로운 형태로부터 발전되지 못하였다. 다만, 치즈와 달걀의 사용은 밀가루와 달걀로 만든 파스타와 폴렌타로 인해 일반인들 사이에서 널리 퍼지게 되었다는 점이 중세 시대 일반인들의 음식문화와 달라진 점이다.

또 다른 근세의 특징은 콩소메(맑은 스프, Consomme), 크레페(Crepres), 퓌레(Purees), 젤리, 베샤멜 소스와 같이 많은 요리가 프랑스로부터 들어왔다는 점이다.

6) 근대(1837~1901)~현대

요리에 있어 융통성을 가진 이탈리아 요리는 조미료의 발달과 보관 방법의 개선 및 도매상의 발전은 기존의 제도를 개선하게 되었다. 이탈리아는 귀족적인 음식문화의 전통과 외국 음식문화를 발전시키는 나라로, 20세기 사람들의 생활상과 더불어 현대에 이르기까지 지속적으로 발전하고 있다.

3. 이탈리아 음식문화의 일반적 특징

• 이탈리아에서는 육류 요리가 발달하였는데, 신선한 고기를 석쇠나 숯불에 굽거나 오븐에 구워 요리하거나 여러 소스로 맛을 낸다. 토끼고기를 즐겨 먹으며

설탕, 식초, 건포도와
소나무 열매를 넣어
전골식으로 요리한
것부터 적포도주, 토
마토 등을 사용한 북
부의 조리법까지 다

| 토마토

| 적포도주

양한 방법으로 이용된다. 그리고 어린 양고기인 아바치오는 오븐이나 숯불에
구워 마늘과 로즈메리를 곁들여 먹는 것으로 봄철 기호 영양 식품이다.

• 대합조개는 조개류 중 가장 인기 있는 것으로 어느 지역에서나 스프와 소스에
사용된다. 로마에서는 봉골레, 베네치아에서는 카페로졸리, 제노바에서는 아
르셀레, 피렌체에서는 텔린 등 다양한 이름으로 불린다. 이탈리아 사람들은 황
새치에서 오징어에 이르기까지 모든 생선을 잡아서 생선을 튀기거나 토마토소
스를 곁들여 생선요리에 다양하게 사용한다.

4. 지역별 음식의 특징

이탈리아는 우리나라와 비슷한 형태의 지리적 여건을 가지고 있는데, 장화 모양의
반도와 시칠리아, 샤르데나의 두 개 섬으로 크게 나눌 수 있다. 북쪽으로는 프랑스,
스위스, 오스트리아와 접해있으며, 북부는 비교적 고원 지대라 열량이 높은 음식들이
발달해서 육류나 버터나 치즈, 햄 등의 영양이 풍부한 다양한 메뉴가 있으며, 소스도
주로 버터를 사용한 크림소스가 사용된다. 삼면이 바다로 둘러싸인 남부 지역은 해산
물이 풍부해 해산물의 다양한 조리법이 발달했다. 날씨가 온화해 음식도 간단하게 조
리하며, 파스타에는 향신료와 올리브를 많이 사용한다. 보통 남쪽보다 북쪽으로 갈수
록 소스나 토핑 재료가 풍부하고 다양해진다. 주 농산물인 쌀이나 밀 등은 북부 지방
에서 생산되며, 과일이나 올리브 등은 따뜻한 남부 지방에서 생산된다.

1) 북부 지방

① 피에몬테(Piemonte)

피에몬테 지역의 작은 마을 알바 지역에서 생산되는 송로버섯인 트뤼플(White Truffle)과 바롤르(Barolo) 와인이 유명한데, 트뤼플은 피에몬테 지방에서만 자라며 흙냄새가 나고 마늘 같은 맛과 향이 있다. 고가의 버섯이기 때문에 대패처럼 얇게 썰어 생선이나 소스, 샐러드 위에 살짝 뿌려 먹는다. 알프스 산맥과 접하는 서북부 지역인 피에몬테 지역은 스위스나 프랑스 등과 접해 있는 고원 지대로서 긴 겨울을 견디기 위해 푸짐하면서도, 실속 있는 저장성 있는 요리가 대부분이다. 진하고 크림 같은 폰티나(Fontina)치즈와 이를 이용한 폰두타(Fonduta) 요리가 잘 알려져 있다.

② 리구리아(Liguria)

이탈리아 북부 지방이며 항구 도시가 있는 지방으로 리구리아 바다와 인접하여, 해산물 요리와 프랑스 국경과 접해 있어서 프랑스의 요리가 조화를 이룬 작지만 큰 도시이다. 생선이 이 지역의 대표적인 음식이며, 해산물을 이용한 다양한 요리가 있다. 리구리아 사람들은 트리니트(Trenitte)라 불리는 파스타와 감자 뇨끼를 곁들인 야채 스프와 함께 페스토를 곁들여 식사한다. 제노바식 미네스트로네(Minestrone) 스프는 파스타와 채소를 넣은 걸쭉한 스프이다. 프랑스 부이야베스 식의 생선 스프, 스튜 또는 안티파스토(Antipasto)가 제공된다. 농작물을 키울 수 있는 농토는 넓지 않으나 올리브나무 숲이 우거져 있어 이탈리아 최대 올리브 산지이며 제노바식 소스인 페스토(Pesto : Basil-Garlic sauce)의 원산지이기도 하다. 와인을 생산하는데 아주 적은 양이 생산되지만, 우수하며 정통적인 와인이 생산되는 지역이다. 레드와인으로는 로쎄체 돌체아쿠아(Rossese Dolceacqua)와 피가토(Pigato), 베르멘티노(Vermentino)와 화이트와인 발 폴체베라(Val Polcevera)와 친꿰 테레(Cinque Terre) 등이 있다. 양보다 질적인 상품을 고수하며, 100여 종이 넘는 포도밭과 포도 연구를 할 수 있는 소규모의 연구소가 많이 있는 곳이다.

③ 롬바르디아(Lombardia)

밀라노를 중심으로 하는 지역으로 알프스 산맥과 남쪽으로 계곡에 걸쳐 펼쳐진다. 대표적인 낙농 지구이자 쌀의 주산지로 육류, 버터, 쌀을 이용한 요리가 많으며 중요한 특징은 스튜식의 뭉근히 끓이는 천천히 요리하는 조리법이다. 이탈리

| 고르곤졸라

아 치즈의 42%를 이곳에서 생산하고 있으며, 송아지를 선호하고, 이를 이용한 밀라노식 커틀릿, 샤프란을 넣은 리조또(Risotto), 크리스마스 케이크로 유명한 빠네토네(Panettone)가 특색 있는 요리로 알려져 있다. 또한, 그라나 파다노(Grana Padano), 고르곤졸라(Gorgonzola), 스타키노(Stacchino), 마스카르포네(Mascarpone) 등이 유명한 산지이다. 따라서 육류 요리는 걸쭉하고 풍미 있는 소스로 여러 시간 조리하여 부드럽고 즙이 많은 것이 특징이다. 버터를 이용한 아스파라거스는 이 지역의 유명한 요리이기도 하다.

④ 베네토(Veneto)

항구 도시답게 외국과의 교역이 활발한 도시이며, 서양과 동양의 관문으로 알려져 있는 베네치아는 12가지 종류의 해산물로 만든 브로뎃토(Brodetto)라는 해산물 스튜가 유명하며, 이 외에도 바다와 관계가 깊은 생선 요리가 뛰어나다. 모든 요리에 이국적인 향신료를 즐겨 쓰며, 일찌감치 외국으로부터 옥수수를 받아들여 경작하였고, 가루로 내어 죽으로 만든 폴렌타(Polenta)가 이 지역 전통 요리로 알려져 있다. 아드리아 해안에 위치한 베네토 지방의 요리는 바다와 육지의 산물이 조화를 이루고

| 베네치아

있고, 쌀을 이용한 다양한 스프와 올리브유, 포도주를 섞어 만든 콩 요리가 많다. 이 지역 특징은 말린 대구 바칼라(baccala)를 이용한 요리와 오징어 갑갑류, 거미게 등 해산물을 이용한 음식이며 맛있는 생선스프가 있다.

2) 중부 지방

① 토스카나(Toscana)

토스카나 요리는 프랑스요리의 원조가 된 메디치가의 음식문화를 지닌 지역이다. 햄, 멜론을 즐겨 먹으며, 딸기, 햄과 끼안티(Chianti)는 최고의 맛을 자랑한다. 풍부한 자연 산물로 인해 프랑스음식의 전통이 된 피렌체의 궁중음식과 함께 피렌체 서민들의 소박한 재료들과 조리법으로 식품이 지닌 자연의 맛을 최대한 살려 요리한다.

토스카나(투스카니) 지방의 수도로 오랜 요리의 역사를 가진 피렌체의 음식은 담백하면서 올리브유가 기본이 된 산뜻하고 부드러운 맛이 특징이다. 자연산이 많아, 소박하고 요리의 가열은 소스 없이 나무나 석탄을 연료로 하여 자연의 향을 물씬 느끼게 한다.

| 올리브오일

시금치 같은 신선한 채소를 요리에 많이 이용해 시금치를 이용한 요리는 피렌체식이라고 부른다. 버터와 파마산 치즈가 곁들여진 시금치 파스타(Green spinach noodles)가 유명하며, 피사의 포르치니 버섯(Porcini mushroom)도 잘 알려져 있다. 또한, 이 지역의 음식은 주로 송이버섯, 돼지고기, 간, 채소 등을 꼬챙이에 끼워 오랜 시간 구워 요리하는 것이 특징이다. 육류요리로는 꼬치에 고기를 끼운 후 석쇠에 올려 소금, 후추만으로 간하여 피가 없어질 때까지 구운 피렌체식 스테이크인 비스테카 알라 피오렌티나(Bistecca Alla Fiorentina)가 유명하다.

② 라치오(Lazio)

수도인 로마를 중심으로 하는 지방으로 예로부터 정원의 싱싱한 채소와 목초지로 이름이 높은 곳이다. 치즈의 고장이라고 할 수 있는데, 이 지역의 치즈는 페코리노 로마노(Pecorino Romano)로 파마산 치즈와 같이 갈아 먹는 단단한 치즈가 있으며, 이 치즈로 요리한 부카티니 알라마트리치아나(Bucatini All' Amatriciana)라는 파스타 요리를 많이 먹는다. 로마풍의 음식은 관광지보다 도시 근교의 레스토랑에서 와인과 요리를 주로 맛볼 수 있으며, 전통적으로 다른 지방보다 다양한 채소와 육류를 섞어 사용한다. 아티초크와 브로콜리가 특산물이며 육류로는 새끼 양, 동물의 내장을 이용한 요리가 잘 알려져 있다. 양고

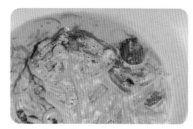
까르보나라

기는 마늘과 로즈메리를 넣어 굽고, 쇠고기와 햄을 얇게 썰어 조리한 살팀복카(Saltimbocca)가 유명하고, 우리나라에도 잘 알려진 까르보나라 파스타가 대표적인 음식이다.

3) 남부 지방

① 시칠리아(Sicilia)

시칠리아는 이탈리아 최남단에 위치해 있는 자그마한 섬으로 해안선을 따라 참치나 정어리 같은 신선한 생선이 풍부하여 생선류나 해산물 요리가 많고, 육류 요리에는 새끼 양과 새끼 염소 고기를 주로 사용한다. 이 섬을 통해 파스타, 와인, 설탕

리코타치즈

이 전해져 이탈리아 요리의 고향이라고 부르기도 하는데, 아랍의 영향을 받아, 장미꽃물이나 오렌지꽃물을 음식에 넣은 달콤한 후식이 많이 있다. 특히 정어리 파스타는 세계적인 맛을 내며 독특한 향을 가지고 있는데, 이 지역의 무화과 또한 특유의 맛과 향으로 유명하다. 이외에 가지, 참치, 레몬, 잣 등을 이용한 요리가 많고 어업도 성행한다. 시칠리아 사람들이 좋아하는 간식으로는 토마토 맛과 치즈 맛이 나는 크로켓 속에 완두콩과 다진 고기를 넣어 만든 오렌지만한 큰 라이스 크로켓이 있다. 남부 지방에서 생산되는 리코타(Ricotta)치즈는 설탕, 오렌지 껍질을 갈아 넣고 스펀지케이크와 비슷한 카사타 알라 시칠리아나(Cassata Alla Siciliana)의 사이사이에 넣는다.

② 캄파니아(Campania)

세계 3대 미항 중의 하나인 나폴리와 카프리 섬으로 알려진 캄파니아주는 남부 이탈리아의 대표적인 지방으로 이탈리아의 '요리의 수도'라고 일컬어지는 나폴리가 있다. National Geographic에서 선정한 '죽기 전에 꼭 가봐야 할 곳'으로 1위에 올랐던 나폴리는, 미식의 도시답게 자연에서 획득한 풍성한 식재료로 꾸미지 않은 순수함이 돋보이는 음식을 자랑한다. 피자의 발생지이기도 하며 아주 탄력 있는 흰 치즈 모짜렐라(Mozzarella)와 리코타 치즈, 프로볼로네(Provolone) 및 건면의 주산지이다. 모짜렐라는 열에 잘 녹아 피자에 얹어 사용하는 피자의 필수 재료이자 이곳의 특산물이며 프로볼로네는 여러 가지 모양으로 만들어져 거의 모든 코스에 애용된다. 고기는 양고기나 염소고기를 많이 먹는데, 이 지역은 육류가 비싸서 채소를 이용한 요리가 많다. 또한, 토마토소스를 맨 처음으로 사용한 나폴리는 이탈리아 최대의 토마토 산지이다. 파스타가 주요 요리의 재료로, 올리브유와 마늘을 이용하거나 콩을 혼합한 채소 소스 등 다양한 소스를 섞어 버무려 먹는 비교적 간단한 방법으로 만들어 먹는 것이 나폴리식 스타일이다.

5. 일상식

1) 아침 식사[콜라지오네(Colazione)]

아침 6~7시에 식사를 하는데, 이탈리아 사람들의 아침 식사는 간단하다. 바(Bar)에서 아침 식사를 하는 사람들은 카페오레나 우유가 들어 있지 않은 에스프레소를 마시는 경우가 많다. 에스프레소는 진하게 투샷을 즐겨 마시고, 간혹 빵을 먹는 사람이 있지만 작은 케이크 한 조각 정도로 간소하다. 커피 한 잔으로 아침을 해결하고 아이들도 우유와 비스킷을 먹는 것이 일반적이다.

2) 스푼티노(Spuntino)

너무 이른 시간에 음료로써 아침 식사를 대신하는 이탈리아인들은 오후 2시경에나 먹게 되는 점심까지 견디기가 어려워 아침 식사와 점심 사이에 먹는 것이 스푼티노이다. 우리나라에서 10시쯤 일꾼들이 먹는 참과 같은 의미인데, 아이들은 학교 가는 길에 간식용 빵을 사가지고 가서 쉬는 시간에 스푼티노로 먹는다. 어른들도 오전 11시를 전후로 바에 나와 간단히 빵과 커피로 시장기를 채운다.

3) 점심[프란조(Pranzo)]

대부분의 사람들은 집이 가까운 경우 오후 1시경 집으로 돌아가 온 가족이 모여 함께 점심을 먹는다. 점심 시간이 3시간 정도이며, 라틴계 특유의 관습인 낮잠[피졸리노(Pisolino)] 자는 시간까지 겸할 수 있어서, 점심 시간이 유용하게 쓰인다. 따라서 일반적으로 상점들은 오후 1시경에 문을 닫고 오후 4시를 전후로 다시 문을 여는데, 대도시의 샐러리맨들은 그냥 직장 근처에서 점심을 해결하기도 하지만 자영업자나 중소도시 사람들은 가정에서 점심을 하는 것이 일반적이다.

4) 메렌다(Merenda)

오후 간식이라고 보면 된다. 점심을 먹고 난 후 간단하게 먹는 음식이다. 오후 5시무렵 거리의 피자집에서 피자를 먹거나 집에서 구운 케이크와 커피를 마신다.

| 컴비내이션 피자 | 햄, 치즈 피자

5) 저녁 식사[체나(Cena)]

오후 일과가 끝나는 7시 이후 보통 8시 반 전
후로 저녁 식사를 하는데, 이탈리아 사람들은 온
가족이 다함께 식사하는 것을 중요하게 생각하므
로 저녁 식사 때 온 가족이 모여 정찬을 즐기는
경우가 많다. 이때는 보통 프리모피아토−세콘도
피아토−돌체 또는 안티파스토−세콘도피아토−돌

| 와인

체를 먹는다. 이때 와인은 빼놓지 않고 먹으며, 세콘도피아토를 중심으로 메뉴를 골
라 먹는다.

- 안티파스토(Anti Pasto)는 전채요리로, 식사 시작에 앞서 식욕을 당기는 요리
  를 말한다. 안티파스토는 차가운 요리가 많은 것이 특징이지만 겨울에는 따뜻
  한 요리를 즐기기도 한다. 보통 한 가지 에피타이저를 제공하는 것과는 달리
  안티파스토는 2~3가지에서 많게는 10가지가 제공되기도 한다. 가정에서는 돼
  지고기 넓적다리를 절이거나 훈제한 후 부르스케타와 멜론 위에 올려 먹는 프
  로슈토(Prosciutto), 소시지, 올리브, 앤쵸비, 치즈, 육회의 일종인 카르파치오
  (Carpaccio) 등을 안티파스토로 먹고, 식당에서는 이 외에도 삶은 송아지 고기
  를 차갑게 식힌 뒤 참치 마요네즈 소스에 버무린 비텔로 톤나토(Vitello
  Tonnato)나 버섯 요리 등을 먹기도 한다.
- 프리모피아토(Primo Piatto)는 '첫 번째 접시'라는 뜻으로 전식에 해당한다.
  프리모피아토는 채소 중심의 가벼운 것부터 고기와 어패류가 들어간 무거운
  것까지 그 종류가 다양하다. 쌀을 볶아 먹는 리조또와 감자와 치즈를 이용하여
  반죽한 뒤 먹기 좋은 크기로 떼어 삶는 한국의 수제비 형태인 뇨끼, 피자도 프
  리모피아토에 속하며, 파스타, 리조또와 미네스트로네, 국물이 거의 없는 주파
  (Zuppa) 상태의 스프류를 먹는다.
- 세콘도피아토(Secondo Piatto)는 '두 번째 접시'라는 뜻으로 해산물이나 고기

로 된 주요리를 말한다. 콘토르노(Contorno)라고 하는 곁들임 채소가 세콘도
피아토에 함께 제공되는데, 채소에 드레싱과 파르메산 치즈를 곁들인 시저
(Caeser) 샐러드, 토마토와 모짜렐라 치즈로 만든 카프레제(Caprese), 빵이
함께 나온다. 지방마다 독특한 세콘도피아토 요리가 있고 조리법은 찜, 조림,
소테, 튀기는 것 등의 간단한 조리법을 이용한다. 이탈리아에서는 육류요리가
주요리로 취급되지 않는다는 점을 감안하면 이탈리아 코스 요리에서는 대부분
세콘도피아토를 양이나 칼로리 면에서 분류한다.

- 돌체(Dolce)는 후식으로 디저트를 먹는 데에도 순서가 있는데, 먼저 식후에 기
  호에 따라 치즈를 먹고 달콤한 파이, 과일, 케이크, 아이스크림 등의 디저트를
  먹고, 커피나 식후 주로 마무리한다. 치즈는 진한 맛의 고르곤졸라
  (Gorgonzola)와 부드러운 맛의 벨파에제(Bel Paese)가 있고, 마스카포네
  (Mascarpone) 등의 크림치즈는 딸기와 함께 먹는다. 식후주는 도수는 25~80
  도에 이를 만큼 독한 그라빠(Grapa), 아모르(Amore), 리몬첼로(Limoncello)
  등을 주로 마신다. 젤라또(Gelato)라 부르는 아이스크림 등의 차가운 디저트는
  이탈리아가 원조이다.

| 치즈

| 파스타

| 카프레제

| 젤라또

6. 특별식

1) 카니발

베네치아의 카니발은 사순절 금욕 기간이 오기 전에 즐기는 파티이며, 과장된 치장과 가면을 쓰고 길거리를 활보하며 축제 기간 동안 민속 오락이나 황소 사냥 등을 한다. 베네치아의 카니발은 과거 르네상스 시대와 로코코 시대 등의 귀족 문화와 세련되고 고풍스러운 전통을 간직하고 있다. 이 날은 산마르코 광장에 모여 가면과 개성을 발휘할 수 있는 메이컵으로 행사에 참여한다. 사순절이란 그리스도의 부활을 위해 자신의 기독교적 신앙을 각성하고자 40일간의 절제 기간을 갖는 것을 말하며, 이 기간 동안 육식을 금하므로 사순절이 되기 전에 집에 있는 고기를 다 먹어 치운다는 의미에서 사육제라고도 불린다.

7. 대표 음식

1) 파스타(Pasta)

이탈리아에서 파스타는 스프 대신에 먹는 것이 특징이다. 파스타란 밀가루를 반죽한 것인데 파스타를 원료로 하여 만들어진 식품의 총칭으로도 쓰인다. 건조한 파스타 중에는 스파게티, 마카로니, 탈리아델레 등이 있고, 건조하지 않은 파스타로는 라비올리, 토르텔리니, 라자냐, 카넬로니 등이 있다.

- 스파게티 : 얇고 긴 국수 형태의 파스타로 굵기에 따라 다양한 종류가 있음
- 라자냐 : 반죽을 판형으로 민 파스타로 라자냐, 소스, 치즈를 켜켜이 쌓아 요리한 것
- 라비올리 : 판형의 파스타 사이에 치즈, 간 고기, 새우, 채소 등을 넣고 만두처럼 속을 채운 것

파스타 요리는 미트(meat) 소스를 넣은 볼로냐식, 토마토소스를 넣은 나폴리식, 달걀노른자와 베이컨, 파마산 치즈를 곁들인 까르보나라, 모시조개를 사용한 봉골레, 마늘과 고추, 올리브유만을 사용한 알리오 에 올리오 페페론치노 등 다양한 종류가 있다.

- 볼로냐식(Bolognese) 소스 : 고기와 양송이, 양파를 다져 토마토를 넣은 붉은 소스
- 까르보나라(Carbonara) 소스 : 베이컨과 생크림을 이용해 만든 흰색 크림 소스
- 봉골레(Vongole) 소스 : 봉골레는 이탈리아어로 조개를 뜻하고 조개와 마늘을 주재료로 쓰는 나폴리식 소스
- 마레(Mare) 소스 : 홍합, 오징어, 새우 등 해물을 주재료로 하고 경우에 따라 연어, 조개, 패주, 생선 등의 해산물과 토마토를 넣은 소스
- 알리오 에 올리오 페페론치노(Peperoncino) 소스 : 마늘과 고추, 올리브유만 써서 담백하고 매콤한 맛의 소스

파스타의 유래는 11세기가 지나면서 나폴리에서는 빵의 형태가 다양해지기 시작했는데, 빵을 눌러 불에 구운 후 길게 자른 라가노(Lagano)라고 하는 것이 등장하였다. 이것이 오늘날 파스타라고 불리게 되었다는 설이 있다. 또한, 이 시기에 나폴리에서는 길게 자르지 않은 둥근 형태의 납작한 빵 반죽을 불에 굽기 전에 색색의 다른 음식물을 첨가한 요리가 등장했는데 이것을 처음에는 피체아(Picea)라고 불렀다. 이는 후에 피자(Pizza)라고 불리게 되었다. 그러나 오늘날의 피자는 이탈리아의 남부 지역에서 고전스타일의 피자, 즉 둥글고 납작하게 눌린 반죽 위에 양념을 하고 오븐에 요리한 것과 속이 가득 찬 파스타, 즉 깔조네(Calzone)를 함께 지칭한다. 파스타의 가장 간단한 식사 방법은 삶은 파스타 면을 접시에 담고 토마토소스를 얹고, 그 위에 치즈를 곁들여 먹는 것이다.

2) 피자 (Pizza)

피자는 그리스의 동그랗고 납작한 빵인 피타(Pita)빵에서 어원을 찾아볼 수 있다. 나폴리 사람들이 처음 만들었다는 설도 있고, 시칠리아 사람들이 아랍에서 받아들인 후 다시 나폴리 사람들이 수용했다는 설도 있다. 피자의 원래 아랍 이름은 이트리아(Itrya)이며, 아직도 시칠리아와 뿔리아 지방에서는 트리아(Tria)라는 이름으로 불리고 있다.

초기의 피자는 둥글고 납작한 밀가루 반죽 위에 소스를 얹어 장작 가마에 구워냈다. 토마토가 일상적으로 쓰이기 전의 피자는 베샤멜이나 크림소스에 토핑 재료를 얹어 구운 서민적인 음식이었다. 나폴리에서 토마토 소스, 토마토, 바질, 모짜렐라 치즈를 넣고 피자를 만들어 마르게리타 왕비를 기쁘게 하기 위해 이탈리아의 3색기를 상징하는 피자를 만들어 애국심을 표현했고, 이 피자가 전국적으로 히트를 치게 된 마르게리타 피자가 되었다. 실제 이탈리아에서 유명한 피자집들은 주로 남부 지역인 로마, 나폴리 지역에 몰려 있다.

- 나폴라타나(napoletana) : 피자 반죽인 도우(Dough) 위에 엔초비를 토핑하여 만든 피자이다.
- 마르게리타(Margherita) : 도우 위에 토마토, 바질, 모짜렐라 치즈로 토핑하여 만드는 피자로 가장 기본적인 피자이며 맛은 담백하다.
- 깔조네(Calzone) : 밀가루 반죽 사이에 여러 가지 재료와 치즈를 넣고 반들 모양으로 겉을 싼 후 오븐에서 구운 전통적인 피자의 일종인 요리이다.

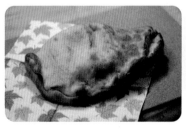

| 깔조네

3) 빵 (Pane)

이탈리아 사람들은 각 지방마다 다른 빵을 먹는다. 빵은 대체로 밀과 이스트 만을 이용해 만들고 특히 중부 지방의 토스카나에서는 버터나 소금을 전혀 이용하지 않고 순수 밀가루만을 사용하기도 한다.

- 토스카나 지방 : 소금을 넣지 않은 큰 타원형의 빵[빠네 토스카노(Pane Toscano)]
- 롬바르디아 지방 : 하드롤 같은 작고 동그란 형태의 빵[로젯타(Rosetta), 미켓타(Michetta), 포카치아(Focaccia)]
- 에밀리아 지방 : 롬바르디아 지방의 미켓타와 비슷한 맛과 모양의 빵[믹카(Micca)]
- 뿔리아 지방 : 크고 둥근 모양의 십자형으로 칼집을 내 놓은 빵[시암벨라(Ciambella)]

4) 리조또 (Risotto)

농업이 발달한 북부 이탈리아에서 발달한 쌀 요리로 기름이나 버터에 쌀, 채소, 고기를 넣고 볶다가 포도주로 향을 내고 육수를 넣어 죽처럼 부드럽게 익혀 치즈가루를 섞어 먹는 요리이다.

5) 주파 (Zuppa)

스프를 좋아하는 이탈리아 사람들은 다양한 종류의 스프를 만들어 먹는데, 맑은 스프는 식사를 시작할 때 먹고, 채소와 파스타를 넣어 걸쭉하고 진하게 만든 스프는 가벼운 저녁 식사로 먹는다. 단, 스프는 파스타, 리조또와 함께 내지 않는다. 국물을 걸쭉하게 하기 위해 북부에서는 쌀을 넣고, 남부에서는 작은 모양의 파스타[아넬리니(Annellini), 스텔리니(Stellini), 콰드루치(Quadruci), 파르팔리네(Farfalline) 등]를 넣기도 한다.

8. 이탈리아의 식사 예절

- 손으로 먹는 음식(감자튀김, 고기, 빵 등)이 많으므로 손의 청결을 중요시한다.
- 식사 도중 손을 식탁 밑으로 내리거나 팔꿈치를 식탁 위에 올려놓지 않는다.
- 공동의 큰 접시에 나오는 음식은 뒤적이지 않는다. 이를 큰 실례로 여긴다.
- 식탁 위에 놓여 있는 소금이나 후추를 옆 사람에게 달라고 하지 않으며, 본인이 가져가 먹는다.
- 샐러드는 반드시 각자의 개인 접시에 덜고 소스가 따로 나오지 않는 경우에는 식탁 위에 있는 올리브오일, 소금, 후추 등을 더해 취향에 맞게 먹는다.

::: 대표 음식 레시피 :::
봉골레 파스타 (4인분 기준)

1 재료

파스타 450g, 모시조개 1kg, 올리브오일 1/4컵, 화이트와인 1컵, 마늘 3쪽, 다진 파슬리 1/4컵, 고추 약간

2 만드는 법

① 모시조개는 소금물에 해감을 토하게 한 다음 깨끗이 씻어 모래를 제거한다.

② 냄비에 모시조개와 와인을 넣고 뚜껑을 덮은 다음 끓인다. 조개 입이 다 벌어지면 바로 꺼낸다.

③ ②의 국물을 체에 내리고 찌꺼기는 버린다.

④ 꺼낸 조개는 체에 내린 국물에 넣어두고 마늘을 얇게 저민다.

⑤ 팬에 올리브오일을 넣고 따뜻해지면 마늘을 넣어 노릇하게 볶는다.

⑥ 체에 내린 국물의 2/3컵을 넣고 국물 양이 1/3이 될 때까지 졸인다.

⑦ ⑥에 익힌 조개를 넣고 파슬리와 고추도 순서대로 넣는다.

⑧ 파스타를 삶는다. 물 6리터를 끓인 후 소금 3큰술을 넣고 다시 끓으면 파스타를 넣고 삶는다. 이때 면이 서로 엉키지 않도록 잘 저어준다.

⑨ 나머지 1/3의 국물을 붓고 삶은 파스타를 센 불에서 1~2분 정도 익힌다. 이때 국물이 약간 남아있는 정도가 좋다.

2. 프랑스

나라 이름: 프랑스(France)

수도: 파리

언어: 프랑스어

면적: 643,801㎢ 세계 43위(CIA 기준)

인구: 약 67,106,161명 세계21위 (2017.07. est. CIA 기준)

종교: 로마가톨릭 약 83%, 개신교약 2%, 이슬람교, 유택교, 회교

기후: 해양성, 대륙성, 지중해성 기후

위치: 서부 유럽

전압: 220V, 50Hz

국가번호: 33(전화)

GDP(명목기준): 2조 5,748억$ 세계 5위(2017 IMF 기준)

GDP(1인당기준): 3만 9,673$ 세계 21위(2017 IMF 기준)

www.service-public.frlangueenglish

1. 개요

프랑스 국민들은 현실성이 높으며, 검소하며, 자신의 인생을 즐길 줄 안다. 그들은 자신의 나라에 대한 애착심이 아주 강하며 예술이 생활화된 민족이다. 그들은 청각, 시각, 후각, 촉각 등 모든 감각기관이 우수하지만, 특히 미각이 발달되었으며, 음식문화 또한 영국과 함께 엄격한 식사 예절을 가지고 있으며, 이들의 요리는 세계 3대 요리 중 하나로 발전하게 되었다. 이는 더운 지역과 추운 지역에 걸친 광대하고 비옥한 토지에서 생산되는 풍부한 재료와 해산물이 있었고, 요리에서 없어서는 안될 좋은 술이 많이 있었기 때문이며 경제적인 풍요 등 다양한 생활 요인들로 인하여 예술과 요리의 나라가 될 수 있었다.

2. 역사

1) 고대~중세

고대 프랑스의 음식문화 역사는 전통적으로 프랑스에 거주하며 거친 음식문화를 가진 골(Gaul)족과 프랑스로 이주해 온 프랑크족의 음식이 로마인들의 지배하에서 로마의 음식문화가 더해져 완성된 것이다. 이 당시 프랑스의 음식문화는 인간이 생각해 낼 수 있는 온갖 재료와 요리법이 연구되었다. 그러나 전체적으로는 세련되지 못한 '시골스럽고 푸짐하기만 한' 요리에 머물렀다.

프랑스가 로마를 정복한 이후 프랑스 북부 지방의 거위요리가 로마에까지 명성을 날리게 되었다. 또한, 프랑스는 치즈 제조에 탁월한 기술을 가지고 있어 유럽에서 최고의 치즈 수출국으로 알려지게 된 것도 이 시기이다.

2) 중세~르네상스 시대

프랑스는 중세 초기 침략이 잦았던 탓에 궁이나 귀족, 민간이 아닌 수도원이나 교회를 통해 기존의 식문화가 지속될 수 있었다. 이렇게 지속된 음식문화와 요리법은 후에 수도사들로부터 평민에게 전수되었다.

이 시기 주로 먹었던 음식으로는 식물이 원료가 되는 음식물을 소비하였고, 굳은 빵을 먹기도 하였으며, 스프의 일종인 브루에(Brouet)를 만들어 베이컨을 얹어 먹기도 했다. 치즈는 요리에 끼지 못했으나 종류에 있어서는 단 것, 짠 것, 부드러운 것, 신 것, 지방질이 있는 것과 없는 것 등으로 세분화되어 있었다. 요리법도 점차 발전하여 불을 이용하여 익히는 데도 굽기, 물을 많이 넣고 끓이기, 튀기기, 뭉근한 불로 오래 끓이기 등의 독특하고도 세분화된 방식이 나타났다.

소스는 가볍고 지방분이 적은 것으로 루(roux)의 전신이 되는 소량의 밀가루와 기름을 넣어 바싹 졸인 형태가 나타났다. 그러나 맵고 신맛이 강해 현재와 같은 맛은 아니었을 것으로 추정된다.

3) 르네상스 시대~16세기

르네상스 시대에는 프랑스 음식문화가 비약적인 발전을 이루게 되는데, 이탈리아의 카트린느 드 메디치(Catherine de Medici)가 앙리(Henry) 2세와 결혼한 것이 계기가 되었다. 그녀는 이탈리아에서 뛰어난 요리 솜씨를 가진 피렌체 출신의 요리사들과 함께 프랑스로 건너와 파마산 치즈, 송아지요리, 멜론, 셔벗 등 신기한 재료와 음식을 프랑스에 소개하였다. 앙리 3세에 이르러서는 음식뿐 아니라 은제 식기, 포크, 식탁보 등도 이탈리아의 방식을 본받아 유행하게 되었다. 이후 파리에 요리학교가 생겨 전문 요리사가 배출되고 16세기에는 파리에 정기적인 시장이 열리기도 했다. '카바레'가 생기면서 집이 아닌 외부에서 식사를 하는 풍습이 생겨났다. 이는 현대의 외식문화에까지 영향을 준 역사적 사건이다. 지중해, 대서양에서 수확되는 해산물, 포도주와 함께 아프리카로부터 강낭콩, 감자, 옥수수 등이 수입되었으며 16세기 말에는 칠면조가 소개되어 엄청난 인기를 누렸다. 이때부터 식사 예절이 정립되었고, 포크 등을 사용하는 것이 일반화되어 오늘날까지 이어져 오고 있다.

4) 17세기~18세기

17세기 프랑스 식습관은 형식과 내용 면에서 모두 큰 변화가 일어났다. 앙리 4세의 요리장이었던 '라바렌(Lavareine)'은 요리의 법칙과 조리법을 체계적으로 정리한 책을 10,000부 출간하였고, 이 책을 기초로 프랑스 요리는 비약적 발전을 거듭하게 된다. 루이 14세에는 절대 군주와 중앙 집권제라는 정치적 테두리 안에서 귀족들 사이에서 성대한 연회가 유행하였으며, 루이 15세는 미식(美食)을 좋아하여 왕 스스로 요리를 만들기도 했다고 전해진다. 이 시대에는 귀족도 부엌을 드나드는 것이 일반적이어서 요리에 귀족들의 이름이 붙여졌다. 이 시대를 거쳐 음식의 맛은 조리로 가려져서는 안 되고 단순한 자연적 조리로 해야 한다는 주장이 받아들여 졌고, 프랑스 요리는 완성기에 도달하게 되었다. 이에 따라 과도한 데코레이션을 지양하였으며 17세기 말에는 차, 커피, 코코아, 아이스크림 등이 출현하였다. 18세기 프랑스 대혁

명까지 요리의 향연이 계속되었으며, 프랑스 요리의 진정한 창시자라고 할만한 A. 카렘이 나타났다. A.카렘은 요리사라는 직업을 예술가의 영역에까지 끌어 올리겠다는 의욕을 가진 위대한 요리사일 뿐 아니라 이론가이기도 하여 많은 서적을 남겼다. 그는 여러 가지 맛을 조화롭게 배합하고 불필요한 재료나 조리법을 배제했으며, 현재의 프랑스 요리의 틀을 형성하였다. 17, 18세기 초의 궁중요리는 귀족들만의 특혜였고, 서민들은 빵과 감자로 배를 채우는데 급급했다. 그러나 프랑스 혁명 후 귀족사회의 붕괴로 인해 개인 소유의 요리사들이 거리로 나와 레스토랑을 차리게 되었고, 최초의 레스토랑인 '부이용(Bouillon)'을 오픈한 요리사는 테이블보가 덮인 작은 테이블에 손님을 앉히고 자신이 만든 요리를 내 놓아 큰 성공을 거두기도 하였다. 앤초비, 송로버섯 등과 같이 향이 강한 프랑스식 향신료가 나타났으며 버터는 프랑스 상류사회의 특징으로 여겨졌다.

5) 현대

요리사 A.에스코피에는 프랑스 요리 발전에 큰 공헌을 하였다. 프로방스 출신인 그는 요리의 실질적인 향상과 영양의 문제를 받아들여 먹을 수 없는 장식 등을 폐지하고 요리를 근대화시켰다. 현재 레스토랑의 주방 시스템을 창시하고 레스토랑 운영을 통합, 조정하여 운영하도록 시도하였다. 서빙 순서를 정하고, 주문지를 3장으로 만들어 주방, 웨이터, 캐셔에게 각 1장씩 가는 방식을 고안해 냈다. 알랭 샤펠(Alain Chapel)은 '누벨퀴진(Nouvelle Cuisine)' 이라는 장르를 개척하게 되었다. 누벨 퀴진은 1970년대에 등장한 요리법으로 '새로운(New Cuisine)' 이란 의미는 프랑스어로 향신료와 허브를 사용하고, 재료 본래의 맛을 최대한 살리며, 고기의 사용을 줄이고 채소를 많이 사용하는 저칼로리의 영양학적인 조리법이다. 특히 누벨퀴진은 재료를 구입하는 것뿐만이 아니라 음식의 질감과 음식의 담음새 등에 세심한 주의를 기울이는 것이 특징이다.

3. 프랑스 음식문화의 일반적 특징

- 프랑스는 기후가 온화하며 농, 축, 수산물이 모두 풍부하여 요리에 좋은 재료를 제공한다. 따라서 식재료를 충분히 살리고 합리적이며 고도의 기술을 구사하여 섬세한 맛을 내는 데 있다.
- 맛을 내는 데 있어서 전통적인 포도주, 향신료, 소스가 중요한 역할을 한다. 특히 포도주는 육류 요리에는 레드와인을 생선 요리에는 화이트와인을 사용함으로써, 요리에 맞는 음료 또는 주류를 곁들인다. 때로는 요리의 맛을 돋궈주고 부드럽게 하기 위한 조미료로도 사용되며, 향신료의 경우 파슬리, 후추, 샐러리, 넛맥, 샤프란 등을 사용하고 이것을 3~4가지씩 섞어 사용하여 특이하고 새로운 맛을 창출한다.

- 프랑스에서는 식사 때마다 막 구운 따뜻한 빵을 사다 먹는 것이 생활의 일상적인 패턴이다. 빵집에서는 하루에 세 번 빵을 구워, 신선하고 맛있는 빵을 공급한다. 레스토랑에 가면 식사 전 빵이 나오는데 필요한 만큼 계속 먹을 수 있다. 프랑스인이 보통 먹는 바게트(Baguette)라고 불리는 길고 가느다란 빵은 1개의 무게가 250g으로 엄격하게 정해져 있다. 이보다 굵거나 가는 빵도 있으나 역시 기준 중량이 정해져 있고 값도 정부에서 정한 가격에 근거한다. 우리나라와 달리 값은 개당으로 하는 것이 아니라 무게로 책정된다.
- 프랑스 요리는 격조 높은 요리일수록 요리의 내용만큼 그릇의 선택이나 식탁의 조화를 중요시하는 테이블 코디가 큰 비중을 가지고 있고, 조화의 미(美)라고 할 만큼 조리에 있어 특별한 기술이나 재료의 종류도 중요시되고 있는 것이 특징이다. 프랑스의 테이블 문화는 세공, 도자기, 섬유 예술이 전통문화를 중심으로 발전하기도 하였다. 식사 순서를 갖춘 격식 있는 식사 예절 매너도 프랑스 요리가 유명해지는데 한 몫을 차지하고 있다.

4. 지역별 음식의 특징

1) 일드프랑스

파리를 중심으로 하는 지역으로 낙농 제품 생산이 많아 생크림을 이용한 다양한 요리들이 많다. 베샤멜(Bechamel) 소스, 크렘샹티이(Creme Chantilly) 등이 유명하다. 루브르 박물관 주변의 음식점들과 시내의 카페거리와 건물 사이사이의 작은 레스토랑은 파리요리의 중심을 보는 것 같은 코스요리와 이태리음식 등 다양한 유럽의 요리가 있다. 특히 달팽이요리와 스테이크, 부드러운 바게트빵은 이곳의 대표적이라 할 수 있는데, 미식가들의 고장인 파리는 육류 및 곡류, 채소를 각종 소스류와 함께 곁들여 먹는다.

| 바게트

2) 북서 지역

① 노르망디(Normandie)

프랑스 북부 해협의 깎아지른 듯한 절벽과 끝없이 펼쳐진 해안선, 비옥한 땅이 조화를 이룬 노르망디 지방은 해안에는 어업이, 평야에는 낙농업이 주요 산업이다. 르아브르는 요리의 기본 재료가 풍부하여 음식이 다양하고 풍성하다. 우유, 버터, 크림 등의 유제품이 대량생산되는 곳이며, 양질의 닭고기, 오리고기, 새끼양의 살코기와 돼지고기 역시 유명하다. 바다의 어류와 조개류, 갑각류는 상급의 품질을 자랑한다. 사과주인 시드르(Cidre)는 수많은 요리의 재료로 쓰이며, 이를 증류하여 만든 깔바도스(Calvados)도 유명하다. 크레페(Crepe)와 함께 먹어도 맛이 좋다.

② 브루따뉴(Bretagne)

브루따뉴의 중심 도시인 헨느를 중심으로경제적인 발전을 한 도시이며, 노르망디(Normandie) 지방과 마찬가지로 파리에서 두세 시간 거리에 위치하며, 시드르

(Cidre)를 생산하며, 그 외에도 디제스티프(Digestif)나 아뻬리띠프(Aperitif)로 마시는 꿀로 만든 술이 유명한 곳이다. 식사 때마다 달걀 프라이를 즐겨 먹는데, 특히, 우유와 달걀, 밀가루 등을 골고루 섞어서 간을 한 다음 프라이팬에 얇게 부쳐 각종 해물을 싸서 먹거나 갖가지 잼이나 초콜릿, 시럽 등을 발라 먹기도 하는 크레페 오 프뤼드 메르(Crepes Aux Fruits De mer)는 롤 모양으로 만들어 먹거나 2번 접어서 먹는다. 손님 접대 시에는 크레페 반죽을 즉시 만들어 놓고, 안에 넣어 먹을 재료는 따로 담아내어 직접 말거나 접어서 먹도록 한다.

3) 북동 지역

① 알자스(Alsace)

스위스와 독일의 국경 지역에 위치한 알자스 지역은 면적으로는 프랑스에서 제일 작은 지방이지만 와인 산지로 유명하며 식도락의 고장이기도 하다. 국경 지대에 위치해 있으면서도 알자스 전통을 이어나가고 있으며, 알자스의 작은 마을들이 모여 있는 아기자기하면서도 아름다운 지역이다.

| 구겔호프

토양이 좋고 프랑스 중 가장 비가 적게 오는 지역으로 곡물과 채소를 재배하는 광대한 평야와 포도가 잘 자라는 토질과 과수원, 어류가 많이 생산되는 풍요로운 도시이며, 육류를 가공한 식품이 발달되었고, 특히 돼지고기의 가공품이 유명하다. 이러한 요리의 재료가 풍부한 자연환경이 요리의 본고장으로 알려지게 되는데 한 몫을 하였다.

화이트와인이 유명하며 특히, 게뷔르츠트라미너는 알자스지역의 화이트와인으로 포도 생산 중 20%가 넘게 재배되는 와인이다. 음료수로 맥주와 브랜디 외에 과실주가 유명하며, 특히 디저트가 아주 다양하며, 구겔호프(Kugelhopf)라는 왕관 모양의 빵은 알자스 상징물 중 하나이다.

② 부르고뉴(Bourgogne)

포도주로 유명한 부르고뉴 지방은 프랑스 동부의 '황금의 골짜기'라 불린다. 부르고뉴 와인으로 여성적이며, 섬세한 피노누아가 주요 품종이며, 하나의 품종만 생산하여 까다로운 와인 관리가 이루어지고 있으며, 프랑스 대표 와인 산지이기도 하다. 여행객들의 길목이 되고 있는 아름다운

| 디종 머스타드

도시가 많으며, 노트르담 성당(Eglise Notre-Dame)이 있는 곳이기도 하다.

포도밭과 골짜기, 넓은 평원이 많은 고원에서 황소가 많이 사육되고 있으며, 프랑스에서 가장 질이 우수한 고기가 생산되는 곳으로도 유명하다. 디종 머스타드, 부르고뉴식 달팽이 요리, 꼬꼬뱅, 퐁듀 부르기뇽 등이 이 지방의 특산물이다.

ㄴ) 남서 지역

① 보르도(Bordeaux)

부르고뉴와 함께 포도주의 최대 집산지이자 와인의 명산지로 알려진 보르도 지방은 기후와 토양 조건이 포도 재배에 완벽하고, 항구를 끼고 있어 와인의 제조와 함께 판매에도 적합한 지리적 조건을 갖추고 있다. 프랑스의 AOC급 와인의 26%가 보르도에서 생산되며 특히 레드와인의 생

| 포도밭

산이 많다. 소량의 화이트와인을 생산하는 소테른 지역의 스위트 화이트와인은 최상품으로 꼽히고 있다. 보르도 음식은 최고의 맛을 자랑하는데, 품질이 우수한 육류와 해산물 등 다양한 식재료로 만든 음식과 음료와 함께하는 여러 종류의 치즈와 소스는 식탁의 풍성함을 한층 더해 준다. 와인과 함께 프랑스 최고의 음식을 자랑하는 지역이다.

5) 남동 지역

① 니스(nice)

요리에 올리브를 자주 쓰며, 그 외 다양한 종류의 가지나 호박을 비롯한 채소, 과일, 생선, 축산물이 풍부하다. 13가지 샐러드를 혼합하여 만든 샐러드인 '메스클랭(Meschlin)'과 건포도, 잣, 럼향을 넣어 만든 디저트 '블레트 파이(Blette pie)'가 유명하다. 가지를 이용한 요리가 특히 많고, 니스 전통 가정식 요리인 라따뚜이(Ratatouille)는 애채를 스튜한 것이며, 감자와 치즈의 맛이 풍부한 뇨끼는 전통음식으로 유명하다. 또한, 싱싱한 해산물 요리가 많으며, 레몬을 곁들인 생굴(Oyster) 요리와 삶아서 건져 먹는 홍합(Mussel)과 새우 등이 있다. 올리브오일에다가 구워 먹는 우리나라의 전과 같은 모양의 솟카(Socca)와, 피살라디에레(Pissaladiere)가 있는데, 피살라디에레(Pissaladiere)는 이탈리아식 파이처럼 두껍게 구운 것으로 재료에는 멸치와 같은 생선류나, 넛트류, 건포도 등 이 지역에서 주로 나는 재료들이 들어간다.

② 프로방스(Provence)

프랑스 남부 지역은 타 지역의 음식보다 버터나 식용유의 사용이 적지만, 프로방스 지방은 올리브기름을 많이 사용하는것이 다른 지역과 다른 점이며 마늘, 토마토, 가지, 양파, 피망, 올리브 등의 채소류의 사용이 많은 것이 특징이다. 프랑스 남부의 지중해와 접해 있는 프로방스 지방은 일년 내내 따뜻한 기후로 풍요로움과 함께 열정적이고 개방적인 곳이다. 요리의 색채 또한 화려함과 강렬하고 진한 맛을 느낄 수 있다. 특히 남부 지역은 마늘을 거의 모든 요리에 사용하고 있다. 대표적인 요리로 부이야베스(Bouillabaisse)가 있는데, 이것은 지중해 연안에서 나는 토마토, 올리브, 마늘 등의 재료를 사용하고 갖가지 해산물, 생선을 넣어 바다의 정취를 살린 스프 형식의 생선 요리이다. 새우 등은 손으로 먹지만 그 외에는 생선용 나이프, 포크, 스푼을 이용하여 먹는다. 부이야베스는 마늘빵과 함께 제공되며, 해산물은 생선 국물을 베이스로 한 소스에 묻혀가며 먹고, 마늘빵은 스프와 번갈아가며 먹는다. 고급식당에서는 가시가 많은 생선보다는 조리하기 쉽고 먹기 쉬운 새우, 조개, 생선회에 쓰이는 물고기가 나온다. 따뜻한 와인 뱅쇼(Vin chaud)는 겨울철 추운 날씨에 즐겨 마시고 길거리에서 쉽게 접할 수 있으며, 크레페(Crepe)는 밀가루를 이용하여 얇게 펴서 여러 가지 속을 넣고 둘둘 말아가며 굽는 간식이며 식사 대용으로 할 때에는 고기나 생선, 채소 등을 넣어 푸짐하게 말아 먹는다.

③ 리옹(Lyon)

프랑스 제2의 도시인 리옹은 요리의 수도로서, 프랑스 미식 이론의 중심지로 여겨진다. "런던에는 22종류의 감자가 있지만 리옹에는 22가지의 감자 요리법이 있다."라는 말이 있을 정도로 리옹 지역의 요리는 전통적인 프랑스음식을 대표하여 일반적으로 생각하는 프랑스음식의 대부분은 의미한다.

리옹 출신 최고의 요리사 보퀴즈는 화려한 외양, 열량이 높은 음식보다는 식자재의 품질과 성질을 최대한 살리고, 신선도를 요리의 생명으로 꼽고 있다. 과거 르네상스 시대 이후 이탈리아로 통하는 관문이었던 리옹 지역은 지리적 이점을 최대한 살려 최고의 요리가 탄생되는 계기가 되었고, 파리의 미식 전통을 능가하는 음식의 명가로 자리 잡을 수 있었다.

수많은 후식 중 뷔뉴(Bugne)라는 요리가 가장 유명한데, 아카시아와 야생 딸기의 꽃을 넣어 만든 튀김이다. 보퀴즈에 의해 리옹에서 처음 생겨난 V G E(발레리 지스카르 데스텡)는 당시 프랑스 대통령 이름의 첫 글자를 딴 송로 버섯을 이용한 수프이다.

5. 일상식

1) 아침 식사

프랑스의 아침 식사는 간단히 크로와상 1~2개와 진한 에스프레소 커피에 뜨거운 우유를 섞어 만든 카페오레로 끝낸다.

| 크로와상

2) 점심

점심은 전채, 주요리, 후식으로 된 3코스 정도를 먹는다. 약 2시간에 걸쳐 먹는데 음식에 포도주와 함께 달지 않은 음료를 곁들이고 식후에는 에스프레소나 차를 마시는 것으로 마무리한다.

• 전채는 과일, 테린, 파데(Pate), 주 요리로는 햄 종류의 육가공품, 훈제연어 등을 먹고 채소, 곡류, 어류, 육류를 먹는다. 후식으로는 유제품, 파이, 무스 등의 단 음식으로 구성한다.

3) 저녁 식사

하루 중 가장 풍성한 식사이며, 정통 프랑스 저녁 식사 코스는 12순서로 이루어져 있다. 채소, 생선, 육류, 곡류 등 디저트, 음료에 이르기까지 음식은 다양하며, 말하기를 좋아하고 가족 중심의 문화로 긴 시간에 걸쳐 식사를 하며, 특별한 날에는 작은 선물이나 편지가 쓰인 카드 등을 교환하기도 한다. 그러나 현대에서는 비만 인구의 증가와 웰빙 바람이 불면서, 디너 코스는 4~5가지 정도로 정통 코스에 비해 간소하게 먹고, 일상적인 저녁은 점심보다 가볍게 먹는 것이 일반적이다.

4) 정찬 코스

프랑스의 정찬 코스는 전채요리인 오르되브르(Hors D'oeuvre), 스프와 빵, 생선요리인 푸아송(Poisson), 소르베(Sorbet), 주요리, 샐러드, 디저트, 음료 등으로 구성된다.

• 오르되브르(Hors D'oeuvre) – 전채요리로 식사전 식욕을 돋아주고 소화액 분비를 촉진시켜 모양은 작고 예쁘며 색이 잘 조화되어 있다. 차가운 전채는 훈제 돼지고기, 생굴, 연어, 캐비어, 채소류 등이며, 뜨거운 전채로는 에스카르고, 푸아그라, 생선, 육류 샐러드, 개구리 뒷다리살 등이 있다.

| 오르되브르(육류 샐러드)

| 스프

| 주요리(안심)

| 샐러드

| 디저트(치즈케익)

| 음료(홍차)

- 스프(soup) – 주요리의 제1코스로써 콩소메(Consomme)는 맑은 닭고기나 쇠고기 뼈를 우려낸 육수로 만든 스프이고, 포타주(Potage)는 진한 걸죽한 스프를 뜻한다.

- 푸아송(Poisson) – 스프 다음에 제공되는 요리로 어패류, 갑각류 등 다양한 생선요리가 사용되며, 식용개구리를 이 코스에서 제공하기도 한다. 소스로는 홀랜다이즈 소스, 콜베르 소스, 타르타르 소스, 모르네 소스 등을 곁들인다.

- 소르베(Sorbet) – 주요리 전이나 후에 나오는 것으로 과일 퓨레에 설탕, 와인, 술 등을 넣고 부드럽게 얼린 것이다. 프랑스 말로 셔벗을 의미하며, 이탈리아 말로 sorbetto라고 한다. 우유의 첨가 여부에 따라 Sorbet와 sherbet 구분되는데, 상큼한 맛이 나서 입안을 정돈시키는 역할을 하며 주요리의 맛을 더해준다.

- 주요리(Main Dish) – 생선 요리인 앙뜨레(Entree)와 고기 요리인 로스트(Roast)로 나누기도 하지만 현재는 한 가지로 줄여서 제공되며, 요리에는 채소나 곡류로 만든 음식이 함께 곁들여져 나온다.

- 샐러드(Salad) − 대체로 주요리 전에 제공되지만, 프랑스 스타일은 주요리가 끝난 뒤 입가심을 하기 위해 샐러드를 제공한다. 채소 위에 기호에 따라 육류나 생선 등을 얹어 먹으며, 소스에 따라 이름이 다르다.
- 디저트(Dessert) − 디저트엔 주로 달콤한 것이 나오는데 초콜릿이나 크리미한 치즈 또는 치즈 요리인 세보리(Savoury)가 있다. 찬 후식으로는 아이스크림, 무스, 바바로와즈(Bavaroise) 등이 있으며 더운 후식으로는 크레페나 푸딩을 들 수 있다.
- 음료(Beverage) − 가장 마지막 코스에 제공되는 것으로 커피가 제공되는데 커피에는 카페오레나 진한 에스프레소, 블랙커피 등이 있고 차(Tea) 종류로는 홍차가 주로 제공된다.

6. 특별식

1) 크리스마스(Christmas)

| 치즈케익

크리스마스에는 며칠 전부터 집안과 밖에 트리를 하고, 가족을 위한 선물을 준비하여 트리 나무 밑이나 벽난로 위에 걸어둔다. 크리스마스 전날에는 교회나 성당에서 미사를 보는데, 하루 3번의 미사를 본다. 크리스마스 이브에는 흰 프랑스 순대, 푸아그라, 석화, 포도주, 통나무 모양의 크리스마스 케이크를 먹고, 크리스마스 점심에는 칠면조, 양고기, 푸아그라, 치즈, 케이크 등과 샴페인을 함께 곁들인다.

2) 주현절(Epiphany)

1월 6일인 주현절은 공현절이라고도 하는데, 예수가 제30회 탄생일에 세례를 받

| 갈레트

고 하느님의 아들로서 공중을 받은 날을 기념하는 축절이다. 이날은 프랑스 북쪽 지방에서는 아몬드 크림을 넣은 갈레트(Galette)라 불리는 납작하고 노르스름한 빵을 나누어 먹는데, 이 안에는 사기로 된 조그마한 인형이 들어 있어 이를 발견하는 사람은 1년 내내 행운이 찾아온다고 믿는다. 이 사람은 금색으로 된 종이 왕관을 머리에 쓰고 친구, 가족들의 축하를 받기도 한다. 남쪽 지방에서는 과일 잼으로 대신한다.

3) 성촉절(La Chandeleur)

이날은 촛불의 축제로 번개나 홍수로부터 집을 보호하기 위해 집안 이곳저곳에 촛불을 밝혀 놓고 크레페나 갈레트를 만들어 먹는다. 관습에 따르면 이날 크레페를 뒤집을 때는 부엌의 연장을 사용하는 대신 프라이팬을 높이 들어 크레페를 공중에서 뒤집고, 부자가 되기 위해 한 손에 금덩이나 동전을 든 채 다른 한 손으로 크레페를 뒤집어야 한다고 한다. 크레페는 태양과 행복, 번영의 상징이다. 2월 2일로, 한 해의 가장 추운 달이 끝남을 기리는 날이자 그리스도 봉헌 축일 및 성모의 취결례를 기리는 축제일이며, 크리스마스로부터 딱 40일이 되는 날이기도 하다.

7. 대표 음식

1) 에스카르고(Escargo)

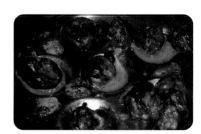
| 에스카르고

원래는 자연산이었지만, 요즘에는 수요가 많아 식용으로 키운 커다란 달팽이를 주로 이용한다. 달팽이를 데쳐서 마늘, 파슬리, 버터를 함께 껍질

속에 넣고 오븐에 구운 요리로 차가운 백포도주와 함께 먹는다. 주로 전채요리로 이용하고, 고단백 식품이므로 노약자나 성장기 어린이에게 좋다고 알려져 있다.

2) 푸아그라 (Foie Gras)

| 푸아그라

푸아그라는 '기름진(Gras) 간(Foie)' 이라는 뜻으로 살찐 오리의 간을 말하며 거위 간을 뜻하기도 한다. 오리나 거위를 좁은 우리에 가둔 후 옥수수 등의 사료를 강제로 먹여 살을 찌운 후 간 크기를 원래의 5~10배가 되도록 키운다. 지방함량이 많고 부드러워 입에서 녹는 맛이 일품인데, 다른 부재료와 섞어 파테(Pate)나 테린(Tarrine)으로 만들어 먹거나 그대로 구워 먹기도 한다. 전채요리에 쓰이며 크리스마스에 먹는 특별식이기도 하다.

3) 트뤼플 (Truffle)

식탁 위의 다이아몬드라고 불리는 버섯으로 프랑스 남부, 이탈리아의 일부 지역에서만 생산되는 고급 식재료 중 하나이다. 숲의 땅속에서 자라 껍질이 두껍고 숲과 흙의 향이 베어 깊은 맛을 낸다. 보통 익숙한 돼지나 개를 훈련시켜 이 버섯을 찾아내는데, 백색의 트뤼플을 최고로 친다.

4) 부이야베스 (Bouillabaisse)

남부 프랑스의 항구 도시인 마르세유의 향토 음식인 부이야베스는 우리나라 생선탕과 비슷한 음식이다. 양파, 마늘, 대파, 감자, 토마토 등을 올리브유로 볶다가 생선, 새우, 가재 등을 넣고 끓인 다음 스프와 생선을 따로 내놓아 먹는다.

5) 쿠스쿠스(Couscous)

프랑스 알제리가 식민 통치를 하면서 들여온 음식으로 좁쌀 형의 알곡을 삶은 것과 호박, 토마토, 가지 등의 각종 채소, 양고기나 닭고기, 생선 등을 넣고 소스에 아리사(Harissa)라는 고추를 넣어 장시간 끓여낸 음식으로 매우 구수한 맛을 내는 것이 특징이다.

8. 프랑스의 식사 예절

- 나이프, 포크류는 바깥쪽부터 차례로 이용하며 식사 중 잠시 쉴 때는 접시의 가장자리에 팔(八)자 모양으로 걸쳐둔다.
- 빵은 요리의 맛이 남아 있는 혀를 깨끗하게 하는 역할을 하고, 먹을 때에는 적당량을 손으로 뜯어 먹는다.
- 뼈있는 생선요리를 먹을 경우 생선을 뒤집지 말고 나이프를 뼈와 고기 사이에 넣어 살코기를 먹고 한쪽 면을 다 먹으면 가운데 뼈를 발라내고 나머지 부분을 먹는다.
- 고기는 왼쪽부터 한 입씩 썰어 먹으며 한 번에 다 썰어 두지 않는다.
- 디저트 코스로 들어가기 전에 식탁을 정리한 후 디저트를 먹는다.
- 후식인 치즈와 과일은 나이프와 포크를 사용하여 먹도록 한다.

에스카르고(1인분 기준)

1 재료

달팽이 6~8마리, 버터 30g, 양파 1/8개, 다진 마늘 · 파슬리 약간

2 만드는 법

① 마늘과 양파는 곱게 다진다.

② 실온에 두어 부드럽게 된 버터에 다진 마늘, 양파, 파슬리를 섞고 소금, 후춧가루로 간하여 달팽이 버터를 만든다.

③ 달팽이는 물에 담구어 해금을 한 후 뜨거운 물에 한 번 데쳐 찬물에 헹군다.

④ 껍질에 ②의 달팽이 버터를 조금 채우고 달팽이를 1개씩 넣은 후 달팽이 버터를 다시 채워 윗면을 매끈하게 다듬는다.

⑤ 오븐의 그릴에 넣어 구워지면 꺼내어 바로 먹는다.

3. 스위스

나라 이름: 스위스(Switzerland)

수도: 베른

언어: 독일어, 프랑스어, 이탈리아어, 로망슈어

면적: 41,277㎢ 세계 136위(CIA 기준)

인구: 약 8,236,303명 세계 98위(2017.07. est. CIA 기준)

종교: 가톨릭 약 41.8%, 개신교 약 35.3%, 그 외 이슬람교

기후: 지중해성 기후, 서안해양성 기후, 대륙성 기후

위치: 유럽 중부내륙

전압: 230V, 50Hz

국가번호: 41(전화)

GDP(명목기준): 6,806억$ 세계 19위(2017 IMF 기준)

GDP(1인당기준): 8만 0,837$ 세계 2위(2017 IMF 기준)

www.admin.ch

1. 개요

스위스는 국토의 70%가 알프스 산맥으로 이루어진 아름다운 나라이다. 국토가 좁은데 비해 복잡한 양상을 띠고 있는데, 북쪽은 온난다우의 서안해양성 기후와 동서로는 비교적 온난한 지중해성 기후의 영향을 받으나, 건조한 대륙성 기후로 서로 영향을 주고받는 변덕스러운 날씨를 보인다. 이처럼 3개의 기후형을 가진 스위스에서는 인접국 독일, 프랑스, 이탈리아의 영향을 받아 음식문화가 형성되었다.

2. 역사

1) 13세기

스위스는 유럽의 지붕이라 일컬어지는 알프스 산맥 지대에 자리 잡았다. 험악한

지리적 조건으로 인해 스위스는 하나의 나라로 뭉쳐졌다기보다는 여러 지역으로 흩어져 오랫동안 독자적인 삶을 누렸다. 그러나 이들은 점차 세력을 확대해 오는 이웃 합스부르크 왕가의 침략으로부터 자신들을 보호해야 할 필요가 절실해지자 1291년 3개의 주 대표가 만나 스위스 동맹을 결성하고 현재까지 스위스가 지키고 있는 국가 구성 원칙이 결정된 계기가 되었다.

2) 16세기

스위스는 종교사에서 수없이 많은 종교 개혁가를 배출하였다. 취리히 출신의 울리히 츠빙글리, 제네바의 기욤 파렐, 로마가톨릭의 장 칼뱅 등 대부분 로마 교황에 대항해 투쟁의 깃발을 높이 든 저명한 사람들이다. 신, 구교로 갈라져 유혈 충돌이 계속되던 중 1529년 카펠(Kappel) 강화조약으로 종교의 자유를 서로 인정하게 되며 종교로 인한 내전이 끝났다. 그러나 계속해서 종교 분쟁이 사라지지 않자 1597년 대협상으로 각 주의 완전한 종교의 자유가 인정되면서 진정한 평화 공존의 시대가 열렸다.

3) 18세기

1798년 베른에 입성한 나폴레옹은 프랑스의 모델을 따라 스위스에 '헬베티아 공화국'을 선언하였다. 이는 각 칸톤의 자주권을 인정하지 않고 베른 중앙 정부를 핵으로 하는 중앙 집권 체제를 의미한다. 나폴레옹이 떠나자 스위스 전국에는 각 주의 자주, 독립을 위한 목소리가 커졌다. 이에 혼란을 막고자 나폴레옹은 협상안을 내놓았다. 각 주의 독립 유지를 위해 스위스는 나폴레옹의 요구대로 군대를 파견하여 러시아 원정에 올라야 했다.

4) 19세기

격렬한 찬반 논쟁과 소요 끝에 스위스는 1848년 드디어 '통일 헌법'을 제정하고 비로소 한 나라의 모습을 갖추게 되었다. 각 주에서는 경제, 행정 등의 자주권을 지니고 중앙 정부와 무관한 독립을 유지하되 외교, 국방, 사회간접자본 투자설비 일부는 중앙 정부가 맡기로 한 것이다. 두 번에 걸친 세계 대전에서도 전쟁의 소용돌이에 휘말리지 않고 계속해서 경제 발전을 이룬 끝에 세계 5대 부자 나라 중 하나가 될 수 있었다.

3. 스위스 음식문화의 일반적 특징

- 스위스는 독일, 프랑스, 이탈리아, 오스트리아 등 인접국의 영향을 받아 식문화도 여러 가지로 다양한 양상을 띤다. 퐁듀, 라클레트처럼 모든 지역에 편재한 음식도 있고, 지역마다 기후와 언어의 차이에 따라 고유의 양식으로 발달된

요리도 있다. 이탈리아와 인접한 남쪽은 토
마토와 양파를 이용한 스파게티 등의 요리
가 중심이 되고, 프랑스 쪽에서는 치즈가 들
어간 요리나 오블뢰(Au Bleu), 독일 문화권
에서는 감자와 소시지를 이용한 요리가 많
다. 다만 각국의 영향을 그대로 받았다기보

| 치즈와 와인

다 나름대로 특색 있는 요리를 발전시켰는데, 프랑스요리처럼 화려하지는 않
지만 쉽게 구할 수 있는 재료 몇 가지로 서민적인 소박함과 따뜻함이 풍긴다.
전통 스위스요리는 그뤼에르나 에멘탈 치즈와 독특한 유제품을 포함하여 전
유럽과 동일한 식재료를 사용하며, 스위스의 가장 인기 있는 알코올 음료는 와
인이다.

4. 언어권별 음식의 특징

1) 독일어권 요리

- 브라트부어스트(Bratwurst)는 흰 소시지와 베이컨을 각종 채소와 곁들인 대
  표적인 독일어권 음식이다. 스위스요리라고 하기에는 독일의 향내가 아주 깊숙
  이 배어 있다. 껍질을 벗기지 않은 감자, 얇게 썬 베이컨, 양파, 올리브오일, 소
  금, 파슬리 등으로 만든다.
- 게슈넷첼테스(Geschnetzeltes)는 독일어권 요리 중 몇 안 되는 스프 요리로
  취리히 지역에 널리 퍼져 있다. 송아지고기, 양파, 레드와인, 크림, 버터, 소금,
  레몬주스 등을 이용하여 만든다.
- 로스티(Rosti)는 해시브라운과 비슷한 간단한 요리이다. 썬 감자를 프라이팬에
  서 양면으로 구워 만든다. 베이컨, 양파, 치즈 등을 넣어 조리하기도 한다. 구
  운 소시지나 게슈넷첼테스와 함께 먹는 것으로 인기 있는 요리이다.

2) 프랑스어권 요리

- 피렛 드 퍼르쉐(Filet de perche)는 스위스의 지역적 특색에 의해 발달한 요리이다. 스위스는 내륙으로 둘러싸여 있어 해산물이 주된 음식은 아니지만, 호수를 주변으로 한 지역에서는 퍼르쉐(Perche)라는 흰살생선을 이용한 독특한 요리가 있다. 감자·피망에 마늘·후추 등으로 양념하고, 퍼르쉐를 프라이 해 곁들여 먹는다. 살짝 튀겼을 경우에는 스테이크처럼 소스와 함께 먹고, 바삭 튀겨 과자처럼 간식으로 먹기도 한다.
- 블린스(Blinis)는 얇은 팬케이크로 스위스에서 흔한 프랑스 문화권의 빵 중 하나이다. 재료는 밀가루, 우유, 달걀, 설탕, 소금 등으로 일반 가정에서도 쉽게 만들어 먹는다. 약한 불을 사용하고 중간에 빵을 두 번 정도 뒤집어 주는 등 만드는 과정이 다소 특이하다.

3) 이탈리아어권 요리

- 폴랜타(Polenta)는 옥수수 가루로 만드는 곡물 죽으로 만들기도 쉽고 조리법도 다양하다. 스위스 남단 티치노(Ticino) 지방의 이색적인 고유 음식으로 지금까지도 명맥을 이어오고 있다. 몇몇 지방에서는 전통적의 방식에 따라 장작불 위에서 양철로 된 주전자를 이용해 조리하기도 한다. 알프스 지방에서는 아이스크림을 이용해서 요리하는 경우도 있으며, 기호에 따라 치즈를 뿌려 먹기도 한다.
- 오소 부코(Osso Buco)는 밀라노 특산 송아지 정강이와 갖가지 채소를 화이트 와인과 육수에 넣고 삶은 요리이다. 그레모라타(gremolata)로 장식하며 리조토와 함께 담아낸다. 전통적으로 비앙코와인과 시나몬·월계수잎·그레모라타(gremolata)로 풍미를 내며, 최근의 대중적인 오소 부토는 토마토·당근·샐러리·양파를 넣어 만든다.

그린스프	식전빵
롤케이크	버섯구이
케이크	몹시

5. 특별식

1) 와인 축제

포도원은 10세기부터 뇌샤텔(Nauchatel)에서 경작되어 온 것으로 뇌샤텔 사람들이 그해 최고 빈티지 와인을 널리 알린다. 9월 말~10월 초에 개최되는 스위스 와인 축제는 포도원과 와인 페스티벌, 장식 마차와 퍼레이드를 준비한다.

6. 대표 음식

1) 퐁듀(Fondue)

퐁듀는 스위스 어디에서나 쉽게 맛볼 수 있는
대표 음식이다. 18세기 알프스의 사냥꾼들이 빵
과 치즈만 들고 사냥을 나갔다가 어둠이 내리면
텐트 옆에 모닥불을 피우고 그 불에 치즈를 녹여
딱딱하게 굳어진 빵을 찍어 먹은 것에서 유래되
었다고 하며, 사방이 험준한 산으로 가로막힌 지

| 퐁듀

형에 추운 겨울이 되면 마른 치즈와 경화된 빵을 먹기 위해 고안된 요리이다. 이처럼
퐁듀는 먹고 살기 어려웠던 시절에 정착한 것이다.

퐁듀는 알코올 램프나 촛불로 식탁에 불을 피워 놓고 직접 조리해 먹는데, 치즈를
녹여 빵에 묻혀 먹는 치즈 퐁듀와 기름에 고기를 익혀 먹는 고기 퐁듀의 2가지로 대
표된다. 주로 그뤼에르 치즈와 에멘탈 치즈가 많이 사용되고 각 지방의 특산 치즈도
이용된다. 첨가되는 화이트와인도 각 지방의 전통에 따라 풍미가 다른 것을 사용하
기 때문에 맛과 향은 지역에 따라 매우 다양하다.

고기퐁듀는 오일을 끓여서 식탁으로 옮긴 후 가열하고, 토막 낸 고기를 담가서 익
힌 후 준비된 소스에 찍어 먹는 즉석 고기 요리이다. 이외에도 초콜릿 퐁듀, 이탈리
아식 퐁듀, 네덜란드식 퐁듀가 있다. 스위스 사람들은 퐁듀를 먹으면서 일종의 게임
을 하기도 하는데, 냄비에 음식을 떨어뜨리면 남자는 다른 사람들에게 와인을 한 잔
씩 대접하고 여자는 오른쪽 남자에게 뽀뽀를 해야 한다는 전통이 있다.

2) 라클레트(Raclette)

치즈에 열을 가해 녹은 부분을 긁어 먹는 스위스와 프랑스의 전통 요리이다. 퐁듀
와 마찬가지로 스위스의 대중적인 요리이며, 재료 구하기가 쉽고 요리가 간편해 실
질적으로 스위스 국민들에게 더 깊숙이 자리하고 있다. 라클레트 치즈는 소의 우유

| 라클레트

로 만든 약간 단단한 질감을 지닌 치즈로 녹여 먹는 요리에 자주 쓰인다. 스위스의 목동들이 소를 이동시키거나 목초지 산맥에서 방목하며 얻은 치즈를 이용한 요리로, 저녁이면 모닥불을 피우고 치즈를 불 옆에 두었다가 부드러워지면 긁어서 빵에 발라 먹었던 것이 시초가 되었다. 전통적으로 작고 단단한 감자, 게르킨(gherkin), 절인 양파, 건조시킨 고기와 함께 먹는다. 차나 다른 따뜻한 음료가 서빙 되며, 화이트 와인을 곁들여 먹기도 한다. 물과 같은 음료는 위에서 치즈를 굳혀 소화불량을 야기한다 하여 지양하였다.

3) 초콜릿

스위스에서 초콜릿은 꽤 늦은 시기인 18세기에 만들어 졌으나, 신식 기술의 개발로 19세기 말 이후에 세계적인 호평을 받아 초콜릿 제조법 혁신의 발상지이자 세계

| 초콜릿

최고의 초콜릿 소비국으로 부상했다. 1875년 대니엘 피터는 앙리 네슬레가 개발한 분유를 이용해 밀크 초콜릿을 발명하여 비약적인 발전을 이루었으며, 더 나아가 스위스에서 최초로 헤이즐넛을 첨가한 초콜릿을 개발하게 되었다. 루돌프 린트는 콘칭(Conching)을 발명해 초콜릿의 질을 한 단계 끌어올렸으며, 1970년 이후에는 초콜릿에 얼룩이 생겨나지 않게 하는 적온 처리법이 발명되었다. 이를 템퍼링(Tempering)이라 하며, 오늘날에도 고급 초콜릿을 만드는 데 매우 중요한 과정으로 여긴다.

7. 스위스의 식사 예절

- 식사 초대를 받은 경우 방문할 집의 여주인에게 포장하지 않은 꽃을 선물하는 것이 관습이다. 이때 꽃은 국화나 흰색 에스터는 피하고 붉은 장미 역시 적합하지 않다.
- 일류 레스토랑이나 호텔 레스토랑, 중요한 사교 모임 등에서는 정장이 필수이며, 드레스코드에 따라 검은색 넥타이를 착용해야 하는 경우도 있다.
- 호텔, 카페, 술집을 비롯한 레스토랑에서 약 15%의 서비스료가 포함되도록 법에 의해 규정하고 있다.

:: 흥미롭고 다양한 세계의 음식문화

퐁듀 (4인분 기준)

1 재료

에멘탈 치즈 400g, 그뤼에르 치즈 400g, 화이트와인 500ml, 마늘 1쪽, 전분 10g, 소금 약간, 바게뜨 2~3개

2 만드는 법

① 치즈를 잘게 잘라 준비한다.

② 잘게 부순 마늘 반쪽은 냄비에 작은 크기로 잘라 두른 후 백포도주를 붓고 약한 불로 거품이 생길 때까지 데운다.

③ ②에 치즈를 조금씩 넣고 나무주걱으로 계속 저으며 치즈를 완전히 녹인다.

④ 치즈가 다 녹으면 2~3분 정도 약한 불에 끓인다.

⑤ 소량의 전분과 소금을 넣은 후 충분히 녹았다면 아주 약한 불 위에 두고 빵을 찍어 먹는다.

4. 독일

나라 이름: 독일(Germany)

수도: 베를린

언어: 독일어

면적: 357,022㎢ 세계 63위(CIA 기준)

인구: 약 80,594,017명 세계19위 (2017.07. est. CIA 기준)

종교: 신교 약 31%, 구교 약 32%, 이슬람교 약 4% 그 외

기후: 해양성 기후, 대륙성 기후

위치: 유럽 중부

전압: 230V, 50Hz

국가번호: 49(전화)

GDP(명목 기준): 3조 6,518억$ 세계 4위(2017 IMF 기준)

GDP(1인당 기준): 4만 4,184$ 세계 17위(2017 IMF 기준)

www.deutschland.de

1. 개요

독일은 아름다운 자연환경과, 해양성 기후와 대륙성 기후의 복잡하고 변덕스러운 날씨를 지니고 있다. 이러한 환경으로 인하여 예술 부분에서 유명한 예술인들이 많이 탄생하게 되었는지도 모른다. 자연을 배경으로 한 독일인의 식생활 습관 발달 과정은 지역과 사회 계층에 따라 다르므로 일반적이고, 보편화된 식생활 모습을 표현하는 것은 결코 쉬운 일이 아니다. 또한, 독일인들은 특히 이웃 국가들의 식생활 습관을 모방하면서 자신들의 음식문화를 정립하게 되었는데, 독일의 절대주의 궁정 시대, 즉 호프(hof) 귀족들의 식생활 습관이 처음에는 부르주아층에서 시작하여 점차 일반 국민에게 퍼져나가 현대의 독일 식생활 습관의 전형을 이루게 되었다. 지방자치국가인 독일은 각 지방마다 먹는 법과 마시는 법, 즐기는 법에도 차이가 있다.

2. 역사

1) 절대주의(16세기) 이전

고기를 꼬챙이에 끼워 굽고 양념한 소시지, 훈연한 육류, 염장한 어류, 꿀 케이크 등을 만들어 먹었다. 안식일에는 생선으로 식사하고 음료는 서민층에서는 맥주, 사과주, 우유 등을, 부유층에서는 와인을 마셨다. 이때부터 중세 수도원의 수사나 수녀들은 알코올 음료를 만들어 마시기 시작했다.

남자들의 식탁에서는 자르지 않은 짐승을 통째로 식탁에 올려 먹기도 했으나, 손님을 초대하여 접대하는 경우에는 미리 잘게 썰어 제공하였다. 또한, 밀가루 음식이 주 음식이었으나, 가난한 사람들은 빵을 만들어 먹는 일이 쉽지 않아 주로 감자나 과일을 으깨 만든 브라이(Brei)와 스프를 만들어 먹었다. 이 스프를 먹는 전통은 식량이 풍부해지고 요리 내용이 달라진 현대에도 남아 있어, 서양인 식생활 습관에서 스프를 먼저 먹고 주요리를 나중에 먹는 것을 볼 수 있다.

식사 도구로는 칼을 제일 중요시 여겼고, 그 다음에 숟가락이 많이 사용되었다. 공동의 사발에서 칼로 고기를 집어다가 나무판 위에 놓고 칼로 썰어서 손으로 먹었다. 당시에도 포크가 있었으나 손으로 직접 음식을 먹고, 포크는 단지 고기를 고정시키기 위해서만 사용되었다. 이탈리아의 요리법과 식사 예절이 독일인의 식생활에 큰 자극을 주었는데, 16세기에 이르러 독일 귀족들은 포크를 현대와 같은 이유로 사용하게 되었다.

2) 절대주의(16세기) 시대

독일 귀족들이 포크를 사용하면서 귀족과 평민을 구별해 주는 가장 결정적인 요소가 되었다. 포크의 사용으로 손에 묻은 기름을 혀로 핥아내는 기존의 풍경은 사라지게 되었다. 이런 과정을 통해 독일 귀족들의 궁정(hof)식 식사 예절이 정립되어 갔고, 일부 부유층들 사이에서는 고도의 전문 기술로써 인정받게 되었다. 포크와 더불어 식탁보의 사용이 상류사회의 필수적인 예절이 되었으며, 냅킨도 개발되었다. 냅킨을 사용하는 데서 나아가 호화로운 무늬로 접는 기술이 발달하였다. 절대주의 시대에는 이런 식사 도구를 필수적으로 사용해야 했을 뿐 아니라 우아하게 사용하는 기술 또한 중시되었다.

독일의 호프 식사는 사치스럽고, 식사 시간도 길었다. 절대주의 시대는 음식문화에 있어 곧 낭비의 절정기였다. 독일 귀족들은 프랑스 음식문화를 모방했지만 질적으로는 그 수준에 이르지 못하고 단지 '낭비'라는 풍속으로 나타났다. 그러나 부르주아가 귀족들의 식사 예절을 모방하여 두 계급 간에 차이가 없어지는 것처럼 생각되자 귀족들은 점차 기존의 식생활 습관을 더욱 정교하게 하고 더 많은 새로운 요리를 개발하기 위해 노력했다. 그 결과 점차 요리 기술과 식사 예절이 발전되었다.

18세기경까지 독일에서는 겨울철 채소류가 결핍되어 마른 콩, 양배추, 오이 등을 소금 절임하여 보존하였고, 소, 돼지 등의 사료도 부족하였기 때문에 이들의 고기를 소시지, 햄 등으로 가공하는 기술이 발달하였다.

3) 시민혁명 및 산업혁명기(19세기)

호프의 귀족들은 저녁 늦게까지 먹고 마셨기 때문에 아침이면 식욕을 잃었다. 따라서 이들은 아침에 식사를 하는 대신에 간단하게 커피를 마셨는데 이런 습관은 빠르게 퍼져나가 1800년대 전반기에는 아침은 물론, 점심에도 '커피 식사'라는 것이 이루어졌다. 처음에는 귀족에서부터 시작된 이 풍습은 저소득층에도 빠르게 모방되어 일에 쫓기는 일일노동자와 농민들도 낮에는 간단한 커피 식사를 선호하게 되었다. 그런데 독일에서 19세기 중반 이후 산업화와 도시화가 촉진되면서 칼로리 보충을 위해 다시금 점심 시간을 중시하는 옛 전통이 되살아나게 되었다.

산업혁명 이전까지 독일에서는 주로 신맛을 내는 음식이 대부분이었는데, 설탕과 단 음식에 의해 밀려났다. 예를 들면 빵을 먹을 때 빵 위에 단것을 올려 먹었는데, 주로 과일과 잼을 사용했다. 이는 산업 노동자들이 단조롭고 고된 노동 시간 때문에 받는 스트레스를 단 음식을 섭취함으로써 풀고자 했기 때문이다. 1850년대 이전에는 고기를 과일과 함께 먹지 않았으나 1850년대 이후부터는 고기를 바나나, 파인애플과 함께 하는 방식이 널리 퍼지기 시작했다. 또한, 커피를 마시면서 과자나 케이크를 먹기 시작했다. 그러나 이와는 달리 독일 남부 농경 지역에서는 신음식의 전통이 강하게 자리 잡고 있었다.

| 바움쿠헨

시민 혁명기를 거치면서 평민층은 귀족이나 부르주아층의 음식문화를 열심히 모방하였다. 부르주아는 평민과 다르기 위해 지속적으로 노력했으나 평민층의 전반적인 소득 수준의 향상으로 인해 평민들도 귀족 계층과 비슷한 식문화를 가지게 되었다. 결국 산업 혁명기를 통해 계급을 초월한 평등화가 음식문화에서 이루어지기 시작했다. 제1차 세계대전 이후 독일공화국이 탄생하면서 귀족들의 호화로운 음식문화는 막을 내리고 식생활이 대체적으로 매우 검소해졌다.

ㄴ) 현대

독일 사람들은 아침부터 맥주잔을 들 정도로 맥주를 좋아하는 것으로 유명한데 어린아이까지 맥주를 마시기도 한다. 독일인 중에서도 남독일인의 맥주 기호도는 유명하여 우리나라의 10배 이상의 맥주를 마시는 것으로 알려져 있다. 맥주의 종류도 수없이 많은데, 가장 대표적인 독일맥주는 필스(Pils)가 있고, 검은색의 둥클레스(Dunkles)도 애용된다. 알코올 도수가 약한 말츠비어(Malzbier), 훈제맥주인 라우흐비어(Rauchbier) 등도 많이 마신다.

독일의 소시지와 햄은 맥주와 더불어 그 질과 맛에서 세계 최고라는 정평이 나있다. 핫도그 감으로 세계적인 명성을 얻고 있는 프랑크푸르트도 독일 소시지 중에서는 중간 정도 품질을 가진 것이라고 하니 놀라울 따름이다. 소시지(Wurst)는 긴 겨울 동안의 저장식품으로 개발되었고, 전통적으로 소시지의 비닐은 소나 돼지, 양의 창자로 만들었다. 햄(Schinken)과 베이컨(Speck)도 소시지, 맥주와 함께 몇백 종류에 이른다. 날고기를 말려서 만든 로러신켄(Roher Schinken)과 로스 햄인 게코흐터 신텐(Gekdchter Schinken), 향료를 섞어 만든 살라미(Salami) 등 이루 헤아릴 수 없이 많다. 독일인은 대체로 기름기가 많은 소시지를 선호한다.

또 흉년에 대비할 수 있는 작물로 기르도록 엄명을 내린 후에 다른 나라보다 빠르게 확산된 감자도 독일 식단의 단골 메뉴이다. 독일인은 감자를 매우 다양한 방법으로 요리하는데, 삶거나 튀기거나 으깨거나 프랑스식으로 얇게 썰어 튀기는 방식 등이 있다. 매우 오래된 요리로 감자 팬케이크가 있으며, 순수 감자 요리 대용으로 사랑받고 있는 대중적인 독일음식인 덤플링이 있다. 독일은 채소류도 많이 생산되는데, 그중 자주 등장하는 것이 양배추이다. 채소를 요리하는 독일의 전통 방식은 끓이고 끓여서 형태를 알아볼 수 없게 하는 것이지만 현재는 채소의 향과 영양을 유지하는 방식으로 기호가 변했다. "독일의 세 가지 채소 가운데 두 가지는 양배추다."라는 말이 있을 정도로 초무침한 양배추 요리인 사우워크라우트를 흔히 볼 수 있다.

| 독일 소시지

| 독일 소시지

3. 독일 음식문화의 일반적 특징

- "사람은 빵만 먹고 살 수 없다. 반드시 소시지와 햄이 있어야 한다."라는 독일 속담처럼 독일 사람에게 소시지와 햄은 빼놓을 수 없는 가장 기본적이고 중요한 음식이다. 소시지는 부위별로 자르고 남은 고기를 돼지창자 등에 넣어 만든 것으로 독일인의 절약 정신을 엿볼 수 있는 전통 음식이기도 하다. 프랑스의 지방마다 고유한 치즈가 있듯이 독일에도 각 지방마다 다양한 소시지가 있다.
- 검소한 독일인들은 식생활에 있어서도 소박하고 간편함을 추구한다. 음식을 차릴 때도 종류별로 다른 접시에 담지 않고 큰 접시 하나에 모든 종류의 음식을 담아 남기지 않는다.
- 독일인들의 외식은 거의 주점에서 이루어지는데, 독일인의 약 80%가 주점에 가는 것을 가장 즐거운 여가 활동으로 꼽을 정도이다. 그러나 이들은 주점이라고 해서 우리나라처럼 폭음을 하는 것이 아니라 간단하게 한두 잔을 즐기는 정도이며 특히 온 가족이 함께 음식과 맥주를 마시기 때문에 가족의 공간으로 확고히 자리 잡았다.
- 독일의 음식은 빈번하게 비바람이 부는 날씨에도 시간에 대해서만큼은 빈틈없는 독일인에게 적합한 요리이다. 다시 말해서 독일의 표준적인 식단은 단순한 조리 과정을 거친 단조롭지만 다양한 음식들로 이루어져 있고 검소하고 전통적인 전원 음식문화를 갖고 있다.

4. 지역별 음식의 특징

1) 북부 지역

북부 독일은 발트해와 인접해 있어서 어패류 및 해산물 요리가 풍부하다. 스칸디나반도의 영향으로 청어와 같은 생선과 해산물이 많이 생산된다. 대표적인 요리로는 슐레스비히-홀슈타인의 훈제요리인 스프렛(sprat)이 있다. 옛날 독일의 어부들은 훈제 방식을 사용하여 음식을 보존해 왔는데, 청어과인 스프렛(sprat)은 6인치 가량의 생선으로 해안과 가까운 물이나 강의 입구에 서식하며 지방이 많아 훈제하기에 적합하며, 호수에서 잡힌 생선을 즐겨 먹는데 민물고기인 송어는 이 지역 대표 생선이다. 1931년부터 호밀을 생산하기 시작하였으며, 대부분 밀, 모리, 오트밀 등의 곡류를 재배하였다. 일부 경작지에서는 설탕을 변환시키기 위한 사탕무를 기르는데, 이는 19세기 경제 호황 이후에 대중화된 방식이다.

| 오트밀

2) 중부 지역

튀링겐 주의 수도인 에어푸르트 근처에서는 전통적인 방식으로 컬리플라워, 양배추, 콜라비, 브로콜리 등을 재배하며, 튀링겐을 중심으로 한 중부 지역은 농업의 비중이 크고 밀, 평지씨(rapeseed), 사탕무(sugarbeet), 보리가 잘 자란다. 동부 예나 근처에서는 토마토, 양상추, 잠두, 양파, 오이의 경작이 많다. 튀링겐은 독일 제2의 허브 경작지로 허브 재배자들이 경작법을 공부하기 위해 모이는 페퍼민트 타운으로 여겨지기도 하였다. 울창한 산림으로 독일에서 제일가는 사냥지로 유명한데, 사냥에서 주로 잡히는 야생동물은 서독과 동독의 통일 이후 최고급 호텔에 공급하거나 수출하였는데 붉은사슴, 노루, 맥돼지, 토끼, 오리와 야생 양인 무플론 등이다. 수목이 우거진 지역에서 각종 베리류와 밤버섯(chestnut muschroom), 포시니(porcini), 살구버섯(chanterelle) 등의 야생 식용버섯이 많이 발견되었다. 소시지와 만두요리가 유명하다.

3) 남부 지역

바이에른과 슈바벤은 스위스와 오스트리아의 영향을 받아 음식문화가 형성되었고, 전반적으로 육류 요리, 그중에서도 특히 돼지요리가 발달했는데 주로 소시지의 형태로 먹으며 맥주와 감자요리가 많아 세계적으로 알려진 독일 대표 음식에 가장 가깝다. 우리나라의 개처럼 독일에서 돼지는 살아있는 예비 식량이자 쓰레기 처리 시스템으로 여겨졌다. 바이에른 사람들은 맥주에 고기를 담가 놨다가 먹으며, 라인란트 사람들은 마늘과 고추냉이, 육두구씨 등의 향

| 육두구(넛멕)

신료를 사용하는 등 다양한 조리 방식을 가지고 있다. 1980년대 중반 건강에 대한 관심이 높아져 서양의 여러 나라에서 육류 섭취를 줄여나가던 시기에도 그 흐름에 동요하지 않은 유일한 국가였을 만큼 독일인은 고기를 좋아한다. 돼지나 송아지의 정강이를 재료로 한 슈바인스학세(Schweinshaxe)나 칼브스학세(Kalbshaxe)와 같이 크고 푸짐한 고깃덩어리가 대표적이며, 파스타나 고기만두, 채소, 샐러드와 함께 제공된다.

4) 서부 지역

라인강 유역의 서부 지역은 포도 재배지가 많아 와인이 많이 나고, 요리가 다른 지방에 비해 담백하며, 양념이 강하지 않은 것이 특징이다.

5. 일상식

1) 아침 식사

아침 식사는 대개 무가당 빵인 브뢰첸(Broechen)에 버터나 마가린, 잼, 꿀을 바르거나 햄, 치즈를 얹어 먹는다. 브뢰첸은 다른 첨가물 없이 밀가루·효모·물로만 만드는데, 크기가 어른 주먹만 하고 바게트처럼 겉은 딱딱하지만 속은 부드럽다. 삶은 달걀은 아침에 빠지지 않는 메뉴로 먹는 방법이 매우 독특하다. 달걀형 용기에 달걀을 세워 놓고 티스푼으로 윗부분을 쳐서 껍질을 분리시킨 뒤에 소금을 뿌려가면서 티스푼으로 먹는다. 여기에다 커피 혹은 우유와 차를 곁들인다.

2) 점심

하루 중에 주된 식사로 미탁에센(Mittagessen)이라고 하며, 문자 그대로 '한낮의 음식'이란 뜻이다. 전통적으로 뜨거운 요리에 스프나 디저트 같은 추가적인 코스로

| 바움쿠헨

구성한다. 고기와 같은 단백질을 함유한 음식, 감자처럼 전분기가 있는 음식에 채소나 샐러드를 곁들인다. 찜, 찌개, 스튜가 보편적인 조리법이다. 대게는 간이 짭짜름한 편이나 라이스푸딩과 같이 달콤한 요리도 있다. 식사 후엔 홍차를 마신다.

3) 저녁 식사

| 독일 소세지빵

저녁 식사는 간단하게 먹는데, 잡곡으로 만든 빵이나 검은 빵을 먹는다. 이 빵에 소시지, 햄, 치즈 등을 곁들여 먹기 때문에 찬 음식을 먹는다고도 표현한다. 대개 맥주나 차를 마시며 식사를 한다.

6. 특별식

1) 맥주 축제

독일의 가장 유명한 축제 중 하나로 뮌헨의 '옥토버페스트(Oktoberfest)'가 가장 잘 알려져 있다. 옥토버페스트는 규모가 가장 클 뿐 아니라 2주간 지속되는 가장 긴 축제이며 다른 와인 축제보다 한 달 앞선 9월에 열린다. 10월 첫 번째 일요일 이전의 16일 동안을 테레지엔비제(Theresienwiese)의 광장에 대형천막을 친다. 축제기간에 포도 재배지는 거대한 맥주 텐트가 되며, 100만여 명에 달하는 방문객이 긴 탁자와 의자에 앉아 끊임없이 잔을 비운다.

옥토버페스트의 유래는 1810년으로 거슬러 올라간다. 후에 루드빅 1세가 된 왕자와 18살이었던 테레즈 공주의 결혼을 축하하기 위해 경마 등의 볼거리를 마련하고 근방 사람들을 초대했는데, 당시에 모인 사람들에게 맥주와 안주를 돌린 일에서 그 시초를 찾아볼 수 있다. 1850년 후에는 이 공주의 이름을 딴 정원에서 맥주홀 텐트를 치고 여러 놀거리를 마련한 것이 이 축제의 시작이 되었다.

수백만의 사람들이 이 축제 기간에 한 번에 모이기 때문에 소비되는 맥주와 음식의 양도 가히 천문학적이다. 기간 중 소비되는 맥주는 생맥주 500cc잔으로 1420만 잔에 해당하는 약 530만 리터에 달하며 음식 또한 생선 40톤, 닭 65만 마리, 소시지는 110만 톤에 이르는 등 엄청난 규모이다.

2) 와인 축제

와인 축제는 가을 첫 수확과 함께 펼쳐진다. 주로 포도 재배 지역의 작은 마을에서 개최되며 음악과 흥겨운 분위기, 다채로운 음식은 어느 거리 축제와도 같지만 와인 생산업자들은 독특한 제조법의 새로운 와인을 선보인다.

3) 크리스마스

슈톨렌(Stollen)은 겨울철에 성탄절를 기원하며 먹었던 전통 빵이다. 이스트로 발효시킨 빵에 다량의 견과와 당절임한 과실이 들어가며, 겉에 설탕을 뿌려 완성한다. 독일의 모든 지역에는 고유의 슈톨렌 제조법이 있다. 12월 초에 만들어 일요일마다 한 조각씩 먹으며 크리스마스가 다가오기를 기다린다.

| 슈톨렌

7. 대표 음식

1) 아이스바인(Eisbein)

아이스바인은 소금에 절인 돼지고기 뒷다리를 맥주에 푹 삶아 향신료를 약간 첨가한 후 차게 해 뼈째 슬라이스해서 먹는 독일식 족발 요리이다. 맥주에 삶으면 돼지고기 특유의 누린내가 없어지고 육질은 더욱 부드러워진다.

2) 사워크라우트(Sauerkraut)

감자나 소시지 외에 유명한 독일음식인 사워크라우트는 샐러드 대용으로 양배추를 채 썰어서 발효시킨 다음 캐러웨이 같은 향신료를 섞은 것으로 약간 시큼한 맛이 난다. 징기스칸 때 군인들에게 먹이기 위해 양배추를 절여 먹던 방법이 16세기 독일에 전해져 식초와 향신료를 첨가한 발효식품으로 발전되어 겨울철 저장식품으로 만들어 졌다. 우리나라의 김치, 일본의 아사즈케, 인도의 마살라, 태국의 남플처럼 독일에서 사워크라우트는 빠질 수 없는 요리이다. 주로 기름기 많은 고기요리와 함께 먹는다.

3) 스패츨(Spaetzle)

밀가루, 달걀, 물이나 우유, 소금 등을 넣어 만드는 부드러운 질감의 달걀 국수의 한 종류이다. 감자나 밥과 같이 사이드 디시로 활용하거나 소스, 육수에 곁들인다. 반죽한 밀가루를 스패츨이라는 기구에 통과시켜 반죽을 뽑아내기도 한다.

4) 아인토프(Eintopf)

'하나의 솥'을 의미하는 아인토프는 채소, 감자, 고기 부스러기 등을 냄비에 넣고 끓인 죽으로 대중적인 음식이다. 이는 제2차 세계대전 때 간단하고 영양가 있는 음식을 전 독일에 보급하기 위해 히틀러가 장려한 요리이다. 근면 검소한 독일인을 상징한다고 해서 나치 정부가 적극적으로 권장하여 독일의 전통 음식으로 자리 잡았다. 이 아인토프는 현재도 그 전날 남은 재료를 모두 섞어 만드는 요리로 서민 가정에서 쉽게 볼 수 있다.

5) 햄버거 스테이크

오늘날 정크 푸드로 외면받고 있는 햄버거의 뿌리는 독일에서부터 시작된다. 독일은 다진 고기로 만든 요리를 많이 먹는데, 쇠고기를 갈아 만든 햄버거 스테이크도 즐겨먹는 음식 중 하나이다. 독일 함부르크의 이민자들에 의하여 미국으로 전파된 햄버거 스테이크가 미국의 햄버거 샌드위치로 만들어지면서 보편화된 것이다. 따라서 엄밀히 따지면 전 세계적으로 널리 사랑받고 있는 가장 대중화된 패스트푸드는 독일음식이라고 할 수 있다.

6) 맥주

독일의 맥주는 맥아의 종류, 효모의 종류 등에 따라 다르고 발효 방법까지 감안하면 매우 다양한 종류를 생산할 수 있다.

- 필스너(Pilsener) : 도르트문트 지역에서 생산되는 가장 대표적인 독일 맥주이다.
- 알트비어(Alt) : 뒤셀도르프 지역에서 생산되고 적갈색이 나는 맥주이다.
- 쾰쉬(Koelsch) : 쾰른이 생산 지역이고, 황색의 옅은 색이 나고 가는 컵에 마시는 것이 풍습이다.
- 베를리너바이스비어(Berliner Weissbier) : 딸기 같은 과일시럽을 첨가한 단맛 나는 여성 취향의 맥주이다.
- 라우흐비어(Rauchbier) : 맥주보리를 연기에 통과하여 만든 갈색 훈제맥주이다.

- 헬레스비어(Hellesbier) : '연하다'는 뜻을 가진 헬레스비어는 전통 보리 맥주이다.
- 둔켈(Dunkel) : 흑맥주의 대표격으로 알코올 도수가 높은 것이 특징이다.
- 바이젠비어(Weizenbier) : '바이젠'은 영어로 '밀'에 해당하는 뜻으로 색이 밝고 탁하며 상쾌한 맛이 난다.

7) 와인

독일은 유럽에서 포도주 생산의 북한계선에 있어 당도가 높고, 향이 좋은 백포도주가 많이 생산된다. 독일산 화이트와인은 알코올 도수가 8~10도 정도로 프랑스 레드와인보다 순하다. 대표적인 포도 품종인 리슬링(Riesling)은 단맛이 적고 산도가 높아 향이 진한 것이 특징이다.

- 아이스바인(Eiswein) : 영하의 기온에서 포도가 얼 때까지 기다렸다가 수확한 후 압착하여 만든 와인이다.
- 트로켄베렌아우스레제(Trockenbeerenauslese) : 독일 최고의 와인으로 귀부병에 걸려 부패하고 말라서 오그라든 포도알만 골라 만든다. 벌꿀과 같은 진한 단맛이 난다.

8. 독일의 식사 예절

- 맥주를 좋아하는 독일인이지만 절대로 만취하지 않는 규칙이 있고 그것을 철저히 지킨다. 레스토랑에서 뿐 아니라 집에서 맥주를 마실 때도 '명랑하게 그리고 절도 있게' 라는 원칙을 지킨다.
- 식사 후에 트림을 하는 것은 금기이지만 식사 중이나 식사 후 언제든지 코를 푸는 것은 당연하게 받아들여진다.
- 고기는 먹을 때 잘라서 먹는다.
- 식사 중에는 말을 아끼고 먹을 땐 가능한 한 빨리 남김 없이 먹어야 한다. 독일 가정에서는 식사 시간에 누가 조용하게 빨리 자신의 접시를 비우는가에 따라 아이들에게 '오늘의 식사왕' 이라는 타이틀을 붙여주기도 한다.
- 식당에서 와인을 서비스 받을 때 웨이터가 포도주를 잔에 적정량 따라주면 "고맙습니다."라는 인사를 해야 한다. 웨이터는 이 말에 따라 포도주 따르는 것을 멈춘다.

독일식 소세지 양배추찜(2인분 기준)

1 재료

소시지 2개, 양배추 200g, 물 적당량, 버터 1큰술, 육수 1컵, 소금 1/2큰술

소스 재료 : 월계수 잎 1장, 통후추 약간, 식초 2큰술

2 만드는 법

① 양배추를 채 썰어 소금과 물을 넣어 숨이 죽을 때까지 절인다.

② 양배추가 숨이 죽으면 깨끗한 면보에 싸서 물기를 제거한 다음 볼에 담는다.

③ 냄비에 식초, 월계수잎, 통 후추를 넣고 한소끔 끓여 소스를 만든 다음 한 김 나가면 절인 양
    배추에 부어 잰다.

④ 소시지는 어슷하게 칼집을 넣어 끓는 물에 살짝 데친다.

⑤ 냄비에 ③의 양배추를 담고 육수를 넣어 10분 정도 끓이다가 버터와 소시지를 넣고 5~10분
    정도 더 끓인다.

⑥ ⑤의 소시지에 간이 배었으면 소시지와 양배추를 접시에 담아낸다.

5. 스페인

나라 이름: 에스파냐/스페인(Spain)

수도: 마드리드

언어: 에스파냐어

면적: 505,370㎢ 세계 52위(CIA 기준)

인구: 약 48,958,159명 세계 28위(2017.07. est. CIA 기준)

종교: 로마가톨릭 약 77% 그 외 약 23%

기후: 대륙성 기후, 지중해성 기후

위치: 유럽 남부 이베리아반도

전압: 220V, 50Hz

국가번호: 34(전화)

GDP(명목기준): 1조 3,071억$ 세계 14위(2017 IMF 기준)

GDP(1인당기준): 2만 8,212$ 세계 28위(2017 IMF 기준)

www.la-moncloa.es

1. 개요

유럽 남동쪽에 위치한 스페인은 지중해와 대서양을 접하고 있으며, 산악 지대인 북쪽의 거친 지형은 작은 동물과 포도, 올리브와 같은 작물이 자라기에 적합하며, 넓은 평야가 자리 잡은 남쪽에는 지브롤러 해협을 사이에 두고 아프리카와 마주 보고 있는데 쌀농사를 주로한다. 세계 제일의 올리브 생산 국가이기도 하며, 마늘과 토마토, 올리브유는 스페인 요리에서 가장 많이 사용되는 재료이다. 스페인 사람들은 매콤 달콤하고 자극적인 맛과 후추, 프로스트 햄의 일종인 세라노 햄을 좋아한다.

2. 역사

스페인의 역사는 그리스인과 페니키아인, 카르타고 인들이 건설한 해안의 무역 도시들로부터 시작되었다. 그 후에 스페인을 지배한 로마인들과 아랍인들이 가져온 음식문화는 원래의 스페인의 요리법과 조화를 이루어 지금의 스페인 음식문화가 되었다.

1) 기원전 3세기

기원전 세기는 로마의 지배를 받은 시기로 로마인들이 스페인에 끼친 가장 중요한 두 가지 요소는 마늘과 올리브 열매이다. 스페인음식에서 빼놓을 수 없는 요소로 우리 음식의 김치나 된장과 같은 것이다. 올리브유는 샐러드 등 모든 음식물에 필수불가결한 것이다.

2) 711~1492년

위 시기는 스페인이 아랍 민족의 지배를 받은 시기로, 아랍인들은 스페인에 알려지지 않았던 페르시아나 인도 지역의 산물을 들여왔다. 그 대표적인 것이 쌀, 샤프론, 후추, 사탕수수, 단과자 등이다. 또한, 음식 맛을 내는 데 필요한 레몬이나 오렌지 같이 새콤달콤한 맛을 지닌 식물들도 아랍인을 통해 스페인에 전달되었다. 이런 새로운 맛은 스페인 사람들의 입맛에 익숙해져 점차 각종 음식에 필수적인 것으로 여겨졌으며, 이웃 나라인 프랑스에까지 그 맛을 전파시켰다. 이들이 지배한 약 800년 동안 아랍적인 음식문화와 토착 음식문화가 융합되어 새로운 스페인 고유의 음식문화가 탄생되었다.

3) 신대륙 발견 이후

콜럼버스가 신대륙을 발견한 후 신대륙으로부터 가져온 감자, 고추, 토마토, 초콜릿, 카카오, 커피 등의 아즈텍 식품은 스페인 사람들의 식탁을 더욱 풍성하게 하였다. 특히 감자는 유럽 사람들의 배고픔을 근본적으로 해결해 주는 중요한 식품이 되었다.

- 일반적인 특징은 낙농 제품이 풍부하며, 우유 외에도 양젖, 염소젖으로 만들어지는 요구르트나 치즈를 많이 먹는다. 치즈로는 푸르스름한 곰팡이가 치즈 결을 따라 보이는 케소 아술(Queso azul)은 갈리시아가 유명하고, 쿼소 만체고(Queso manchego)는 스페인 내륙 지방의 치즈로 딱딱하고 맛이 진해 유럽의 다른 치즈와 차별화되었다.
- 지중해 지역에서는 유럽 내륙과 달리 여러 가지 콩을 많이 먹는데 스페인도 마찬가지이다. 스프, 스튜, 샐러드 등 다양한 요리에 콩을 넣어 먹기도 하고 삶아 으깨서 주요리에 곁들이기도 한다. 식사 시마다 즐기는 요리이며, 파바다(Favada)는 북동부 아스투리아스 지역의 명물로 흰 콩과 돼지고기를 이용한 스튜이다.
- 스페인의 음식은 대체로 자연적이며, 푸짐하지만 넘치지 않는 소박한 것이 특징이며, 프랑스 오뜨퀴진의 장식적이고 섬세한 음식과는 대조적이다.
- 다양한 종류의 음식과 맛의 스페인 요리는 수백 년에 걸쳐 문화와 각 지역별로 다른 특성 등 역사로부터 많은 영향을 받았다. 역사적 배경은 스페인요리를 특징짓는 특성 중 큰 몫을 했다고 본다.
- 하루 5번의 식사를 하는데 일반 가정에서의 아침 식사 시간은 오전 7시에서 9시 사이로 한국과 그다지 차이가 없지만, 점심 시간은 오후 2~4시로 매우 늦은 편이다. 또 저녁 식사 시간은 시에스타라는 낮잠 시간 때문인데, 점심을 하고 난 후 시에스타를 즐기고 다시 오후의 일과에 들어갔다가 일을 마칠 시간이 8시이기 때문에 오후 9~11시 사이로 보통 한국인이라면 자야 할 시간에 식사

를 하는 것이 특징이다. 스페인은 기후 조건에 따라 하루의 생활 패턴도 특이한 개성을 갖는다.

- 스페인 사람들은 커피를 아주 강하게 마신다. 카페솔로(solo)는 작은 잔에 나오는 커피, 카페 아메리카노(Americano)는 미국인 기호에 맞게 큰 잔에다 약하게 타서 마시는 커피, 카페 콘레체(Con leche)는 큰 잔에 뜨거운 우유를, 카페 코르타도(Cortado)는 작은 유리잔에 우유를 타서 마시는 커피이다. 투샷으로 마시는 사람이 대부분이다.

- 더운 지방의 음식답게 향신료를 많이 사용하는 편이며, 고추의 사용도 유럽 어느 지역보다 많이 하며 고수, 육두구, 정향, 후추, 생강 등 다양한 향신료와 허브를 사용한다. 특히 마늘을 매우 좋아하여 각종 요리에 즐겨 쓴다.

| 정향 | 마늘 | 고수

3. 지역별 음식의 특징

1) 바스크 지방

피레네 산맥의 주변 지역에 위치한 바스크는 독자적인 바스크인들이 주로 거주하며, 그들만의 전통적인 음식을 지켜오고 있다. 대표적인 요리로는 대구 조림(Bacalao a la vizcaina)과 오징어 먹물 조림(Chipirones), 정어리 숯불구이(Sardihasasadas), 돼지 등심고기의 밀크 조림(lomo de eerdo con leche) 등이 있다. 스페인에서 가장 오랜 전통을 가지고 있는 바스크 지방은 주로 생선 요리가 유명한데, 주로 구이나 조림 등 익혀 먹는다.

2) 바르셀로나 지방

'사르수엘라(Zaezuela)'라는 요리는 이 지역의
대표적인 음식으로, 원래 이 요리는 생선과 해물
을 주재료로 하여 한 가지 소스만 넣어 만든 요리
였는데 이 지역에서 나는 과일과 고기 및 가금류
등을 넣어 이 지역만의 독특한 풍미를 지닌 요리
로 발전시켰다. 바르셀로나 지역은 카탈루 지방의

| 굴

항구 도시이며, 최대의 무역항이며, 지중해 음식이 발달하여 세계의 미식가들이 자주
찾는 아름다운 도시이다. 주로 해산물이나 어류 요리가 발달하였다.

3) 발렌시아 지방

여러 종류의 해산물을 밥에 넣고 올리브유를 듬뿍 넣어 볶아먹는 볶음밥의 일종
인 요리인 빠에야는 이 지방의 가장 유명한 요리 중 하나이다. 기호에 따라 육류를
넣어 먹기도 하는데 닭고기, 토끼고기, 쇠고기 등 넣는 재료도 다양하다. 발렌시아
지방은 해안을 끼고 있는 평야 지대이며, 쌀, 올리브, 목화, 뽕나무 등이 재배되며,
이 지방에서는 쌀을 이용하여 여러 가지 요리를 한다.

4) 카스티야라 만차 지방

카스티야-라 만차 지방의 요리는 오늘날까지 전통적인 성격의 요리를 계승하고
있는데, 특히 마늘수프(Sopa de ajo)는 스페인 전역에서 맛볼 수 있는 음식이지만
그 원조는 카스티야-라 만차 지역이다. 이 요리는 빵, 마늘, 올리브유, 피망만을 가
지고 맛을 내는데, 향긋한 마늘 향과 부드러운 질감의 빵은 촉촉하면서도 뭔가 씹히
는 듯한 특이한 맛을 낸다. 스페인의 수도 마드리드가 있는 곳이며, 스페인 중앙에
위치한 카스티야-라 만차 지방은 세르반테스 작품의 주인공 '돈키호테'가 모험을
찾아 헤매던 곳이기도 하다.

5) 안달루시아 산악 지대

안달루시아 지방은 스페인의 가장 남쪽에 위치하고 있으며, 강한 더위와 건조한 기후로 대부분의 평야 지역이다. 올리브와 포도나무 등 농작물이 잘되며, 풍성한 식자재로 인해 질 좋은 올리브와 요리들이 많이 있다. 이 지역의 대표적인 요리로는 차가운 스프인 가스파초가 있다. 회교 문화권의 영향으로 회교요리 중에는 양고기 미트볼과 석류씨로 만든 양고기 요리가 있다. 송아지, 토끼, 메추라기 등으로 만드는 알푸하레나 요리(Alpuja-rrena cuisine)는 이 지역의 특별한 요리이다. 후식으로는 아주 달콤한 것들을 주로 먹는데 설탕에 절인 요리들이 있는데 크림이나 메추라기 파이, 야생 검은 딸기와 사과, 달콤한 호박, 호두 스프, 꿀 바른 프렌치토스트 등으로 가득 찬 찌오노노(Piononos) 등이 있다.

| 올리브 나무

| 포도나무

4. 일상식

1) 데사유노 (Desayuno)

하루 5번의 식사 중 첫 번째에 해당하는 식사이며, 아침 7시 경에 빵과 커피, 우유로 가볍게 시작하고 '금식이 끝나다' 라는 뜻이다. 갓 튀겨낸 츄러스(Churros), 또는 비스킷을 곁들인다.

| 츄러스

2) 점심

두 번째 식사로 프랑스빵에 오믈렛이나 달콤한 과자류를 먹는 이 식사는 오전 11시경에 바(Bar)에서 가볍게 식사한다.

3) 컴디아(Comdia)

세 번째 식사이며, 서너 가지 음식과 와인을 곁들이는 점심으로 두 시간 정도의 충분한 시간을 가지고 코스 요리를 먹는다. 하루 중 가장 비중 있는 식사이며, 오후 2~3시경에 시작한다.

4) 메리엔다(La Merienda)

네 번째 식사이며, 비중 있는 세 번째 식사를 하고 난 뒤 가볍게 하는 식사이다. 빵과 크래커, 케이크에 간단한 스낵류에 커피와 홍차를 즐기는 식사로 저녁 6시경에 하는 간식이다.

5) 마지막 식사

하루 중 5번째 마지막 식사이며, 퇴근 후 돌아와서 집에서 먹는 경우 가볍게 먹고, 집 근처 바에 가서 그 지역의 제철 재료를 이용한 타파스(Tapas)를 즐긴다. 밤 10시에 먹는 다섯 번째 식사이다. 우리가 즐기는 야식과 비슷하다.

- 타파스 : 주요리를 먹기 전에 작은 접시에 담겨 나오는 소량의 전채요리를 말하는데 간식으로 먹기도 한다. 에스파냐어로 타파(Tapa)는 '덮개' 라는 뜻으로 안달루시아 지방에서 음식에 덮개를 덮어 먼지나 곤충으로부터 보호한 데서 유래한 명칭으로 요리 방법과 종류가 매우 다양하다. 타파스는 스페인 사람들의 삶을 반영하는 음식으로 공식적으로 수백 가지의 종류가 있어 다양한 그들의 취향을 만족시킨다.

5. 특별식

1) 토마토 축제

토마토 축제는 지난 1944년 토마토 값 폭락에 분노한 농부들이 시의원들에게 분풀이로 토마토를 던진 것에서 유래되었다고 한다. 그래서인지 토마토 축제는 서민적이고 향토적인 냄새가 물씬 풍기고 주민들의 참여도 다른 어느 축제보다 뜨겁다. 8월 마지막 주 수요일이 되면 '부뇰'이라는 작은 마을에서 토마토 전쟁이라 부르는 이색적인 축제가 벌어진다. 오전 11시, 주민들이 마을의 중앙대 광장에 모여든다. 광장 가운데 마련된 큰 기둥의 꼭대기에 햄이 매달리고 이 햄을 따야 축제가 시작되므로 사람들은 서로 인간 탑을 쌓아 햄을 향해 기어오른다. 햄을 따면 토마토를 가득 실은 트럭들이 광장으로 들어와 엄청난 양의 토마토를 뿌리는데, 이것이 그 유명한 토마토 축제의 시작인 것이다. 전투는 단 두 시간 동안만 허락되고 오후 1시가 되면 축제의 끝을 알리는 폭죽과 함께 토마토 전쟁이 끝난다.

6. 대표 음식

1) 타파스 (Tapas)

유리잔에 음료수나 술을 채운 후 파리로부터 음료수를 보호하기 위해 빵 한 조각을 올려 놓던 것이 기원인 타파스는 작은 접시에 소시지, 샐러드, 절인 생선, 치즈 등 셀 수 없이 다양한 재료와 종류들로 만든 작고 간단한 요리를 의미한다. 찬 요리, 즉석요리로 나뉘는 타파스는 찬 요리의 경우 주로 바에 진열되어 있어 식당을 둘러보면 준비된 요리를 알 수 있다. 치즈, 햄, 데친 해산물, 앤초비, 올리브 등 다양하다. 즉석요리는 주로 칠판에 써 두거나 메뉴판을 보고 주문할 수 있고, 물어보지 않아도 웨이터가 옆에서 오늘의 메뉴를 추천하고 설명한다. 대도시에서는 정오 12시경, 저녁 7시 경에 타파스를 위한 타페오(Tapeo) 시간이 의식처럼 행해진다. 사람을 만나고 수다를 떨며 때로는 진지한 토론을 하는데, 이는 타파스를 앞에 두고 이루어진다. 술안주로 시작한 타파스였기 때문에 유명한 타파스 식당은 술의 질에 따라 명성이 좌우된다. 가벼운 드라이 쉐리 피노(Fino)나 갓 담근 와인 피노 주벤(Vino Joven), 사과주 시드라(Sidra)와 함께 곁들여 먹는다.

2) 하몽(Jamoniberico)

참나무 숲에서 서식하는 다리가 긴 스페인 남부의 야생 흑돼지를 식재료로 삼은 이베리아의 햄이다. 건조하고 무더운 여름에 거의 먹지도 마시지도 않고 견디다 가을에 도토리가 떨어지기 시작하면서 하루 6~10kg의 도토리로 몸을 불리고 야생초 나무의 뿌리를 섭취하기 시작한 흑돼지는 다양한 풍미를 가진다. 2년 이하의 흑돼지 다리만을 바다 소금에 절여 2년 정도(최하 18개월) 서늘한 방에 걸어 서서히 건조시키면 최고의 하몽이 완성된다. 하몽을 위해 앞, 뒷다리가 제거된 나머지 3/4의 고기는 소시지를 위해 남겨지는데 그 품질이 특별하다.

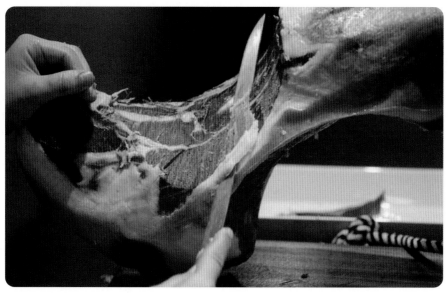

| 하몽

세계 3대 생 햄

햄은 훈제하지 않고 소금에 절여 건조시킨 생 햄으로 스페인의 하몽 세라노, 이탈리아의 파르마 햄(Parma ham), 프랑스의 바이욘느 햄(Jambon de Bayonne)이 세계적으로 유명하다. 완성된 하몽은 건조하고 추운 산간 지방에서 만들어지므로 육질이 쫀득쫀득하고 다소 질긴 듯하지만, 햄 중에서 최고로 친다. 하몽 세라노는 스페인어로 '산의 햄'이라는 뜻이다. 하몽, 바이욘느, 파르마는 소금의 가감, 건조 정도, 숙성 기간 등에 미미한 차이는 있으나 만드는 공정은 기본적으로 동일하다. 중요한 차이는 돼지 품종이 다르다는 점이다. 스페인의 하몽은 프랑스나 이탈리아산보다 특히 끈적끈적한 지방이 쫀득한 육질 사이에 서리가 내린 것처럼 박혀 있어서 맛이 좋다. 육질이 매우 부드러운 투명한 핑크색의 파르마 햄과 바이욘느 햄은 종이처럼 얇게 썰어서 멜론이나 무화과 같은 과일을 곁들여 먹는다. 끈끈한 상아색 지방이 체온에 용해되어 쫄깃하게 죄어진 홍색의 고기와 잘 조화되는 맛이다.

3) 가스파쵸 (Gazpacho)

스페인 남부 안달루시아 지방의 더위가 만들어낸 차가운 스프인 가스파쵸는 토마토, 오이, 양파, 올리브유, 빵, 마늘을 한 번에 넣고 믹서에 가는 손쉽고 영양가 높은 스프이다. 스페인 음식 중 외국인에게 가장 많이 알려졌는데 이는 1960~1970년 사이 스페인 관광의 붐을 타고 코스따 델 솔에서 외국인 관광객들에게 가장 인기 있는 음식으로 알려지기 시작했다.

4) 빠에야 (Paella)

8세기 무어인(The Moors)들의 스페인 침공으로 전해진 쌀은 오늘날 가장 전형적인 스페인 대중요리 빠에야의 형태로 많은 요리법이 전해진다. 사냥해서 잡은 오리, 토끼, 닭, 달팽이, 토마토, 콩, 아티초크 등 손에 넣을 수 있는 모든 재료를 가지고 밥을 짓는다. 유일하게 비싼 재료가 있다면 샤프란(Saffron)인데, 샤프란은 쌀을 황금색으로 만든다. 가장 일반적인 빠에야 재료는 토마토, 콩, 마늘, 새우, 오징어, 닭고기, 홍합이다. 올리브유에 채소를 먼저 볶아 준비하고 큼직하게 썬 고기를 따로 볶아 10분 정도 익힌다. 새 팬에 양파, 마늘 다진 것을 살짝 볶다가 준비한 채소, 고기, 쌀을 볶는다. 쌀이 투명해지면 오징어, 토마토를 넣고 소금, 후추로 간을 한 후 10분 정도 더 익힌다. 빠에야 팬이나 납작한 냄비에 모든 재료를 옮겨 샤프란을 넣고 뜨거운 육수를 부어 약한 불에 쌀을 마저 익힌다. 팬은 그대로 식탁에 올려 서빙하며 스페인 샴페인인 까바(Cava)가 잘 어울린다.

7. 스페인의 식사 예절

• 미국인은 식사 시 오른손만 사용하고 왼손은 그냥 무릎에 내려놓는 반면 스페인에서는 항상 양손이 보이도록 올려놓지 않으면 나쁜 매너로 여기며 언제나 나이프와 포크를 손에 들고 식사한다.

빠에야_(4인분 기준)

1 재료

새우 6마리, 오징어 1/2마리, 파프리카(녹색, 적색) 각 1/2개씩, 양파 1/2개, 다진 마늘 2큰술, 방울토마토 4개, 레몬 1/2개, 불린 쌀 2컵, 올리브 오일 3큰술, 육수

2 만드는 법

① 파프리카는 5mm 두께의 링 모양으로 썰고 레몬은 6등분, 방울토마토는 4등분 한다. 새우는 내장만 빼고 오징어는 몸통을 링 모양으로 썬다. 양파는 성글게, 마늘은 곱게 다진다.

② 팬에 올리브오일을 넣고 다진 양파, 다진 마늘, 불린 쌀을 넣고 볶는다.

③ 육수를 만들기 위해 물에 콘소메 과립을 풀어 끓인 후 카레 파우더, 소금, 후추를 넣고 다시 끓여 식힌다.

④ ②의 팬에 ①의 레몬을 제외한 채소와 해산물을 올리고 ③의 육수를 붓는다.

⑤ 냄비에 뚜껑을 덮고 끓기 시작하면 불을 약하게 줄여 15분 정도 익힌다. 5분간 뜸을 들인 후 뚜껑을 열고 5분 정도 중불에서 수분을 날려준다.

6. 러시아

나라 이름: 러시아(Russia)

수도: 모스크바

언어: 러시아어

면적: 17,098,242㎢ 세계 1위(CIA 기준)

인구: 약 142,257,519명 세계 9위(2017.07. est. CIA 기준)

종교: 러시아정교 약 15%, 이슬람교 약 10%, 그리스도교 외 다수

기후: 대륙성, 지중해성, 몬순성 기후

위치: 유럽 동부

전압: 220V, 50Hz

국가번호; 7(전화)

GDP(명목 기준): 1조 4,693억$ 세계 12위(2017 IMF 기준)

GDP(1인당 기준): 1만 248$ 세계 66위(2017 IMF 기준)

www.government.gov.ru

1. 개요

러시아는 넓은 국토만큼이나 요리도 다양하다. 전통적인 방법으로 요리를 만들어 아직까지 가공식품이 그리 발달하지는 못하였고, 뜨거운 음식과 보드카 등 전반적으로 체력을 보완하는 요리와 기술이 발달한 점이 특징이다. 천연자원과 재료가 풍부해 자급자족하는 식생활 습관이 자리 잡고 있지만, 아직 가공 기술이나 생산 기술이 미숙하여 완전한 의미의 자립은 아니라고 본다. 또한, 넓은 영토에 여러 민족이 모여

살기 때문에 식탁 위에서도 다양한 민족의 요리를 맛볼 수 있지만, 러시아인에게 전통 요리는 주변 국가 유럽의 영향을 받은 모든 요리가 그들의 것이라고 할 만큼 다양한 음식문화를 이루고 있다.

2. 역사

표트르 대제 이후 러시아 요리가 호화로웠다고 하지만 그것은 황제나 귀족, 군인, 부유한 상인들의 식탁이었을 뿐이고, 서민들의 식사는 극히 절박하고 단조로웠다. 호밀이나 잡곡으로 만든 검은 빵과 죽, 양배추 절임, 소량의 우유 등이 일상식이었으며, 밀로 만든 흰빵이나 버터는 특별한 날에만 먹었다.

3. 러시아 음식문화의 일반적 특징

- 러시아 기후는 겨울이 길고 영하의 온도로 혹독한 추위의 자연환경을 가지고 있기 때문에, 음식도 추운 날씨에 잘 견디도록 기름진 것이 많다. 더운 지방에서는 염분의 섭취가 필요하고 보관을 위한 보존법이 발달하지만 러시아는 냉동 상태로 오랜 시간 보존이 가능하기 때문에 요리들이 싱겁고 재료의 맛을 살린 담백한 것들이 많다. 따라서 이 나라는 조금만 먹어도 든든함을 느낄 수 있도록 채소, 어패류도 기름으로 요리를 하고, 육류와 감자의 사용을 많이 하며 소박하지만 영양이 많은 음식을 주로 먹는다. 빵도 속을 넣어 튀기는 종류가 많고, 쌀에 기름을 듬뿍 넣어 조리하고 초콜릿 같은 고열량 음식도 많다. 싱싱한 채소는 귀하기 때문에 말려서 보관하거나, 익혀 먹는 방법이 많다.
- 음식에 신맛이 많이 나며 동양과도 인접해 있어 파, 양파를 많이 사용하는 등 동양적인 면과 유럽적인 면을 같이 가지고 있다. 소박하고 영양의 균형이 맞으며 실용적이다.
- 많은 요리에 식재료로 사용하는 스메따나의 경우 러시아를 상징하는 러시아의 전통 소스로 신맛이 나는 농축 크림이며, 러시아 인들은 모든 음식에 발효시킨 스메따나를 뿌려 먹는다. 유제품이 풍부하여 러시아 소스인 스메따나(Smetana), 코티지 치즈인 트바로크(Tbarok), 버터 등을 이용한 요리가 많다.

- 러시아인들은 빵을 주식으로 하는데 흰 빵보다는 호밀로 만든 흑빵(Russia Black bread)을 즐겨 먹는다. 식탁 위에는 항상 빵과 소금 그릇이 같이 놓여져 있는 것을 전통적인 러시아 가정에서는 흔히 볼 수 있다. 여기에 스메따나를 곁들여 먹거나 생굴, 캐비어 같은 염분이 많은 음식을 먹은 후 흑빵으로 입가심을 하기도 한다.

- 죽의 종류는 16세기까지만 하더라도 20여 가지가 되었고, 요리법 또한 간단하기 때문에 러시아인들이 죽을 쉽게 만들어 먹을 수 있었다. 러시아에서 결혼식이나 세례식, 추도식 등에서 죽이 필수 음식으로 준비될 만큼 죽은 빵 못지않게 중요하게 여겨졌다.

- 러시아인들은 육류를 즐기고, 특히 쇠고기, 양고기 등을 많이 먹는데, 고기요리는 소금, 후추 정도만 사용하여 고기의 맛을 최대한 살리는 것이 특징이다. 밥 대신 감자를 많이 섭취하며, 고기, 생선, 우유, 채소는 반드시 감자를 곁들여야 제맛이 난다고 생각한다.

4. 특별식

1) 명절식

커다란 만두 같기도 한 이 빵은 명절에 만들어 먹는 음식으로 '피로시키(Piroshki)' 라고 불리며, 채소와 다진 고기로 속을 채워 넣어 튀긴 것이며, 반달 모양을 하고 있어 아이들이나 어른들 누구나 좋아하는 음식이다. 원조는 월귤 나무열매와 버섯을 넣어 만든 것이지만 오늘날에는 달걀, 파, 감자, 양배추, 다진 고기 등을 이용한다. 작게 만들면 피로키시, 크게 만들면 피로키(Piroki)라고 부른다.

2) 결혼, 출산 후 먹는 음식

블리니(Blini)는 러시아에서 결혼을 하거나 아이를 낳을 때, 추도식 후 등 다양한 기념일에 먹는 필수 음식이다. 밀가루를 이용해 만든 팬케이크와 같은 것으로 양배추, 고기, 버섯, 햄, 과일 등 채소를 넣어 싸서 먹거나 스메타나, 꿀 각종 잼을 곁들여 먹는다. 달걀과 밀가루를 섞어 둥글게 만든 이것은 러시아에서 '태양, 풍성한 수확, 좋은 날, 축복받는 결혼과 건강한 아이' 를 상징한다.

| 부활절 달걀

3) 부활절(Paskha)

러시아에서는 누룩을 넣고 버터나 우유로 맛을 낸 반죽을 높고 둥근 모양으로 구워낸 빵으로 '꿀리치(Koulitch)' 라는 부활절 케이크가 있고, 부활절 달걀인 '푸쉬긴' 이 있고, 부활절 과자인 '빠스하' 도 있다. 러시아 정교에서는 부활절을 맞이하기 전에 7주간의 금식을 하기 때문에 다양한 육류 요리가 식탁에 오르게 된다.

| 크리스마스 장식

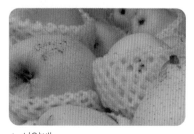

| 서양배

4) 크리스마스

양봉이 발달한 러시아에서는 크리스마스가 되면 곡류로 만든 음식에 꿀을 넣어 만든 죽과 말린 사과, 건포도, 서양자두, 배, 체리 등에 물을 붓고 끓인 다음 꿀과 설탕을 넣어 단맛을 낸 과일즙이 반드시 식탁에 놓는다. 러시아 정교에서는 부활을 더 중요하게 생각하지만, 부활절 다음으로 성대하게 기리는 축일이 크리스마스이다. 크리스마스 전야에는 별이 뜬 후에 저녁 식사를 시작하는데, 온 가족이 같이 축하하며 음식을 나눈다.

5) 러시아 음식

- 보르시치 : 베이컨이나 햄등을 당근과 양파 양배추, 토마토, 감자 등의 채소를 함께 넣어 끓여 스메타나를 끼얹어 먹는 러시아식 고기 수프이다. 향토색이 풍부한 여러 가지 보르시치가 있으며, 일상식에 사용되기도 하지만 공식 연회에 주로 사용한다.
- 카샤 : 곡류보다 물이 더 많이 들어간 죽을 러시아에서는 '카샤'라고 부른다. 곡물과 우유, 소금 등을 이용하여 최소한의 재료로 만들 수 있으며 언제든지 쉽게 만들 수 있는 일상식이다.
- 피로시키 : 고기나 채소 등을 넣고 반달 모양으로 만든 빵. 만두의 형태이지만 가름에 튀긴 빵이다.
- 시치 : 채소나와 고기 양배추 등을 넣고 끓인 스프를 '시치'라고 부르며, 고기가 들어간 것은 고급에 속하며 러시아에서는 빵과 죽, 시치는 서민들이 즐겨 먹는 음식이다.
- 피로그(pirog) : 명절이나 축제 때나 반드시 상에 오르는 빵으로써 여러 종류가 있다. 각종 곡류를 이용한 죽이나 염장 생선, 채소, 고기 등 많은 음식재료를 넣은 피로그를 만들어서 다양한 시치를 곁들여 먹는다.
- 샤시리크 : 양고기의 꼬치구이로 주로 큰 행사나 축제 때 볼 수 있는 음식이다.
- 불린 : 소량의 밀가루와 다량의 액체를 넣어서 만드는 팬케익 같은 음식이며, 손님 접대 시에 항상 나오는 음식이다.
- 자쿠스카 : 전채요리를 말하며, 대개는 찬 음식으로 이루어져 있으며, 러시아에서는 질 좋은 철갑상어알이 생산되므로 이것을 소금에 절인 캐비어를 종종 사용한다.

| 보르시치

① 보르시치(Borshch)

추운 나라이기 때문에 고열량식과 국물이 있는 따뜻한 요리를 즐겨 먹는데, 보르시치는 육수에 비트, 고기, 토마토, 양파, 감자, 당근 등을 넣고 끓이는 스프로, 비트 때문에 붉은색이 나는 것이 특징이다. 여기에 스메따나를 넣으면 핑크색 크림스프가 된다. 러시아 어느 가정에서나 만들어 먹으며 토마토의 신맛과 고기의 기름기가 합쳐져 걸쭉하고 독특한 맛을 낸다.

| 샤슐릭

② 샤슐릭(Shaslic)

러시아 요리라기보다는 몽골 유목민들이 즐겨 먹던 요리가 러시아화 된 것으로 샤슐릭이라는 단어는 타타르족의 말에서 유래되었다. 타타르족의 언어와 친척 관계에 있는 언어인 터키어로 샤슐릭을 '쉬쉬케밥'이라고 부르며 이는 '꼬챙이에 꿴 고기요리'를 의미한다. 샤슐릭은 꼬치요리로 양고기, 돼지고기, 쇠고기 등에 양념을 하고 채소와 함께 끼워 불에 굽는 축제 요리 중 하나로 보드카와 곁들여 먹는다.

| 뺄메니

③ 뺄메니(Pelmeni)

고기 요리의 일종으로 우리의 찐만두와 같이 고기, 버섯, 양파 등으로 속을 채운 다음 밀가루 반죽으로 겉피를 만들어 삶아 먹는 만두요리이다. 간장 대신 러시아인들은 스메따나나 향신료를 뿌려 먹는다.

④ 비프 스트로가노프(Beef Stroganoff)

얇게 썬 쇠고기와 양파, 버섯을 볶다가 스프에 넣어 약간 삶은 다음 스메따나를 넣는 러시아의 대표적인 육류 요리이다. 비

프스트로가노프는 19세기 후반 알렉산더 3세의 신하이자 유명한 미식가인 폴 스트로가노프 백작이 만찬에서 준비해 놓은 고기가 모자라자 고기를 얇게 썰어 양파, 양송이를 볶아 스파이스로 맛을 내 손님에게 데워낸 데서 유래했다.

| 비프 스트로가노프

5. 대표 음료

1) 보드카(Vodka)

러시아의 대표적인 증류주인 보드카는 러시아어의 물(Voda)이라는 단어에서 유래되었다. 알코올 성분이 40% 이상인 무색 투명한 증류주 보드카는 14~15세기부터 애용된 오랜 역사를 가진 술이다. 16세기부터 러시아 인들이 대중적으로 즐겨 마시기 시작했다. 보드카의 판매는 처음부터 정부가 독점했으며, 18세기 표트르 대제 시대부터 국가의 주류 통제는 점차 국가 세입의 중요한 요소가 되었다. 제정 러시아 시대에 비밀

| 보드카

이었던 제조법이 사회주의 혁명 때 러시아인에 의해 남유럽으로 제조기술이 전해졌고, 1933년 금주법이 폐지된 미국으로 건너가 세계적으로 전파되었다. 러시아 국민은 예로부터 지금까지 보드카를 약이나 마취제로 이용하고 있다. 감기에 걸리면 후추와 함께 보드카를 마시고, 배가 아플 때도 보드카에 소금을 타서 마신다.

오이피클이나 햄, 캐비어 등과 함께 차게 마시기도 하고, 식사 중에 반주로 마시기도 한다. 러시아 음식의 기름기를 빨리 소화 분해시키는 역할을 하므로 러시아인들의 식사에서 빠질 수 없는 중요 주류이다.

보드카의 원료는 곡류나 감자, 사과, 포도 등의 과일인데 보통은 밀, 보리, 호밀 등을 사용한다. 제조법은 원료를 찌고 엿기름을 더하여 당화시킨 다음 효모를 섞어서 발효시키고 이렇게 해서 생긴 액을 자작나무 숯을 채워 넣은 정류탑이 있는 증류기로 증류한다. 이것으로 악취 나는 성분이 흡수되어 중성 알코올의 산뜻한 보드카가 된다. 도수는 45~50도 정도가 많고 성질이 다른 주류와 조화가 잘되기 때문에 칵테일의 원료로 널리 애용되고 있다.

2) 크바스

'신맛이 나는 음료'라는 의미를 가진 크바스는 맥주만큼 인기 있는 러시아인들의 청량음료이다. 맥주가 남성들의 전유물이라면 크바스는 남녀노소 모두 즐기는 대중적인 음료라고 할 수 있다. 건조된 빵을 이용해 만들며 요즘은 외국에서 수입된 음료 때문에 젊은이들에게 점차 소외되고 있으나 시골에서는 아직도 크바스를 만들어 마신다.

3) 차(茶)

러시아인들은 '사모바르'라는 기구를 이용해서 차를 마시는데, 마시는 방법이 독특하다. 설탕을 차에 넣지 않고 설탕 덩어리를 입에 넣고 차를 마시거나 잼이 담긴 그릇이 차와 함께 나오면 잼을 조금씩 떠서 핥아 먹으면서 차를 마신다. 잼이 없을 경우 각설탕을 차에 적셔 갉아 먹으면서 차를 마신다.

6. 러시아의 식사 예절

- 식사 전에 반드시 손을 씻으며, 식사 전에 각자 십자가 성호를 긋는다.
- 식사 예절은 엄격해서 숟가락으로 식기를 두드리거나 긁는 것은 절대로 금지한다.
- 바닥에 음식을 흘리거나 식사 시간에 큰 소리로 이야기하거나 웃는 것도 실례가 된다.
- 식사가 끝나기 전에 일어나는 것도 실례이다.
- 손님 접대는 러시아인들의 독특한 특징을 보이는 것으로 손님에게 충분한 술과 음식을 대접한다.

보르시치(2인분 기준)

1 재료

올리브오일 3큰술, 대파 흰부분 3뿌리, 양파 1개, 셀러리 2줄기, 비트 1kg, 파슬리 3줄기, 소금 약간, 타임 2줄기, 정향 2개, 월계수 잎 1장, 통후추 10알, 야채스톡 1리터, 설탕 2큰술, 레몬즙 4큰술

2 만드는 법

① 대파, 양파, 셀러리는 모두 껍질을 벗겨 얇게 썬다.

② 비트는 껍질을 벗기고 사방 1cm 크기로 썰어둔다.

③ 팬이 달궈지면 올리브오일을 두르고 대파, 양파, 셀러리를 넣고 채소가 부드러워질 때까지 색이 나지 않게 약 10분간 볶는다.

④ 비트를 넣고 소금, 후춧가루로 간한 후 저어주면서 10분간 더 볶는다.

⑤ 파슬리, 타임, 정향, 월계수잎, 통 후추를 거즈에 넣고 묶어 허브 주머니를 만든다.

⑥ ④에 허브 주머니를 넣고 내용물이 잠길 정도의 야채 스톡을 붓고 끓인다. 끓기 시작하면 불을 줄여 비트가 부드러워질 때까지 약 35분간 끓인다.

⑦ 가니시용으로 사용할 비트를 1컵 정도 꺼내 따로 보관하고 ⑥의 나머지를 모두 블렌더에 넣고 부드럽게 갈아준다.

⑧ 너무 걸쭉하면 물을 넣어 되기를 조절한다. 국자로 내용물을 떠 봐서 주르륵 흐르듯 떨어지면 적당하다.

⑨ ⑧에 설탕을 넣고 섞은 후 소금, 후춧가루로 간한다. 레몬즙도 이 단계에서 넣는다.

⑩ ⑨를 냉장고에 넣어 차갑게 식힌다.

04
아메리카의 음식문화

1. 멕시코

나라 이름: 멕시코(Mexico)

수도: 멕시코시티

언어: 에스파냐어

면적: 1,964,375㎢ 세계 14위(CIA 기준)

인구: 약 124,574,795명 세계 11위(2017.07. est. CIA 기준)

종교: 가톨릭 약 82.7%, 기독교 약 5%

기후: 열대성 기후, 건조성 기후, 온대성 기후

위치: 아메리카 남서단

전압: 110V, 60Hz

국가번호: 52(전화)

GDP(명목 기준): 1조 1,424억$ 세계 15위(2017 IMF 기준)

GDP(1인당 기준): 9,249$ 세계 71위(2017 IMF 기준)

www.directorio.gob.mx

1. 개요

에스파냐 침략 이전 마야, 톨테크, 인디언 문명의 발상지이기도 한 멕시코는 고대와 현대 라틴 문화와 인디오 문화가 공존하는 독특한 나라이다.

북아메리카 하단부에 위치한 멕시코는 멕시코 연안과 카리브해 ,태평양과 접하고 있으며, 지형적으로는 산악과 산림이 국토의 30%를 차지하고 있으며, 화산과 지진이 많고, 내륙과 해안의 기후가 서로 다르며, 사막과 초원을 이루고 있다. 또한, 300년간 스페인의 지배를 받기도 하였는데, 과거 식민지 지배를 받았던 다른 나라들과 마찬가지로 멕시코의 음식문화도 고유의 멕시코 원주민 음식문화와 스페인의 음식문화가 어우러져 오늘날에 이르렀다.

2. 역사

　기원전 7000년경부터 재배한 것으로 알려지고 있으며 신화에도 자주 등장할 정도로 멕시코 원주민의 가장 기본적인 식량인 옥수수는 콩, 고추와 함께 멕시코 요리의 3대 재료로 꼽힌다. 한때 마야, 아스텍, 자포텍 문화를 꽃피울 정도로 번성했으나 1519년 스페인의 탐험가가 이끄는 스페인 군사들의 뛰어난 무기와 유럽의 질병에 무너져 오랜 기간 동안 스페인의 지배를 받게 되었다. 음식문화에 있어서도 곡물과 채소 중심이었던 멕시코 요리는 스페인이 멕시코를 정복함에 따라 보리, 쌀, 밀, 포도, 올리브, 인도의 향신료 등 새로운 식품을 들여오면서 조리 방법이 다양해졌다. 또한, 밀의 경작으로 옥수수와 함께 빵을 주식으로 이용하게 되는 등의 변화를 겪게 되었다.

3. 멕시코 음식문화의 일반적 특징

- ‘옥수수 문화’ 라고 할 정도로 다양한 옥수수 요리를 기본적인 식량으로 이용한다.
- 고추가 대부분 요리에 들어가며 이외에도 토마토, 라임 등을 많이 사용한다.

4. 지역별 음식의 특징

1) 북부 지역

　건조한 기후를 나타내는 북부 지역은 주로 목축이 이루어지는 지역으로 우유의 소비가 많고 밀가루 토르티야를 사용하여 음식을 하며 양고기나 쇠고기를 직접 불에 구워서 먹는 등 육식을 많이 한다.

| 양고기

2) 중부 지역

중부 지역에서는 닭고기, 돼지고기 등의 육류를 재료로 한 스튜와 함께 옥수수, 양념된 채소를 삶아서 먹는다. 특히 중앙 동부 지역은 유명한 '몰레(mole)'의 원산지인데, 몰레는 삶은 닭고기나 칠면조 고기에 몰레 소스를 얹은 요리이다.

3) 남부 지역

남부 지역은 동부 해안과 함께 고온 다습한 기후를 보이며, 멕시코 고유의 에스닉 푸드를 맛볼 수 있다. 생선, 해산물과 함께 채소와 열대과일이 풍부하다.

4) 태평양 연안 동부 해안

해안가의 특성에 따라 새우, 조개, 굴, 생선 등을 재료로 한 다양한 해물 요리가 많고 열대과일도 풍부하다.

5. 일상식

1) 아침 식사

빵, 우유, 커피, 오렌지 주스 등을 기본으로 달걀을 다양한 방법으로 요리해 먹으며 타말, 퀘사디아, 고기류, 치즈, 소시지를 곁들인다. 최근에는 커피나 주스만으로 대신하기도 한다.

2) 알무에르소

알무에르소는 아침과 점심 사이, 즉 10시 30분~11시 사이에 먹는 식사로 샌드위치, 퀘사디아 등을 간단하게 먹는다.

3) 점심

점심은 '꼬미다'라고 하며 보통 오후 3시경에 먹는다. 직장에서 먹지 않고 국물이 있는 요리와 국물이 없는 요리 한 가지씩을 푸짐하게 차려 집에서 먹는다. 점심 후에는 낮잠을 잔 다음 오후 5시경 직장에 복귀한다.

4) 저녁 식사

저녁 식사는 7~8시경에 하는 것이 보통이지만 점심을 많이 했을 경우 생략하거나 비교적 가볍게 먹는다.

6. 특별식

1) 동방박사의 날

1월 6일인 동방박사의 날에는 '로스카 빵(Rosca de reyes)'이라는 빵을 만들어 먹는다. 빵 속에 조그마한 아기 예수의 상을 넣고 이 인형을 발견하는 사람에게 일년 내내 행운이 따른다고 믿는 풍습이 있다.

2) 국기의 날

2월 5일 국기의 날에는 헌법 발포를 기념하는 뜻에서 멕시코 국기의 세 가지 색을 상징하는 옥수수, 아보카도, 빨간 피망을 주재료로 하여 삼색 샐러드를 만들어 먹는다.

3) 부활절

4월 부활절 주간에는 '에스카베체'라고 하는 소스에 익힌 새우요리나 생선요리와 같은 해물요리를 먹는다.

4) 독립기념일

스페인으로부터 멕시코가 독립한 독립기념일을 말하며 9월 7일이다. 이 날은 '폰체(ponche)'나 '포솔레(pozole)'를 만들어 먹는다.

- 폰체 : 사과, 사탕수수, 자두, 그리고 떼호꼬떼(tejocote)로 만들어진 뜨겁고 달콤한 음료. 데낄라나 럼을 넣어 칵테일처럼 마시기도 한다.
- 포솔레 : 포솔레는 노동력을 착취당한 원주민들의 식사였다. 우리나라의 감자탕과 비슷한 형태로 옥수수와 돼지고기 등뼈, 고기를 넣고 푹 끓이다가 고춧가루와 소금으로 간을 한 요리이다.

5) 인종의 날

콜럼버스 데이라고도 하며, 베이컨·밀가루·갖가지 채소를 재료로 만든 죽을 먹는다.

6) 크리스마스

크리스마스에는 복숭아와 사과 즙으로 요리한 멕시코식 칠면조 요리나 '피나타'와 '부넬로'를 주로 먹는다.

- 피나타 : 캔디나 초콜릿 등 아이들이 좋아하는 과자를 각양각색의 종이와 화려한 금속조각에 싼 것이다.
- 부넬로 : 얇게 튀긴 과자로 애니스향이 나며, 시럽에 담가 먹는다.

7. 대표 음식

토르티야의 멕시코인의 주식이다. 원료는 옥수수나 밀로 생김새는 우리나라의 빈대떡과 비슷하다. 조리법은 말린 옥수수를 밤새 물에 불린 후 잘 으깨서 '마사'라는 옥수수 단자를 만들고 이를 동그랗고 얇은 전병 모양으로 눌러서 굽는 것이다. 토르티야를 이용하여 타코, 나초, 엔칠라다, 퀘사디아, 부리토, 화이타, 치미창가 등 다양한 음식을 만들어 먹는다.

- 타코(Taco) : 옥수수 토르티야를 U자형으로 만들어 튀긴 후 그 속에 고기, 내장, 치즈, 소시지, 채소, 콩 등을 싸서 먹는 것이다. 기호에 따라 '살사 멕시카나'라는 타코용 소스를 끼얹어 먹기도 한다.

- 나초(Nacho) : 나초는 튀긴 토르티야 칩에 노란 치즈를 부어 먹거나, 튀긴 조각을 구아카몰 소스에 찍어 먹는 요리이다. 맥주를 비롯한 술안주로 즐겨먹는다.

- 엔칠라다(Enchilada) : 옥수수 토르티야에 고기, 해산물 등으로 만든 소를 넣고 둥글게 만 후 소스를 발라 구워낸 것으로 치즈를 얹어 먹기도 한다.

- 퀘사디아(Quesadilas) : 넓은 밀가루 토르티야에 고기, 소시지, 치즈, 채소 등의 내용물을 넣고 반으로 접어 굽거나 바삭하게 튀기고 부채꼴 모양으로 3~4등분하여 먹는다.

- 부리토(Burrito) : 타코에 비해 얇고 큰 부리토는 콩과 고기 등을 넣고 잘 버무려 밀가루 토르티야에 넣고 네모나게 싼 요리이다. 살사소스를 얹어 먹기도 한다.

- 화이타(Fajita) : 구운 쇠고기나 치킨을 볶은 양파, 샐러드 채소와 함께 밀가루 토르티야에 싸서 먹는다.

- 치미창가(Chimichangos) : 데운 밀가루 토르티야에 고기, 치즈, 콩, 밥 등 여러 재료를 넣고 접거나 돌돌 말아서 바삭하게 튀겨낸다. 살사나 구아카몰, 샤워크림 소스를 곁들여 먹는다.

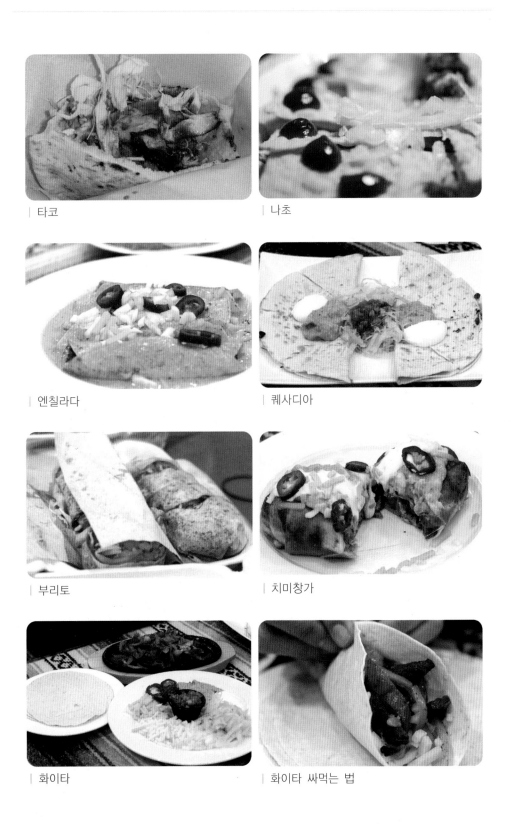

| 타코

| 나초

| 엔칠라다

| 퀘사디아

| 부리토

| 치미창가

| 화이타

| 화이타 싸먹는 법

1) 타말리

옥수수 반죽에 고기, 채소 등 각종 소를 넣고 치즈와 소스를 얹어 모양을 만든 후 옥수수잎이나 바나나잎에 싸서 굽거나 쪄낸 음식이다. 정성이 많이 들어가므로 휴일이나 축제에 여러 사람이 모여 만든다.

2) 코요타

코요타는 멕시코식 전통 과자로 중국 호떡을 납작하게 누른 모양이다. 참깨 반죽에 흑설탕과 꿀을 넣고 오븐에서 구워낸다.

3) 멕시코 소스

- 살사 멕시카나(Salsa mexicana) : 멕시코  국기 색인 빨간색, 흰색, 초록색을 가지고 있기 때문에 붙여진 이름으로 토마토, 양파, 고추, 오이, 코리앤더의 생잎(실란트로), 오레가노 등을 잘게 다져서 소금과 올리브유를 섞은 매운맛의 소스이다. 주로 타코나 화이타에 곁들여 먹으며, 사용하기 직전에 만들어 먹어야 맛이 좋다.
- 몰레 소스(Mole sauce) : 고추, 초콜릿, 참깨, 아몬드, 건포도, 후추, 계피, 마늘, 양파, 토마토 등을 갈아 익혀서 만든 달콤 알싸한 소스이다. '몰레(mole)'는 스페인어로 '갈다', '방아를 찧다'라는 의미이다.
- 구아카몰 소스(Guacamole sauce) : 아보카도 소스라고도 하며, 멕시코인들이 좋아하는 과일 아보카도를 갈아서 토마토, 양파, 풋고추 등과 혼합한 초록색 소스이다.

4) 술

- 데킬라(Tequila) : 주정 40도 정도의 무색투명한 브랜디의 일종이다. 사막에서 성장한 마게이라는 푸른색 용설란이 9년 정도 자라면 잎을 모두 자른 후 구형의 포기를 찐다. 쪄낸 포기에서 고구마엿 같은 수액을 짜내 설탕을 잘 섞어 발효시킨 증류주가 데킬라이다. 한 모금 마신 후 손등에 라임즙과 소금을 올려놓고 핥아 먹는다.
- 폴케(Pulque) : 2000년 이상의 유구한 역사를 지닌 멕시코의 민속주로 우리나라로 치면 막걸리와 비슷하다. 멕시코 특산 다육식물인 마게이 선인장을 돌로 눌러 받아낸 단맛 나는 액체를 하루 정도 발효시킨 서민 술로 알코올 도수가 낮다.
- 메스깔(Mezca) : 아가베 선인장으로 제조하며 수액을 오크통에서 약 30일정도 숙성시킨 후 증류한 것으로 데킬라보다 향이 강하고 알코올 도수가 높다.

5) 음료

멕시코인들은 전통 음료로 선인장 열매인 츄파(chufa)에 쌀을 불려서 물, 설탕, 계피 등과 함께 갈아 만든 '오르차타(Horchata)'를 마신다. 열대성 과일이나 하마이카라는 꽃을 갈아 넣기도 하며, 우유를 넣기도 한다.

| 오르차타

8. 멕시코의 식사 예절

• 멕시코인들은 예의 지키는 것을 굉장히 중요하게 생각한다. 초대받은 파티에 도착하면 먼저 손님들과 주인에게 악수로 인사를 나누어야 한다. 아는 사람이 있다고 그쪽으로 먼저 다가가는 것은 실례이다.

• 파티를 떠날 때에도 반드시 모든 사람들에게 인사를 한다. 여자들끼리는 볼과 볼을 대고 입으로 뽀뽀하는 소리를 내면 되고, 남자들인 경우에는 가볍게 포옹하고 악수를 나누면 된다.

• 안면이 있는 멕시코인에게는 가족의 안부를 묻는 것이 중요하다.

• 복장은 가급적 예의를 갖춘 단정한 복장을 한다.

• 간단한 선물을 지참하고(부담을 주는 비싼 선물은 금물), 술을 선물로 가져갈 때는 주인이 어떤 술을 좋아하는지 사전에 알아보고 가져가야 한다.

• 가급적 밝은 표정이 좋으며, 식사 시간 중 방문은 피해야 한다.

• 오랫동안 체류하는 것은 피하고, 특히 주인의 안내 없이 집안 내부를 둘러보지 말아야 한다.

• 식사 도중 소리를 내어 먹는 것을 매우 무례한 것으로 간주하므로 절대 소리를 내지 않도록 한다.

타코 (2인분 기준)

1 재료

토마토 1/2개, 쇠고기(다짐육) 100g, 고춧가루 1/2큰술, 카레가루 1/2큰술, 간장 1/2작은술, 튀긴 옥수수
또띠야 5장, 양상추 · 호박씨 · 건포도 · 소금 · 후춧가루 약간씩

2 만드는 법

① 토마토는 사방 1cm 정도로 네모지게 썰고 양상추는 가늘게 채 썬다.

② 고기는 고춧가루, 카레가루, 간장을 넣어 볶는다.

③ ②에 토마토를 넣어 볶다가 호박씨와 건포도를 넣고 계속 볶은 뒤 소금과 후춧가루로 간
한다.

④ 튀긴 옥수수 또띠야에 ③을 넣고 가늘게 채 썬 양상추를 얹어 장식한다.

또띠야(6장 기준)

1 재료

밀가루 1/2컵, 통밀가루 1/2컵, 무염버터 1큰술, 물 1/3컵, 베이킹 파우더 1작은술, 소금 약간

2 만드는 법

① 버터는 잘게 사각으로 썰어 준비한다.

② 밀가루와 통밀가루에 소금, 베이킹파우더를 섞은 후 엄지와 검지 두 손가락으로 버터를 밀가루에 문지른다. 버터가 덩어리지지 않고 밀가루와 섞일 때까지 계속 문지른다.

③ 물을 넣고 반죽한다.

④ 도마에 밀가루 2큰술을 뿌린 후 반죽을 굴리면서 단단하게 뭉쳐 상온에서 랩을 씌워 30분간 둔다.

⑤ 반죽을 6등분 한 후 한 덩이씩 밀대로 얇게 민다.

⑥ 코팅이 잘된 프라이팬을 불에 올리고 뜨겁게 달군 후 또띠야 반죽 1개를 팬에 넣고 바닥이 기포가 생겨 올라오도록 굽는다.

⑦ 앞뒷면 모두 기포가 생긴 위치가 갈색이 되도록 구워 완성한다.

2. 브라질

나라 이름: 브라질(Brazil)

수도: 브라질리아

언어: 포르투갈어

면적: 8,515,770㎢ 세계 5위(CIA 기준)

인구: 약 207,353,391명 세계5위(2017.07. est. CIA 기준)

종교: 가톨릭 약 74%, 개신교 약 15%, 전통신앙 외

기후: 열대우림, 아열대, 온대 기후

위치: 남아프리카대륙 중부

전압: 110V, 60Hz

국가번호: 55(전화)

GDP(명목 기준): 2조 0,809억$ 세계 8위(2017 IMF 기준)

GDP(1인당 기준): 1만 19$ 세계 67위(2017 IMF 기준)

www.brasil.gov.br

1. 개요

브라질은 포르투갈인 P.A. 카브랄이 2차 인도 파견 항해 도중 우연히 발견하여 1532년 카피타니아제에 의해 포르투갈의 식민지가 되었다. 브라질은 서구 세력이 들어오기 전의 아메리카 인디언 문화와 식민 정책의 일환으로 유입된 아프리카 흑인 문화, 스페인과 포르투칼의 문화인 '리베리아' 문화가 공존하며, 직접 손으로 일하는 것과 험한 것을 다루는 것을 천시한다. 또한, 그들은 말하기를 좋아하고, 화려한 언변술을 미덕으로 생각하는 문화를 가지고 있다.

초기의 브라질은 광대한 영토와 비옥한 토지를 바탕으로 커피, 사탕수수, 면화, 코코아 등 농업 생산에 의존하였지만, 금광의 발견으로 중공업과 무역으로 경제성장을 하였다. 브라질이 포르투갈의 식민 지배로부터 벗어난 이후 경제 도약을 위한 급

격한 변화를 꾀하게 되면서부터 커피 생산에 관심을 기울이기 시작하였다. 진한 커피향과 커피 수출로 잘 알려진 브라질은 현재는 세계 커피 생산량의 50~60%로 세계 1위를 차지하고 있다.

2. 역사

1) 1500년 이전

브라질은 식물이 잘 자라는 고온다습한 열대 기후로 풍부한 천연자원을 갖고 있고 굳이 곡식을 재배하거나 동물을 사육하거나 음식을 비축하지 않아도 수렵과 채집으로 먹고 살 수 있었기 때문에 음식문화가 그리 발달하지는 못했다. 토착민인 인디오들이 브라질의 음식문화를 정립하였는데, 그들은 육류와 넝쿨식물의 일종인 만디오카와 옥수수죽이나 옥수수를 뭉쳐 만든 빠몽냐(Pamonha) 등을 만들어 냈다. 고추를 선호하여 매운 음식도 만들어 먹었다. 원주민들은 적군의 육체를 먹음으로써 용맹성과 덕망을 얻게 된다는 믿음과 복수심에서 비롯된 식인 풍습을 가지고 있었다. 자연사로 죽은 자의 시체를 가족이 먹는 경우도 있었는데, 이는 죽은 자의 덕망을 그대로 전수받는다고 여긴 일종의 장례 방식이었다고 한다.

2) 1500년 이후

포르투갈이 브라질을 발견한 1500년 이후에 포르투갈 사람들이 인디언들을 지배하면서 사탕수수의 재배가 시작되었다. 16세기 이후에 포르투갈인은 사탕수수 밭 노동력을 충당하기 위해 브라질 사람들은 물론 아프리카의 세네갈, 가봉, 모잠비크 등지에서 흑인들을 데려왔으며, 강제 이주된 아프리카인의 음식문화는 자연스럽게 브라질 음식문화의 한 부분을 형성하게 되었다. 흑인 음식의 특징은 염분을 보충하기 위한 소금과 열병을 막아준다고 믿었던 마늘의 사용이 많은 것이다.

3) 17세기~19세기

17세기에는 포르투갈 외에도 많은 유럽인들이 브라질로 이민을 오게 되었다. 1822년에 독립국이 되었으나 많은 이민자들이 모여 다민족 국가를 이루게 되었다. 19세기에는 설탕 대신 커피가 브라질의 주요 수출품이 되었다.

3. 브라질 음식문화의 일반적 특징

브라질의 식문화는 원주민인 인디오와 흑인, 유럽인의 음식문화가 어우러진 특징을 띠고 있으며, 광활한 영토만큼이나 다양한 음식문화가 지역적으로 발달되어 있다.

- 인디오의 음식문화 : 가장 오랜 역사를 가지고 있으며 식물의 뿌리나 줄기, 열대과일 등을 그대로 먹다가 차차 삶거나 구워 먹었다. 바나나를 이용한 음식이 많은데, 특히 바나나를 말린 다음 얇게 썰어서 달걀과 설탕을 넣고 삶아서 만든 바나나 파이가 유명하다. 사냥한 짐승이나 아마존 강에서 잡은 물고기를 꼬챙이에 꿰어서 소금, 올리브, 고추, 후추, 계피 등의 양념을 사용하여 구워 먹는 요리가 전해지고 있다. 인디오의 음식은 허브의 사용이 많고 주로 당밀로 단맛을 낸다.
- 흑인의 음식문화 : 16세기에 노동력을 제공하기 위해 아프리카에서 이주해 온 흑인들은 음식에 소금과 마늘을 많이 사용하였다. 또한, 아프리카에서 '덴데(Dende)'라는 야자수를 가져와 그 열매에서 기름을 짜서 음식을 튀길 때 사용하였다. 덴데유는 지방을 풍부하게 함유하고 있어서 많은 노동을 하는 이들에게는 귀중한 열량 제공원이었다. 흑인 음식문화의 영향을 받은 대표적인 음식은 페이조아다(Feigoada)와 쿠스쿠스(Cuscuz)가 있다.
- 유럽인의 음식문화 : 유럽인들은 현재 브라질 인구의 절반을 차지하고 있으며,

각 유럽인의 특성에 따른 영향을 받았다. 이들은 주로 브라질 남부 지방에 뿌리를 내렸는데 포르투갈 사람들이 많이 거주하는 상파울로나 리오 데 자네이루에서는 포르투갈 전통 음식인 '해산물 대구요리'나 '달걀 감자 대구요리' 등이 유명하다.

4. 지역별 음식의 특징

1) 북부 지역

원주민이나 흑인들의 영향을 받은 토속적인 남미 음식문화를 가지고 있다. 브라질 북부 지역은 산소를 전 세계에서 1/3 정도 공급할 만큼 밀림이 울창하여 과일과 수산물이 풍부하게 발달하였다. 말린 새우와 양파, 토마토, 실란트로, 오크라 등을 한 냄비에 넣고 끓인 요리가 주요리이다.

- 마니쇼바(Manisoba) : 마니오카 국물에 훈제된 소의 혀·돼지머리·순대·햄·소시지 등 각종 고기를 넣고 하루에 걸쳐 끓여 고기의 형태를 알아볼 수 없을 정도로 졸인 것이다. 조리된 마니쇼바는 열대 지역임에도 불구하고 장기 보존이 가능하여 보름간은 두고 먹을 수 있다. 이로서 인디언들은 매일 사냥을 나가지 않아도 적절한 단백질을 섭취할 수 있었다.

2) 북동부 지역

북동부는 가장 빈곤한 지역으로 사탕수수와 감귤 농작, 석유 탐사, 관광업이 이 지역의 주요 산업이다. 건조한 날씨로 인해 소를 많이 키우며, 바닷가에 인접하여 해산물이 풍부하고 허브를 많이 사용한다.

- 바타파(Vatapa) : 생선·새우 등의 해산물과 야자즙, 덴데유 등의 지역 특산품을 사용하여 만든 스튜의 일종으로 음식에 곁들여서 나오는 가니쉬에 발라 먹으면 잘 어울린다. 땅콩, 양파, 마늘, 생강, 새우를 코코넛 과즙을 부은 식빵과

함께 갈면 노란색의 반죽이 되는데, 이것을 덴데유에 넣고 끓이다가 닭고기 국물에 넣고 끓여 걸쭉하게 한 것이다.

3) 남부 지역

남부 지역은 상파울로 등의 대도시가 있는 곳으로 유럽의 이민자들이 정착한 후 다양한 음식문화가 발달하였다. 독일 사람이 많은 지역은 낙농업의 영향을 받은 버터나 치즈 같은 유제품이, 이탈리아 사람이 많은 지역은 파스타가 발달했다. 리오 데 자네이루는 대구볼 요리와 야자열매를 넣어 만든 새우 요리가 유명하며, 상파울로는 엠파다, 호박파이, 브라질식 칠면조 요리가 대표적이다.

- 대구볼 요리 : 대구를 삶아 으깬 후 양파와 마늘 등 양념을 하고 삶아 으깬 감자와 밀가루를 뿌려 섞는다. 여기에 간하고 거품 낸 달걀흰자를 넣고 저어 반죽한 후 호두만한 크기로 만들어 빵가루를 살짝 묻혀 랩으로 싸서 한 시간 이상 냉장고에 넣어두었다가 꺼낸 후 끓는 기름에 노릇하게 튀겨낸 것이다.

- 보보 지 까마렁(bobo de camarao) : 새우에 양파, 마늘, 당근, 월계수잎 등을 넣고 물을 부어 40여 분간 끓이면서 육수를 만든다. 이 국물에 밀가루를 넣고 계속 저으면서 노릇노릇하게 익힌다. 야자수 열매와 고추, 파슬리, 부추 등을 잘게 썰어 넣고 저어주면 완성되며 이 요리는 쌀밥과 함께 먹는다.

- 엠파다(Empada) : 브라질 사람들이 즐겨먹는 만두 모양의 파이로, '감싸다', '포장하다'라는 의미를 가지고 있다. 만두의 속재료는 고기, 치즈, 위틀라코체, 채소, 과일 등 다양하다.

4) 중서부 지역

건조한 사바나 기후를 가진 중서부 지역은 민물고기, 소, 돼지가 풍부하고 옥수수, 쌀 등의 작물이 있다.

5. 일상식

브라질 음식은 전반적으로 간이 강해서 외식을 할 경우 간을 약하게 하려면 미리 이야기해야 한다.

1) 아침 식사

아침 식사는 빵과 커피, 주스에 각종 과일 등으로 가볍게 한다. 이를 '모닝커피'란 의미의 '카페 다 마냥(Cafe da manha)' 이라고 한다.

2) 점심

오전 11시~오후 2시 사이에 하며 오랫동안 포르투갈의 지배를 받은 영향으로 대부분의 나라에서 저녁 식사에 비중을 두는 것과는 달리 브라질에서는 점심에 더 비중을 두고 푸짐하게 차려 먹는다.

3) 저녁 식사

대체적으로 저녁 식사는 간단하게 해왔으나 세계적인 추세에 맞춰 최근에는 저녁 식사의 비중이 점차 커지고 있다.

6. 특별식

1) 결혼식 : 슈라스코(Churrasco)

남미에서 가장 먼저 방목을 시작한 브라질 남부의 카우보이나 가우쵸들이 즐겨 먹던 바비큐 요리이다. 1m 정도 길이의 쇠꼬챙이에 각종 육류와 어류, 채소를 꿰어

숯불에 돌려 가며 구운 요리로 현재는 결혼식이나 생일 등의 행사에서 빠져서는 안
되는 브라질의 대표 특별식이 되었다.

| 슈라스코

| 파인애플 구이

7. 대표음식

1) 페이조아다(Feijoada)

페이조아다는 주인이 먹다 남은 음식 재료를 흑인 노예들이 사용하여 만든 음식에서 비롯되었다. '페이조'는 '콩', '아다'는 '섞어서 짜다'라는 뜻의 포르투갈어이다. 이 요리의 주재료는 먹지 않고 버렸던 돼지의 코, 발 끝, 귀 같은 특수 부위이다. 이를 주워 콩과 함께 쪄 먹었던 데서 유래하며, 요즘은 남은 재료 대신 다양한 건조

| 페이조아다

식품, 돼지고기, 갈빗살, 소시지, 베이컨 등의 훈제고기를 사용한다. 하루 이상 큰 냄비에 넣고 삶아야 하기 때문에 대부분의 레스토랑에서 토요일 점심 요리로 제공된다. 칼로리가 높고 소화되는 시간이 오래 걸리므로 주로 저녁이 아닌 점심에 먹는다.

2) 쿠스쿠스(Cus Cus)

페이조아다와 함께 대표적인 흑인 음식이다. 아프리카의 이집트, 모로코에서 즐겨 먹는 음식으로 밀가루나 보릿가루를 수수 크기의 작은 반죽으로 만들어 먹는다.

| 쿠스쿠스

브라질에서는 옥수수가루로 반죽해 소금을 친 다음 삶아서 야자기름을 발라 먹는 형태로 변형되었다. 지금은 대량생산으로 보편적인 서민 음식이 되었다. 아침 식사 때 커피나 우유와 함께 먹기도 하고, 가벼운 저녁 식사에도 곁들여 먹는다.

3) 아카라제(Acaraje)

바이아 주에서 널리 먹는 간식류로 주로 노점상의 흰 옷 입은 여성들이 판다. 불

린 흰 콩의 껍질을 벗겨서 마늘, 양파와 함께 분쇄기로 갈아서 묽은 반죽을 만들고 소금과 후추로 간을 하여 팬에 크로켓처럼 튀긴 후 반을 갈라 해물이나 채소, 핫소스, 바타파 퓨레를 얹어 낸다. 반죽을 부칠 때는 덴데유를 사용한다.

4) 디저트

- 브리가데이루(Brigadeiro) : 연유, 버터, 코코아 파우더를 작은 볼로 만들어 구워 초콜릿 과자가루를 묻힌 디저트의 일종, 주로 아이들의 생일 파티에 제공된다.
- 낑징(Quindin) : 코코넛과 달걀로 만든 디저트로 마가린, 설탕, 달걀노른자를 섞은 후 코코넛가루, 치즈가루, 코코넛우유를 첨가해 오븐에서 중탕으로 만든다.

5) 음료

- 카차카(Cachaca) : 브라질의 대표적인 민속주로 사탕수수를 발효시켜 주조한다. 럼주와 비슷하나 알코올 도수는 더 높다. 과육을 으깨어 칵테일로 마시기도 한다.
- 포도주(Wine) : 브라질 사람들은 포도주를 물처럼 마신다고 할 정도로 포도주의 인기가 높다. 특히 남부 지역에서 생산되는 포도주의 질이 좋다.
- 구아라나(Guarana) : 사람의 눈을 닮아 '신비의 눈'이라 부르는 열매이다. 말려서 가루를 물에 타 마시면 청량감을 느낄 수 있으며, 브라질 사람들은 구아라나를 마시면 건강해진다고 믿었다.
- 커피(Coffee) : 브라질 커피는 세계 총 생산량의 50%를 차지하는 아라비카종으로 품질에 따라 산토스, 미나스, 리오 등의 등급으로 나눈다.

8. 브라질의 식사 예절

- 음식 그릇은 오른손으로, 빈 그릇은 왼손으로 잡는다. 브라질에서 오른손은 축복을, 왼손은 저주를 나타낸다.
- 식사 시에는 음식을 조금 남기고, 식사가 끝난 후에는 감사의 표시로 냅킨을 펼쳐 놓는다.
- 여자는 남자보다 먼저 포도주를 마시지 않는다.
- 물컵이나 술잔은 개인용을 사용하고 술잔을 돌리지 않는다.
- 국수류는 포크에 돌돌 말아 입을 그릇 가까이에 대지 않고 먹는다.
- 닭이나 칠면조 요리의 꼬리 부분은 가장 웃어른에게 드리는 것이 예의이다.

3. 아르헨티나

나라 이름: 아르헨티나 (Argentina)

수도: 부에노스아이레스

언어: 에스파냐어

면적: 2,780,400㎢ 세계 8위(CIA 기준)

인구: 약 44,293,293명 세계 31위(2017.07. est. CIA 기준)

종교: 가톨릭 약 92%, 개신교 약 2%, 그 외 유대교

기후; 아열대성 기후, 온대성 기후, 건조성 기후, 한대성 기후

위치: 남미대륙 남동부

전압: 220V, 50Hz

국가번호; 54(전화)

GDP(명목 기준): 6,198억$ 세계 21위(2017 IMF 기준)

GDP(1인당 기준): 1만 4,061$ 세계 55위(2017 IMF 기준)

www.argentina.gov.ar

1. 개요

남아메리카 대륙의 남쪽 끝에 위치한 아르헨티나는 이 대륙에서는 브라질 다음으로 큰 나라이다. 리드미컬하게 즐기는 탱고의 본향으로 잘 알려져 있으며, 찬란한 '황금빛 태양'을 품은 국기가 인상적이다. 국토는 4개 지역으로 구분될 수 있는데, 서쪽은 칠레와 국경을 이룬 안데스 산맥 지대, 북쪽은 비옥한 삼림 지대, 중앙부는 팜파스 대평원 지대, 남부는 기복이 심한 반사막 지대이다. 수도 부에노스아이레스와 그 주변의 팜파스는 온난하고 사계절이 뚜렷해 여름에 습도가 높은 것을 제외하면 대체로 쾌적한 편이다. 기후는 국토가 남북으로 길게 뻗고, 넓기 때문에 지역차가 크지만 대체로 따뜻한 편이다.

2. 역사

1) 신대륙 발견~18세기

아르헨티나는 신대륙 발견에서 반세기쯤 지난 16세기 중엽 이후 에스파냐 사람들에 의한 식민이 시작되었다. 16세기 말부터 식민지 건설이 본격화되고, 부에노스아이레스 건설의 기초가 다져졌다. 식민 사업은 페루에서 남하한 사람들을 중심으로 북서부부터 시작되었으며, 17세기까지 13개의 에스파냐인 도시가 형성되었다. 그러나 당시에는 유럽인보다 인디오가 더 많았고, 광물 자원도 적었기 때문에 이렇다 할 발전을 이룩하지 못하였다.

대부분의 중남미 국가에서 그렇듯이 스페인과 포르투갈계에 의한 식민 지배 이후 음식문화 역시 양분적인 모습을 보이게 되었다. 옥수수, 감자, 호박, 고추, 타피오카(마니옥), 토마토 등의 원산 식물을 기초로 한 인디언 음식문화와 스페인과 포르투갈계의 음식문화가 혼합된 양상을 띠고 있다. 다만 소득이 높을수록 서구 문화의 영향을 더 받았고, 도시에서 멀리 떨어져 있거나 소득이 낮을수록 전통 식품을 많이 소비하는 경향이 있다.

2) 19세기~20세기

19세기 초, 유럽 시민혁명의 영향과 함께 나폴레옹군의 에스파냐 본국 정복 등이 동기가 되어 본국으로부터의 독립을 선언하고 임시정부를 수립하였다. 그 후 내란을 거쳐 1816년 7월 9일 투쿠만 회의에서 부에노스아이레스를 수도로 하는 중앙 집권적 공화국(라플라타)의 성립을 선언함으로써 비로소 아르헨티나의 독립과 통일이 달성되었다. 농업 중심 경제의 아르헨티나는 20세기 초 대공황의 여파를 겪으면서 산업중심 경제로의 변신을 꾀했다. 이때 늘어난 노동자의 지지에 힘입어 페론 정권이 등장했다.

3. 아르헨티나 음식문화의 일반적 특징

- 아르헨티나 중앙부의 팜파스에서 방목 목축을 함으로써 육식 위주의 식생활이 발달하였고 밀, 옥수수 등의 농업이 성행하였다.

팜파스(Pampas)란?
남아메리카 중위도 지역 저지대에 있는 평야를 말한다. 팜파스라는 말은 남아메리카 원주민의 말로 초원을 뜻하는 말로서 아르헨티나의 부에노스아이레스, 라팜파, 산타페 및 코르도바 주와 브라질의 히우그란지두술 주, 그리고 우루과이에 걸쳐 있다. 19세기경부터 개간되었으며 처음에는 주로 양을 길렀다. 그 후 철도와 해운의 발달, 냉동선의 발명 등으로 세계적인 쇠고기 생산 지역이 되었으며, 최근에는 밀 재배가 활발하다.

[출처] http://ko.wikipedia.org/wiki/%ED%8C%9C%ED%8C%8C%EC%8A%A4

- 아르헨티나는 세계 제4위의 쇠고기 소비국으로, 우리나라의 주식이 쌀이라면 아르헨티나의 주식은 쇠고기이다. 목축업이 아르헨티나 경제의 바탕을 이루고 있으며, 축산업은 아르헨티나에서 곡물 농업과 함께 가장 유래가 깊은 산업이다.
- 스페인의 영향으로 외식 문화에 식사 시간이 정해져 있다. 식당이나 음식점을 가면 아무 때나 식사를 할 수 있는 것이 아니라 점심은 정오~오후 3시, 저녁은 주중에는 밤 8시 이후에 열고, 주말에는 밤 11~12시 이후에 연다. 한 끼 식사에 소요되는 시간은 2~3시간 정도로 여유롭게 먹는다.
- 우리나라와는 반대로 돼지고기가 쇠고기에 비해 약 2배 정도 비싸므로 돼지고기를 이용한 요리는 고급 요리에 속한다. 돼지 역시 소처럼 방목하여 사육한다.
- 아르헨티나 전체 인구 중 40%에 달하는 사람이 이탈리아계 이민자들의 후손이기 때문에 스파게티, 마카로니, 라비올리 등 이탈리아 계통의 분식을 많이 먹는다.

4. 지역별 음식의 특징

아르헨티나 와인 산업은 16세기 중반 이후부터 일찍이 시작되었고, 본격적으로 세계 시장에 부각되기 시작한 것은 1990년대에 이르러서이다. 자국의 와인 소비량 충족을 위한 저렴한 테이블 와인 위주의 내수시장에서 벗어나 선진국의 양조법을 배우고 고품질의 와인을 생산하여 세계 시장으로 진출하는 길을 모색하면서 아르헨티나 와인 산업은 비약적인 발전을 거듭하게 되었다. 이로써 현재는 칠레보다도 4배 가량 많은 생산량을 자랑하는 세계 5위의 와인 생산 대국으로 부상하고 있다.

1) 멘도사 주

아르헨티나의 멘도사 주는 아콩카구아, 투푼가토, 준칼 등의 높은 봉우리들과 연결되어 세계에서 가장 고도가 높은 와인 생산 지대로 유명하다. 미네랄 성분이 풍부하고, 전형적인 알칼리성 토양으로 이곳의 생산량은 전국 생산량의 약 70% 이상을 차지한다. 고급 아르헨티나 와인의 80%는 멘도사에서 생산된다. 이 지역에 7개의 와이너리를 소유하고 있는 트라피체는 세계에서 가장 잘 알려진 아르헨티나 와인 브랜드 중 하나로 세계 4위, 남미 제1의 와인 그룹이자 아르헨티나의 대표적인 수출 브랜드이다. 또한, 여러 시상식에서 베스트 와인으로 선정되어 '트리플 크라운'이라는 칭호를 얻은 바 있다.

5. 일상식

1) 아침 식사

아르헨티나인들은 대개 아침 식사는 주스와 빵, 햄, 우유 또는 커피 한 잔 정도로 간단하게 때우는 수준이다.

| 아르헨티나 타르트

| 스콘

2) 점심, 저녁 식사

점심에는 육류와 적포도주를 곁들여 푸짐하게 먹고 이는 저녁 식사에서도 마찬가지이다. 적포도주는 술이라기보다 육식을 할 때 곁들이는 음료 정도로 인식하고 보통 500ml 정도를 마신다.

- 엔트라다(Entrada)는 전채요리로 햄, 소 내장 요리 등을 먹는다.
- 주요리로는 비페 데 로모(Bife de lomo) 또는 비페 데 초리조(Bife de choriso)라는 쇠고기 스테이크와 엔살라다(Ensalada)라는 채소 샐러드가 나온다. 고기 스테이크의 양은 우리나라 2~3인분에 해당하는 것이 1인분으로 보면 된다.
- 후식으로는 각종 아이스크림, 과일 등을 먹으며 대개는 플란(Flan)이라는 푸딩과 비슷한 후식을 즐긴다.

| 비페데모로

6. 대표 음식

1) 아사도 콘 쿠엘로 (Asado con cuero)

| 아사도

아르헨티나식 숯불구이로 껍질째 구운 쇠고기를 말한다. 2년생 송아지 한 마리를 통째로 5시간 동안 굽는데 이는 남자들만 만들 수 있다. 다른 양념은 하지 않고 굵은 소금만 뿌려서 간을 맞춘다. 오레가노·파슬리·칠리·마늘 등으로 만든 치미추리 소스를 곁들여 먹는다.

2) 엠파나다 (Empanadas)

| 엠빠나다

엠파나다는 밀가루 반죽 속에 고기나 채소를 넣고 구운 만두의 일종으로 아르헨티나의 보편적인 가정식 중 하나이다. 북서 지방의 것이 유명한데 겉모양은 우리나라의 송편과 비슷하다. 지역에 따라 재료와 요리 시간에 차이가 있으며, 껍질이 바삭바삭한 게 특징이다. 흔히 다진고기·소시지·베이컨·삶은 달걀·양배추·버섯·치즈·건포도·올리브·양파 등을 넣고 반죽한다.

3) 푸체로 (Puchero)

수프나 스튜 같은 핫팟 요리로 주로 시골에서 즐겨 먹는다. 각종 채소와 덩어리 고기를 넣어 삶은 국에다 쌀 또는 국수를 넣어 만든다. 뼈를 넣고 함께 끓이기도 하며, 채소로는 마늘·양파·파슬리·호박·당근·양배추·고구마 등이 들어간다. 과일을 섞어 요리하는 경우도 있다.

ㄴ) 예르바 마테(Yerba mate)

마테차는 아르헨티나의 전통차로서, 오목한 그
릇에 1/2~1온스의 차에 약간의 설탕을 넣고 뜨거
운 물을 부어 봄비라(Bombilla)라는 찻잎을 걸러
주는 빨대로 마신다. 여러 사람이 손에서 손으로,

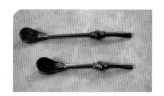

| 봄비라

입에서 입으로 돌려가며 마시기 때문에 비위생적으로 보일 수도 있으나 만약 마시기
를 거절한다면 이는 큰 결례이다.

7. 아르헨티나의 식사 예절

* 음식을 먹을 때 소리내어 씹으면 안 된다.
* 식사 중에 영국에 대한 칭찬이나 두둔하는 것을 피한다.(포틀랜드 전쟁으로 인
  한 영국에 대한 적대심이 아르헨티나인 들에게 남아 있음.)
* 식사 중에 가족에 대한 개인적인 질문을 하면 예의에 어긋난다.
* 큰 접시의 음식을 각자의 식기에 먹을 만큼 스스로 덜어서 먹는다.
* 일반적인 식사 예절은 유럽과 비슷하다.

4. 페루

나라 이름: 페루(Peru)

수도: 리마

언어: 에스파냐어, 케추아어, 아이마라어

면적: 1,285,216㎢ 세계 20위(CIA 기준)

인구: 약 31,036,656명 세계 43위(2017.07. est. CIA 기준)

종교: 가톨릭 약81% 그 외 다수

기후: 아열대성 기후, 열대성 기후

위치: 남아메리카중부

전압: 110V, 220V, 50Hz

국가번호: 51(전화)

GDP(명목 기준): 2,100억$ 세계 47위(2017 IMF 기준)

GDP(1인당 기준): 6,598$ 세계 84위(2017 IMF 기준)

www.peru.gob.pe

1. 개요

페루를 포함한 남미 국가들은 안데스 산맥에 걸쳐 있는데 브라질, 에콰도르, 아르헨티나, 베네수엘라, 콜롬비아, 볼리비아, 파라과이, 칠레, 우루과이 등이 있다. 이 국가들은 스페인과 그 외 유럽 국가들에 의해 16세기부터 식민지가 되었다는 공통점이 있다. 따라서 남미 전반의 음식문화는 토착 식재료와 조리법에 이곳 유럽인들의 음식문화가 융합되어 현재에 이르렀다는 점이 같다. 페루에서는 여기에 더해 음식문화의 형성에 있어 안데스 산맥으로 인한 극한 지형과 기후의 영향을 받았다.

2. 역사

1) 기원전 2만 년~기원후 8세기

원시 수렵 농경시대인 기원전 2만 년에서 기원전 10세기까지 안데스 산악 지대를 중심으로 몽골계 원주민이 거주하였고, 이후 이들이 고대 토착 문화를 형성하였다. 그러다 1세기까지 정착 농경 문화를 형성해 이들이 만든 토기·피라미드 등의 신전이 아직까지 남아 있는데 이 시기를 차빈 문화로 부른다.

기원전 3세기~기원후 8세기의 제1기 지역 문화 시기를 거쳐 8~12세기의 통일 국가 형성기를 티아우아나코 문화로 부르며, 이후 15세기까지를 제2기 지역 문화 시기로 부른다.

2) 기원후 15세기~잉카 지배 시기

15세기에 이르러 망고 카파크가 나타나 잉카(태양의 아들)가 페루 전역을 지배함으로써 케추아족의 잉카 제국이 탄생하였는데, 전성기에는 콜롬비아 남부에서 칠레 중부에 이르기까지 1200만 명에 달하는 백성과 광대한 지역을 다스렸다. 그들은 정비된 정치 조직을 바탕으로 관개 농업을 발전시켜 서유럽을 능가하는 문명을 이룩하였고, 특히 거석을 이용한 건축술, 도시계획·의술 등에 뛰어났다.

3) 1532년~1824년

1532년, 에스파냐의 F.피사로에게 정복된 후 300년 동안 에스파냐의 식민지로서 그들의 지배를 받았다. 에스파냐는 1535년 리마에 부왕청(副王廳)을 설치, 인디오를 노예로 삼아 금과 은을 채굴함으로써 남아메리카에서 가장 큰 부(富)를 누렸다. 그러나 에스파냐 귀족들의 영화도 1781년 콘도르캉기(투파크 아마르)가 이끄는 인디오들의 대규모 반란을 계기로 서서히 내리막길을 걷기 시작한다. 1814년 각지에서 반란이 일어났으나 인디오들의 적극적인 호응을 얻지 못하는 등 우여곡절을

겪다가, 1821년 7월 '페루의 보호자'로 불리는 아르헨티나의 산 마르틴 장군이 리마로 들어와 페루의 독립을 선포한 뒤, 시몬 볼리바르가 다시 리마에 입성(入城)해 1824년 아야쿠초 전투에서 에스파냐군을 격파함으로써 독립을 달성하였다.

[출처] 페루의 역사 | 네이버 백과사전

3. 페루 음식문화의 일반적 특징

• 위도 상 열대권과 아열대권에 속하는 페루는 실제 태평양 연안을 따라 5000m 이상의 안데스 산맥이 이 나라를 3개의 지역으로 나누어 독특한 기후를 보이게 하였으며, 이에 따라 음식문화도 달리 나타난다.

① 해안 지대

여름에도 더위가 심하지 않고 연중 온난다습하다. 인구의 약 30% 이상이 해안 지역에 거주하며 수산업이 발달해 어획량이 많다. 해산물을 이용한 요리가 많고, 레몬이나 과즙을 이용한 소스류를 먹는다.

| 치차 모라다

② 산악 지대

해발고도 4000m이상의 고지인 안데스는 산맥의 중간 위치에 인구의 약 37% 정도가 거주하고 있으며, 이들은 대체로 인디오들로, 토막집이나 움막에 살면서 음식을 수프처럼 끓여 먹거나 데쳐 먹는 방식이고, 옥수수를 끓여 설탕을 혼합한 치차(Chicha)라는 음료를 마신다. 여름에는 아열대 기후, 겨울에는 한랭 기후를 보인다. 면화, 커피, 사탕수수 같은 농산물이 주요 수출품이 되었다.

③ 밀림 지대

국토의 절반을 차지하고 있는 밀림 지대지만 약 12% 정도의 인구가 거주하고 있다. 이들 원주민들은 국가의 밀림 개발에 반대하며 조상 대대로의 물려받은 땅을 지키고자 한다. 원유와 가스 금이 다량 내재하여 있었으며, 연중 고온다습한 열대성 기후를 보인다.

4. 지역별 음식의 특징

1) 안데스 고원 지역

- 감자 요리 중심 지역 : 고산 지대가 많은 지형으로 뿌리작물이 잘 자라고 특히 감자는 잉카인들이 안데스 산지에서 처음 재배했던 작물인 만큼 고지대에 위치한 페루에서 특히 중요한 식품이 되었다. 매 식사 시마다 감자를 먹으며, 감자를 이용한 스낵류를 간식으로 자주 이용한다. 종류로는 100여 종이 넘는 감자가 재배되고 있다. 오코파(Ocopa)는 페루의 전형적인 요리로 삶은 감자에 치즈 소스와 고추, 땅콩 등을 얹은 것이다. 감자를 저장하는 방법이 독특한데, 밤사이 감자를 들판에 펼쳐 놓아 얼게 한 후 발로 밟아 물기를 제거한 후 낮 동안 햇빛에서 건조시킨다. 이것을 츄뇨(Chuno)라고 한다. 고구마 역시 이 지역이 원산지이다.
- 그 외 요리 : 안데스의 고원 지역에서는 옥수수도 재배가 잘된다. 가루로 만들어 빵의 제조에 사용하고. 바나나는 칩(Chip)이나 스프로 사용하기도 한다. 옥수수를 이용한 요리에 고추를 많이 사용하며 자극적인 맛을 좋아한다. 그러므로 다진 생고추, 양파, 소금 등을 섞은 살사 데 아지(Salsa de aji)라는 소스가 매끼 식사에 오른다.

2) 해안 지역

해산물이 주된 식품인 해안 지역에서는 세비체 (Ceviches)가 유명하다. 특히 간단한 요리법으로 세비체는 생선살, 관자, 게살 등을 잘게 잘라 레몬, 라임, 오렌지 등 새콤한 과일즙에 재워 스낵 또는 맥주 안주나 간단한 식사로 먹는 음식이다.

| 역돔 세비체

5. 대표 음식

1) 꾸이(Cuy)

쥐목 고슴도치과인 꾸이는 '기니피그'라고 부르는 설치류의 일종으로 부엌에 놓고 키우는 동물이다. 마을 축제나 성찬이 필요한 날 꾸이를 잡아 통으로 튀기거나 가마에서 구워 먹는다. 닭과 토끼의 맛을 섞은 듯이 육질이 부드럽고 맛이 고소하다. 꾸이는 단백질이 부족한 이 지역의 중요한 영양 공급원으로 우리나라로 치면 보신용이다. 이는 안데스 고원이 해발 5000m에 이르는 고지대라 양, 소, 닭 등의 가축 사육이 어렵기 때문에 육식을 하기 어려운 환경에서 잉카인들이 낸 지혜이다.

2) 차르키(Charqui)

라마(Llama-아메리카 낙타, 낙타과) 고기를 넓적하게 잘라 바싹 말린 안데스의 별미식이다. 춥고 건조한 산악 기온과 강한 햇빛을 이용하여 냉동 건조시켰으며, 육포의 일종으로 오랜 기간 저장해 놓고 먹었다. 알맞은 크기로 찢어서 스프에 넣은 뒤 끓여 먹는다.

6. 페루의 식사 예절

- 식사를 하기 전 남녀를 불문하고 인사로 악수를 한다.
- 식사 중 대화를 할 때 가족의 안부를 묻는 것이 예의이다.
- 음식을 남기지 않고 다 먹어야 한다.
- 음식을 남겨야 할 경우 주인의 마음을 상하지 않게 해야 한다.
- 오른손에 나이프, 왼손에 포오크를 쥐며 양손은 항상 테이블 위에 올려둔다.
- 식사 중에 책을 읽어도 무방하지만. 음식 씹는 소리가 들려선 안 된다.
- 웨이터를 부를 때는 손바닥을 밑으로 하고 손짓하여 부른다.
- 식사 중 대화할 때에는 상대방의 눈을 마주 바라보고 한다.
- 한쪽 다리를 다른 쪽 무릎에 올려놓지 않는다.
- 식사 후 팁은 내가 받은 서비스에 대한 예의이다.

| 로모 살따도

| 아르스꼰 레체

5. 미국

나라 이름: 미국 (United States of America)

수도: 워싱턴 D.C.

언어: 영어

면적: 9,833,517㎢ 세계 3위(CIA 기준)

인구: 약 326,625,791명 세계 3위 (2017.07. est. CIA 기준)

종교: 개신교 약 51.3%, 가톨릭 약 23.9%, 몰몬 약 1.7%

기후: 온대성 기후, 냉대성 기후

위치: 북아메리카 대륙 중부

전압: 110V~120V, 60Hz

국가 번호: 1(전화)

GDP(명목기준): 19조 3,621억$ 세계 1위(2017 IMF 기준)

GDP(1인당기준): 5만 9,495$ 세계 7위(2017 IMF 기준)

www.usa.gov

1. 개요

미국은 북아메리카 대륙의 48개 주와 알래스카 · 하와이를 포함하여 50개 주로 구성되어 있으며, 광활한 면적과 다양한 기후, 그리고 많은 인종으로 구성된 나라이다.

넓은 땅만큼 구리, 은, 아연, 금, 석탄, 원유, 천연 가스 등 천연자원이 풍부하며, 자연환경이 양호하고 비옥한 토지를 가지고 있어 쌀농사를 비롯해 낙농업, 축산업, 임업, 어업 등이 발달하였고, 세계의 주요 식량 수출국이기도 하다.

미국에도 음식문화가 있느냐고 묻는 사람이 있다. 이는 미국이란 나라가 여러 나라에서 몰려든 이민자들로 형성된 짧은 역사의 나라이니만큼 전통적으로 내려오는 음식이 있을 리 없다란 뜻일 것이다. 하지만 미국의 음식문화는 미국 원주민의 식생활 문화와 초기 식민 세력이었던 스페인과 프랑스의 식생활 문화, 그리고 그 후 미국의 지배 세력이 된 앵글로 색슨계의 식생활 문화 등이 기초를 이룬 바탕 위에 다민족 국가인 미국을 이루고 있는 각 민족의 음식문화가 혼합되어 있다. 이민족들은 동일한 언어와 관습을 가진 이웃끼리 서로 모여 살면서 돕고, 주말이면 한자리에 모여 각자 만든 친숙한 음식을 나누며, 집에서 만든 와인, 맥주, 네덜란드산 진 등을 서로 나누었다. 이와 같이 새로운 이민 생활에 적응하기 힘든 상황에서도 자기 나라

의 고유한 식사 전통은 여전히 편안함과 자부심의 원천이 되었고, 개인과 가정에서 부터 이제는 식당과 민속 축제에 전통적인 음식을 즐길 수 있게 되었다. 따라서 이탈리아, 프랑스, 멕시코, 중국, 일본 등 다양한 음식을 즐길 수 있을 뿐 아니라 여러 세계의 음식이 퓨전화 되어 미국풍의 새로운 향토 음식으로 그 영역을 잡아가고 있다. 동양에서 들여간 두채와 숙주나물 요리는 이제 완전히 미국화해 버렸고 팝콘, 콘 크리스피(Corn Crispy) 등의 인디언 음식이 미국 식품화되었다. 두부, 라자니아, 크루아상, 참치 샌드위치 등은 이런 음식의 대표적인 예라고 할 수 있다.

2. 역사

- 1850~1889 – 식품 생산, 가공, 저장, 유통 등 음식 산업이 발달. 미국 근대 음식 체계의 기초를 마련
- 1890 – 통조림 및 간편하게 먹을 수 있는 다양한 가공식품이 늘어남
- 제2차 세계대전 후 – 설탕, 유지류, 육류, 달걀, 우유, 냉동식품의 소비가 증가, 미국 음식문화의 기초가 확립
- 1940년대 미국식 패스트푸드 산업 시작
- 1980년대 이탈리아 음식문화 확산
- 1990년대 멕시코 음식문화 확산
- 최근 – 동양 음식문화가 섞여 많은 민족의 음식 문화가 존재하면서 혼합

1) 1400년대~1600년대

1492년 스페인의 콜럼버스가 신대륙을 발견하고 1565년 최초의 이주민이 정착한 길지 않은 역사를 가진 나라가 미국이다. 처음 이주해 온 스페인을 비롯하여 영국, 프랑스와 같은 유럽과 아시아 등의 전 세계 다민족이 모여 살고 있다.

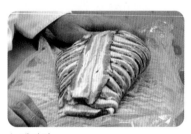
| 베이컨

| 육포

초기에는 토착민인 인디언의 영향으로 멕시코와 마찬가지로 옥수수를 많이 사용했다. 찌거나 굽거나 그냥 먹기도 하였고, 옥수수가루로 쑨 죽과 빵을 만들어 먹고 이외에 콩, 호박이 중요한 재료가 되었다. 여기에 노예로 데려온 아프리카 사람들이 여러 가지 곡물의 씨앗을 가져와 식탁을 더욱 풍성하게 하였고 잡은 고기를 바비큐로 조리하는 방법, 연기에 그을려 훈제하는 방법 등을 알려주면서 미국식 조리 문화가 발달한다. 초

기 이민자들은 토지를 개척하고, 생존을 위하여 투쟁해야 했기 때문에 품위 있는 생활을 즐길만한 여유가 없었다. 또한, 그들의 풍부한 식량 자원과 개척자 정신은 좋은 빵을 만드는 방법을 개발하는 데에도 크게 기여하였고, 이 시기에 베이킹파우더가 개발되기도 했다.

2) 1700년대~현재

1620년대 캐나다의 아카디아(현재의 노바스코티아)에 이주해 살던 프랑스인들이 1755년 이곳을 점령한 영국인들에 의해 미국 남부의 루이지애나 주로 강제 이주된다. 여기서 프랑스인들이 발전시킨 요리가 '케이준'이며 이 요리는 고향인 프랑스와 새로운 지방인 루이지애나 주의 요리법이 합쳐진 형태가 되었고, 약간은 인디언과 스페인의 영향도 더해지게 되었다. 1890년경에 생겨나기 시작한 미국식 요리는 주스나 샐러드 요리의 진보를 촉진시켰고, 제1차 세계대전을 계기로 통조림 및 기타 보존 식품 공업이 급속히 발달하였다. 이것이 일반화되면서 식품의 가공 공정이 다양해져 가공식품도 늘어났다. 최근 동양에서 개발된 건강식인 콩 제품과 착유 기술이 발전함에 따라 콩기름의 소비가 증가되고 있다. 최근에는 일본의 초밥이 상류 문화의 한 상징으로 여겨지면서 동서양의 재료와 요리 방법을 융합해 만드는 퓨전 음식이 유행하기 시작했다. 20세기 초에 이탈리아 사람들이 이민을 오면서 파스타가, 제2차 세계대전 후 유럽에 파병 나갔던 군인들이 돌아오면서 피자가 들어왔다. 원래 이탈리아 피자는 도우가 얇고 토핑은 한두 가지 정도로 조금만 올려 담백하게 만들지만 미국식은 두꺼운 도우에 토핑을 얹어 올린다. 특히 시카고에서 처음 만들기 시작한 딥 디쉬 피자(Deep Dish Pizza)가 유명한데, 이 피자는 도우보다 토핑이 더 두껍다. 햄버거와 소시지는 독일 이민자들을 통해 들어왔으며, 능률과 간편성이 맞아떨어져 오늘날 가장 미국적인 음식으로 자리 잡기도 했다. 중국인 특히 광동인들이 많이 들어와 딤섬 요리를 전파했고, 본토에는 없는 중국요리인 로메인(Lo Main), 찹수이(Chop Suey) 등을 만들어냈다. 베트남전 이후 베트남의 쌀국수가 들어왔고, 태국음식 전문점도 늘어났다.

3. 미국 외식산업의 발전 과정

미국의 외식산업은 1827년 델모닉 (Delmonicos)사가 레스토랑을 창업하면서 시작되었다고 볼 수 있으나, 이때는 음식을 제공하는 점포의 기능만 수행했다. 1950년에 들어서면서 패스트푸드 업체인 맥도널드 (Macdonald, 1955)와 켄터키 프라이드치킨 (Kenturkey Fried Chicken, 1952)·데니

| 포테이토 칩

스 버거킹(Dennys Burger King, 1954)·피자헛(Pizza Hut, 1958) 등의 창업으로 본격적인 외식의 산업화가 진행되었으며, 이들은 대규모 프랜차이즈의 시발점이 되었다. 특히 맥도날드의 운영 방침인 QSC(Quality, Service, Cleanliness) 시스템은 외식산업의 본격적인 공업화 시대를 전개하는 바탕이 되었다. 1960년, 프랜차이즈 시스템이 도입되면서 외식업계의 기업화가 진행되고 경영 기능 또한 강화되었다. 이 시기에 원가 절감이 가능하고 통제와 관리가 편리한 체인 기업의 경영이 확립되었다. 제1·2차 오일 쇼크를 겪은 1970년에는 기업의 경영에 변혁이 추구되어 경영 체질이 강화되었으며, 미국의 외식 기업 외국 진출로 인해 외식 기업의 국제화가 이루어진 시기로 패스트푸드 점포의 급성장이 이루어지고 전 세계로 보급되었다. 1980년대에는 소비자의 욕구가 건강 지향적으로 되어가면서 일반식과 건강식의 조화로운 메뉴 개발 등 외식업체의 운영 방침을 고객의 욕구 충족에 두고 필요한 전략에 주력하게 되었다.

미국인의 생활관은 우리가 생각하는 것보다도 훨씬 효율적이며, 음식문화에도 그러한 면을 많이 엿볼 수 있다. 패스트푸드는 바쁜 사회생활에 식사의 편리함을 추구하여 효율적인 조리 시간과 식사 시간의 운영으로 불필요한 시간을 최대한 줄여보려는 미국인의 합리적인 사고의 부산물이다. 최근의 웰빙(Well-being) 열풍으로 인한 건강에 대한 높은 관심과 고칼로리 식품을 기피하는 경향은 또 다른 합리적 음식문화를 창출하는 계기가 될 것이다.

4. 미국 음식문화의 일반적 특징

- 간편식을 지향한다.
- 실용성을 중시한다.
- 식생활에 소비되는 비용, 시간과 노력을 절약하기 위한 방편으로 냉동식품, 반조리식품을 즐겨 먹는다.
- 육류와 감자 위주의 식생활을 한다.
- 먹는 양이 많고, 단맛이 강한 후식과 음료를 좋아한다.
- 식재료가 다양하지 않고, 강한 향신료를 사용하지 않는다.
- 음식은 미리 양념하지 않고 조리 후 소스를 얹어서 먹는다.
- 오븐을 사용하는 조리법이 많다.
- 전 세계의 음식과 퓨전 음식을 먹는다.
- 최근에는 능률과 건강을 고려한 건강식(No fat, No salt, No sugar)을 먹으려고 노력한다.

➡ 흔히 우리는 미국의 음식문화는 특별한 게 없다고 말한다. 고작해야 핫도그와 햄버거, 아메리칸 커피에 커다란 스테이크, 코카콜라와 패스트푸드라는 식으로 우리는 미국의 음식문화를 단정해 버린다. 그러나 미국의 음식문화는 나름대로의 특징이 있다. 전 세계 음식이 미국 땅에 들어와 섞이고, 융화해 독특한 아메리칸 풍의 음식을 만드는 나라, 이제 미국은 또 하나의 능률을 보여주고 있는 것이다. 건강과 능률이 타협된 새로운 형태의 아메리칸 푸드, 그것이 비록 국적 불명의 요리라도 능률적이라면 끊임없이 변화하고자 하는 것이다. 아메리카의 음식문화는 그래서 더욱 능률적으로 보이는 것이 아닐까 싶다.

5. 지역별 음식의 특징

미국 지역은 북동부, 중서부, 서부, 남부, 하와이 지역 등 5개 지역으로 나눌 수 있는데 이들 지역은 풍토, 기후 등의 지리적 환경이 달라 산출되는 주산물과 특산물이 다르다. 또한, 각 지역마다 역사적으로 어떤 민족의 영향을 받아왔는가도 차이가 있기 때문에 미국의 음식문화는 한 가지 유형으로 설명하기보다는 각 지역 단위로 나누어 설명하는 것이 보다 타당하다.

1) 북동부 지역

메사추세츠, 뉴햄프셔, 버몬트, 뉴저지, 뉴욕, 펜실베니아 등의 주가 북동부 지역에 속한다. 이 지역은 영국과 독일 이민자들에 의해서 개척되어 영국과 독일 음식의 특성이 강하다. 초기에 뉴잉글랜드 지역으로 이주한 영국인들은 바닷가

| 크램 차우더

에 정착해 생활하였으므로 대구, 조개류, 바닷가재 등의 각종 어패류를 주요 식재료로 사용했다. 이 지역의 대표적인 음식인 크램 차우더(Clam chowder)는 대합조개, 굴, 새우 같은 해산물과 감자, 양파, 옥수수 등의 곡류에 우유를 넣고 걸쭉하게 끓인 스프이다. 또한 크랜베리, 자두, 양파 등 야생에서 과일과 식물을 채취하여 생선과 함께 돼지기름에 조리하여 먹기도 하였다. 토착 인디언들로부터 옥수수의 식용법을 배운 영국인들은 옥수수 케이크인 배녹(Bannock), 옥수수 반죽을 튀긴 자니케이크(Johnnycake), 소금에 절인 옥수수와 콩을 돼지고기·베이컨·크림과 함께 조리한 수코타슈(Succotash) 등 자신들의 입맛에 맞춘 요리로 개발하였다. 주로 걸쭉한 스프나 스튜, 푸딩을 즐긴다.

2) 중서부 지역

일리노이, 오하이오, 미네소타, 위스콘신 등이 속해 있는 중서부 지역은 대부분이 곡창지대로 쓰이는 평원이다. 주산업은 농업이며, 주요 생산물은 밀과 옥수수를 비롯한 곡식, 각종 가축과 가축의 부산물, 그리고 과일이다. 오대호를 끼고 있는 지역은 상업적 어업이 발달했다. 특히 송어요리가 유명한데, 허브를 녹인 버터에 구운 송어와 감자를 적셔먹는다. 미네소타, 미시간, 위스콘신은 스멜트(Smelt)라는 빙어로 만든 요리가 알려져 있다. 노스다코다는 떫은 초크체리와 붉고 강한 신맛의 크랜베리, 서양 자두인 프룬이 유명하다. 사우스다코다는 초크체리와 씨 없는 야생 건포도가, 위스콘신은 블루베리, 허클베리 등 각종 산딸기류 열매와 사과, 체리 등의 과일이 유명하다. 미시간 중부 지역에서 꿀은 과수산업의 중요한 부산물이다. 중서부 지역은 미국의 대평원으로, 곡물과 과일이 풍부한 지역이다.

3) 서부 지역

애리조나, 콜로라도, 알래스카, 캘리포니아, 오리건, 워싱턴 등이 여기에 속하고 하와이를 서부 지역에 포함시키기도 한다. 높고 험준한 산맥들이 많고 그 사이에 많은 고원과 분지가 있고 서쪽으로 갈수록 농사짓기에 적합한 토지가 드물고 비가 적어 목초지와 목장이 발달했다. 따라서 소와 말을 방목하는 경우가 많다. 미국인의 22%가 서부 지역에 살고 있고 그중의 절반은 캘리포니아에 거주하고 있다. 과일, 채소, 면화가 많이 생산된다. 남부 지역의 음식과 비슷한 것이 많으나 그 맛이 남부보다 덜 매운 것이 특징이다.

4) 남부 지역

채소와 과일이 풍성하고 멕시코만과 대서양에 면한 지역의 해산물이 풍부하여 다른 지역보다 생선, 게, 새우 등 해산물을 이용한 음식이 다양하다. 이 지역의 음식은 인디언, 스페인, 프랑스, 아프리카, 멕시코 요리가 섞인 매콤한 음식이 많고 맛도 있다. 서부 지역의 캘리포니아 음식과 함께 흔히 '텍스-맥스(Tex-Max)' 요리로 알려져 있는데 이는 텍사스, 뉴멕시코, 애리조나, 캘리포니아 등과 접해 있는 멕시코 변경 지역을 따라 형성된 독특한 미국음식을 지칭하는 것이다. 뉴올리언 주 지역의 크레올(Creole) 요리와 케이준(Cajun) 요리가 유명하고, 과거 스페인과 프랑스의 식민지였던 역사로 인해 유럽의 흔적이 많이 남아 여러 음식문화가 혼합된 음식이 나타난다.

| 씨푸드 마켓

| 마켓의 채소들

5) 하와이 지역

하와이의 원주민인 폴리네시아인은 타로를 주식으로 바나나, 코코넛, 얌 등의 열매와 해산물과 해초를 이용한 요리를 만들어 먹었고, 후에 여러 경로로 유입된 과일이 더해 졌다. 하와이에서 소비하는 대표적인 육류는 돼지고기와 닭고기이다. 하와이 토속 음식인 라우라우(Lau Lau)는 보통 돼지고기에 닭고기, 생선, 오징어 등을

| 하와이

| 하와이안 커피

혼합해서 토란잎으로 싸 증기에 찐 것이다. 750년경 폴리네시아인이 하와이 군도에 정착한 이후에 이주 온 서구인과 아시아인의 영향을 받아 플레이트 런치(plate lunch)라는 특이하게 복합된 음식문화를 형성했다. 하와이에서는 쌀, 사탕수수, 파인애플이 많이 재배되고 있는데, 하와이의 파인애플 생산량의 전 세계 40%를 차지한다. 마카다미아(Macadamia Nut)는 약 100년 전부터 경작되기 시작했다. 호주가 원산지였으나 지금은 하와이에서 독점 생산하고 있다. 하와이에는 코코넛을 이용한 요리가 많다. 코코넛의 속살은 채

소로 이용되며, 속을 갈아서 짜낸 코코넛 밀크는 우유의 대용품으로 스프에서 디저트까지 쓰임새가 다양하다.

6. 일상식

미국인들의 아침과 점심은 일터 근처의 식당에서 가볍게 먹는 대신 저녁 식사에 비중을 두는 편이다.

1) 아침 식사

일반적인 아침 식사로 간단하게 커피와 베이글, 토스트, 과일 또는 과일 주스, 음료를 먹는다. 시리얼이나 오트밀, 달걀 등을 함께 먹기도 한다. 평일에 비해 여유가 있는 주말에는 와플, 팬케이크 등을 만들어 먹는다.

| 미국식 아침

• 아침 식사용 곡류 가공품
  - 시리얼류 : 간편하게 먹으면서 영양 공급도 할 수 있도록 옥수수, 보리, 쌀 등의 곡류를 가공한 것이다. 시리얼에 우유를 부어 먹으며 과일을 곁들이기도 한다.

| 시리얼

  - 오트밀 : 눌린 납작보리처럼 생긴 납작 귀리 오트밀은 물을 부어 풀어지면 우유를 넣고 농도를 맞추어 죽처럼 끓이고 소금으로 간을 맞춘다.
  - 식빵 : 주로 토스트의 형태로 버터나 잼을 발라서 먹는다.

| 베이글

– 팬케이크와 와플 : 시판 가루에 우유를 넣고 팬에 구워 만들거나 냉동되어 있는 완제품을 전자레인지에 데워서 먹는다.

– 베이글 : 원래 유대인들이 먹는 빵으로, 유대인들이 많이 사는 뉴욕에서 발전된 것이다. 링 모양의 베이글은 담백하고 쫄깃하게 씹히는 것이 특징으로, 주로 반으로 잘라서 크림치즈나 잼을 발라 먹거나 샌드위치를 만들어 먹는다.

– 기타 : 머핀, 모닝롤, 도넛 등도 아침에 간단하게 즐겨먹는다.

• 아침 식사용 달걀 요리와 육가공품

바쁜 아침에는 달걀프라이(Fried egg), 스크램블 에그(Scrambled egg), 삶은 달걀(Boiled egg), 베이컨, 소시지, 햄 등 단시간에 준비되는 음식 한두 가지를 먹는다. 크림 에그(Creamed egg), 오믈렛(Omelets) 등은 조리할 때 시간이 소요되므로 공휴일처럼 한가한 날에 만들어 먹는다.

| 오믈렛

2) 점심

| 샌드위치

| 치킨베이크

오전 11시 반에서 오후 2시 사이에 밖에서 간단하게 먹으며, 사업상 접대하는 것이 아닌 이상 1시간을 넘기는 경우는 드물다. 햄버거·핫도그·샌드위치 등을 즐겨 먹고, 스프와 샐러드도 보편적으로 많이 먹는다. 하지만 정찬(Luncheon)을 하는 경우에는 대게 정해진 점심 시간보다 약간 늦은 시간에 스프, 고기요리, 생선요리, 샐러드, 후식, 차 등으로 갖추어 먹는다. 그 밖에 프라이드치킨(Fried chicken), 타코(Taco), 브리또

(Burrito), 피자(Pizza), 크레이프(Crape), 중국음식, 일본음식을 다양하게 즐기기도 하며, 간단하게 마카로니와 치즈로 때우기도 한다. 아이들은 학교에서 콜컷, 치즈, 참치, 치킨, 피넛버터 샌드위치와 젤리, 약간의 과일, 칩, 디저트와 주스, 우유, 물 등의 음료로 구성된 도시락을 먹는다.

| 치즈피자

3) 저녁 식사

저녁 식사는 가벼운 서퍼(Supper)와 형식을 갖춘 디너(Dinner)가 있다. 아침과 점심을 최대한 간단히 먹는 대신, 저녁은 하루의 모든 끼니를 보상하듯이 푸짐하게 잘 차려 먹는다. 입가심을 위해 오르되브르를 안주 삼아 식전주인 아페리티프를 마신 후, 본격적으로 스프·생선요리·가니쉬를 곁들인 앙트레·샐러드·후식·커피를 먹는다. 따뜻한 음식을 주로 먹으며, 코스요리처럼 스프·샐러드·본 메뉴 등의 순서로 식사를 하기도 한다. 디저트로 쿠키나 초콜릿 케이크 등을 먹는다.

| 스테이크

| 스프

4) 티파티 (Tea Party)

하이티(High tea)라고도 하며, 애프터눈 티와 같은 개념으로 쓰인다. 미국에서 차는 전통적으로 보편적인 음료가 아니었으므로 회사나 사교적인 모임에서 휴식시간을 가질 때에는 차보다 커피를 선호하였다. 귀빈이 방문하거나 매우 형식적이고 의례적인 자리에서 도기에 차와 얇은 샌드위치, 작은 케이크 등을 접대하였으며, 최근에 호텔이나 대도시 찻집에서 이러한 티파티가 증가하는 추세에 있다. 오전 10시

경과 오후 3~5시 사이에 가족이나 가까운 사람들
이 거실, 식당, 정원 등에 모여 친목을 다지며 휴
식 시간을 갖는다. 따뜻한 커피나 홍차에 머핀,
비스킷, 쿠키 등 달콤한 간식을 곁들인다.

| 쿠키 및 커피

5) 브런치(Brunch)

일요일에는 늦게까지 잠을 잔 뒤에 아침을 거르고 아침 겸 점심인 브런치를 먹는
경향이 있다. 이때 브런치의 메뉴는 주로 아침에 나올 법한 모든 메뉴와 일부 점심에
나올 듯한 메뉴의 혼합으로, 일요일에는 브런치를 즐기기 위해 일부러 아침을 거르
기도 한다.

7. 특별식

1) 부활절(Easter)

예수 그리스도의 부활을 기념하는 작은 명절이
다. 3월 21일 후의 보름달 뒤에 오는 일요일로 매
해마다 날짜가 다르다. 축제 전날 밤 달걀을 먹으
며, 달걀 위에 여러 가지 색칠을 하여 아이들이
뜰에 숨겨둔 달걀을 찾는 '부활절 달걀 찾기
(Easter egg hunt)' 놀이를 한다. 초콜릿 사탕이
나 인공 달걀을 사용하기도 하는데, 요즘은 많은
미국인들이 봄철 생일 파티로 달걀 찾기 놀이를
하며, 종교를 떠나 삶은 달걀에 색을 칠하거나 아
이들에게 사탕 바구니를 주는 것을 즐긴다.

| 부활절 달걀

2) 할로윈(Halloween)

할로윈에는 가정마다 속을 파낸 둥근 주황색 호박을 도깨비 얼굴로 만든 무서운 호박 전구를 켜서 요괴가 집 안에 들어오지 못하게 한다. 아이들은 무서운 도깨비, 마녀, 해적 등으로 변장하고 이웃집 문을 두드리며 'Trick or Treat'를 외치는데 이는 나를 놀라게 하든가 대접하라는 뜻이다. 대다수는 방문한 아이들에게 미리 준비해 놓은 초콜릿이나 사탕 등의 과자를 준다.

3) 추수감사절(Thanksgiving Day)

추수감사절은 우리나라의 추석과 유사하며, 미국의 가장 큰 명절이다. 11월 넷째 주 목요일로 다음과 같은 유래가 전해진다. 1620년 미국의 매사추세츠에 도착한 청교도들은 혹독한 겨울 추위를 견디지 못해 거의 절반이 죽어나갔고, 남은 청교도들은 이웃의 인디언들에게 도움을 요청했다. 인

| 칠면조

디언들은 옥수수와 곡식 경작 방법을 가르쳐주었고, 다음해 가을의 풍성한 수확에 축제를 열어 야생 칠면조를 잡아서 나누어 먹으며 감사를 표시한 것이 오늘날의 추수감사절로 이어졌다고 한다. 추수감사절은 Turkey Day라고 불릴 정도로 칠면조 고기의 소비가 많다. 스터핑(Stuffing)된 칠면조 요리에 그레이비(Gravy) 소스, 크랜베리 소스를 곁들이고 으깬 감자, 호박파이 등을 준비하여 온 가족이 모여 함께 먹는다.

- 칠면조요리 : 칠면조 몸통에 오트밀, 밤, 양파, 세이지, 옥수수빵, 소시지 등 각종 속을 넣고 오븐에 굽는다.
- 호박파이 : 호박 커스터드를 채운 파이이다. 넛멕 · 계피 · 정향 · 생강으로 풍미를 내며, 종종 생크림을 얹어 내기도 한다.
- 그레이비 : 육수에 다진 양파와 밀가루를 섞어 되직하게 만든 소스이다.

8. 대표 음식

1) 햄버거(Hamburger)

샌드위치의 일종으로 독일의 함부르크 스테이크로부터 그 이름이 유래되었다. 두 장 이상의 빵에 소스를 바르고 갈은 고기·양념·빵가루를 넣고 버무려 구워낸 패티와 채소, 치즈, 토마토 등을 차례로 쌓아 만든다. 보통 손에 들고 먹으며, 들어가는 패티의 원료나 양념에 따라 다양한 버거가 된다. 채소만 넣거나 콩을 원료로 한 패티로 채식주의자들을 위해 만든 샌드위치 역시 햄버거로 불리기도 한다.

햄버거의 유래

미국 패스트푸드 산업을 대표하는 음식인 햄버거는 미국도 유럽도 아닌 아시아 초원 지대에 살던 유목민족 타르타르족에서 유래되었다.

이들은 흔히 고기를 날로 먹었는데, 중세에 이미 고기를 갈아서 이용했다고 한다. 온종일 이동할 때에는 고기를 말의 안장 밑에 넣어 연화시키기도 했다. 그들은 이렇게 연해진 고기조각에 소금, 후춧가루, 양파즙으로 양념을 하여 날로 먹었는데, 아시아에서 장사하던 독일 함부르크의 상인들이 본토에 조리법을 가져감으로써 이 날고기 요리는 '함부르크 스테이크(Hamburg Steak)'라는 이름으로 널리 퍼지게 되었다고 한다. 그 뒤에 함부르크의 요리사 몇 명이 함부르크 스테이크를 불에 익혔고, 19세기가 끝날 무렵쯤에는 익힌 함부르크 스테이크를 '햄버거'라고 명명하기 시작했다. 미국에서 햄버거라는 말은 1880년대 독일 함부르크 시에서 미국에 대거 들어온 이민자를 가리키는 말로 쓰였다. 제2차 세계대전 중 육류가 부족해지자 빵조각이나 롤 사이에 다양한 재료를 넣어 만드는 방법이 일반에 알려지면서 엉뚱하게도 햄버거는 '햄'과 접미사 '-burger'로 변신하여 치즈버거(cheese-burger), 베지터블 버거(vegetable-burger), 맥시버거(maxi-burger) 등과 같은 신조어를 탄생시켰다.

2) 바비큐 요리

바비큐는 야외 전원생활을 즐기는 미국인들에게 아주 친근한 요리이다. 스테이크나 립구이, 가금류, 해산물은 물론 옥수수, 아스파라거스 등과 같은 채소류도 함께 구워 먹는다. 패티나 소시지를 구워 햄버거, 핫도그 등을 만들어 먹기도 한다. 바비큐의 원형은 17세기 버지니아 식민지에

| 미국식 스테이크

서 생겨났다고 하는데, 당시에는 철갑상어나 돼지 등을 통째로 구워 먹었다고 한다. 만드는데 정성이 많이 들지 않아 그야말로 미국적 특색이 잘 드러난 전통 음식이라고 할 수 있다.

3) 케이준 요리

케이준 요리는 1755년 이후 뉴올리언즈 서남부의 후미진 만(灣) 지역을 중심으로 정착한 캐나다의 노바스코티아(Nova Scotia)로부터 추방되어 온 프랑스계 캐나다인들과 관련이 있다(이들은 '아카디안' 이라 부른다). 원래 이 음식은 고대 프랑스의 모습을 연상시키는 농촌풍의 음식인데, 루이지애나에 살고 있는 인디언과 흑인 노예들에 의해 변형되고 발전되었다. 본래 정통 케이준 요리는 스페인의 영향을 받지 않은 것이었다. 그뿐만 아니라 뉴올리언즈는 물론 프랑스 파리의 영향도 거의 없었다. 그러나 세월이 지남에 따라 여러 나라의 영향을 받아 현재의 케이준 요리가 완성되었다. 처음 추방된 프랑스계 캐나다인들은 갑자기 쫓겨 와 상당히 궁핍한 생활을 했으므로 구하기 어렵고 값이 비싼 버터 대신 라드(돼지지방)를 사용했다. 고기는 야생 짐승이나 물고기를 잡아서 보충했고, 이를 모두 한 냄비에 넣어 조리했다. 때문에 고향인 프랑스의 세련되고 우아한 요리보다는 허기를 때우기 위한 거칠고 양 많은 요리가 탄생했다. 재료의 맛을 보완하기 위해 케이준 스파이스라는 양념을 많이 썼는데, 이 양념의 매콤한 맛으로 오늘날 패밀리레스토랑의 인기 메뉴가 되었다. 대표적인 케이

준 요리는 여러 가지 채소, 닭고기, 햄 등을 넣고 만든 볶음밥인 잠발라(Jambalaya)
와 여러 가지 재료를 넣고 만드는 되직한 스튜요리인 검보(Gumbo)가 있다.

4) 후식류

미국인들이 식후 먹는 후식으로는 주로 달콤한
케이크, 파이, 쿠키, 푸딩, 젤라틴과 과즙으로 만
든 젤리 등이 있다. 또한, 아주 연한 커피나 청량
음료(특히 콜라)를 마시기도 하며, 여름에는 시원
한 레몬에이드나 아이스티를 주로 마신다.

| 커피

:: 그 외 ::

▶ 가장 미국적인 음식들은?

실용적인 면이 강조된 변형된 미국음식을 유럽인들이 싸고 간편하고 천하다고 생각
하는지는 모르지만, 필자의 생각에는 미국인들은 이러한 편견에 아랑곳하지 않고 그
들만의 음식을 반전시켜 나가면서 즐기고 있다고 생각이 든다.

바쁘게 돌아가는 미국에서 한국과 같이 음식을 데우고 끓이고 할 시간이 없어서 미
국인들은 외식을 주로 하거나 아니면 간편하게 먹을 수 있는 햄버거, 핫도그, TV 디
너, 전자레인지, cafeteria, Chinese take-out, drive-thru, fast food 등을 고안해
냈다. 미국인의 속담처럼 'Hunger is the best sauce(시장이 반찬)'이라고 배고프
면 아무거나 먹게 되는데 요리하느라 신경 쓸 필요 없다는 생각인지도 모른다. 맛보
다는 한 끼를 해결해야 한다고 생각하는 것이다.

▶ 갈색의 종이 봉투는 무엇인가?

이런 간편하게 즐기는 문화 때문에 미국의 영화나 드라마를 보면 쉽게 볼 수 있는 누
런 봉지, 말 그래도 brown bag, 점심 봉지의 문화가 생겨났다. 이 안에는 뻔한 음식

이 들어 있다. 햄 앤 치즈 혹은 피넛버터 앤 젤리 샌드위치이다.

또한, 검약 정신이 몸에 배어 있는 이들의 실용주의는 음식점에서 먹고 남은 음식을 봉지에 담아가는 버릇도 길러왔는데 남은 음식을 집에 있는 개에게 갖다 줄 것 같이 doggy bag이라고 표현한다.

▶ 한국의 밥과 김치 같은 존재가 미국에도 있을까?

영어 표현 중 'bread and butter'란 표현은 "필요한 양식" 또는 "필수불가결"이라는 뜻으로 사용된다. 그만큼 미국인들이나 유럽인들이 빵과 버터는 많이 먹는다는 것이다. 한국인의 식단을 보면 찌개나 국 혹은 반찬은 매일 바뀌지만 김치와 밥은 바뀌지 않는다. 이와 같이 미국에서도 빵과 버터는 항상 먹는 음식이다.

김치가 지역에 따라 그리고 담그는 방식에 따라 많은 종류가 있는 것처럼 치즈도 생산지나 가공법에 따라(브리, 체더, 이덤, 가우다, 모짜렐라, 프로볼로네, 스위스 치즈 등) 여러 종류가 있어 각각 독특한 맛과 향을 가지고 있다. 그러나 미국인들은 치즈도 자기들 입맛에 맞게 변형하여 어메리칸 치즈라는 것을 만들어 햄버거나 샌드위치에 넣어 먹는다. 이 어메리칸 치즈는 유럽의 치즈들이 향과 맛이 진한데 비해 색깔은 더 진하지만 맛은 약간 밋밋하다.

| 치즈 식품가게

▶ 미국의 음식문화의 장점

다양한 음식을 즐기는 미국에서 가장 큰 이점은 세계 각국의 음식을 다 맛볼 수 있다는 것이다. 일본의 스시(sushi)부터 유럽의 스모개스보드(Smorgasbord)에 이르기까지 수많은 외국의 음식들이 미국화되어 미국인들의 식단에 올라와 있다. 스모개스보드란 북유럽 사람들이 즐기는 훈제된 고기를 전채요리로 먹는 것을 말한다. 미국의 대도시, 그중에서도 뉴욕에서는 세계 각국의 음식을 편견 없이 판매하는 식당들이 있기 때문에 언제든지 외국 음식을 맛볼 수 있다.

▶ 미국도 음식에 지역 특색이 있을까?

캘리포니아에서는 히스패닉 인구가 급증하면서 타코, 나쵸, 또띠아, 퐈이타, 부리토, 엔칠리다 같은 멕시코나 중남미 음식이 크게 퍼져 있고 또 이들은 급속히 미국화되고 있다. 미국은 나라가 크기 때문에 다양한 음식이 존재하지만 지방에 따라 전혀 다른 음식도 존재한다. 미국 남부에서는 개구리 다리 튀김과 같은 남부 전형의 음식이 존재하며, 그 지역에서만 찾아 볼 수 있는 패스트푸드 체인도 있다.

http://blog.naver.com/kymha67?Redirect=Log&logNo=150096071592
http://blog.naver.com/gureunondol?Redirect=Log&logNo=120135774094
http://blog.naver.com/gureunondol?Redirect=Log&logNo=120129624525
http://blog.naver.com/sesdbfl?Redirect=Log&logNo=50114748049

6. 캐나다

나라 이름: 캐나다 (Canada)

수도: 오타와

언어: 영어

면적: 9,984,670㎢ 세계 2위(CIA 기준)

인구: 약 35,623,680명 세계 38위(2017.07. est. CIA 기준)

종교: 가톨릭교 약 43%, 개신교 약 23%, 그 외 그리스정교 등

기후: 대륙성 기후, 한대성 기후, 냉대성 기후

위치: 북아메리카 대륙 북부

전압: 120V, 60Hz

국가번호: 1(전화)

GDP(명목 기준): 1조 6,403억$ 세계10위(2017 IMF 기준)

GDP(1인당 기준): 4만 4,773$ 세계16위(2017 IMF 기준)

www.canada.gc.ca

1. 개요

세계에서 러시아 연방 다음으로 면적이 넓은 캐나다는 만년 빙하 지역부터 태평양에 인접한 서부 지역에 펼쳐진 드넓은 초목 지대와 동서가 바다로 둘러싸인 광대한 국토를 자랑한다. 수많은 호수와 강이 있으며, 자원이 풍부하며, 기후 역시 12개의 기후구로 나뉠 만큼 지역에 따른 기온차가 크다. 특히, 긴 겨울 기간 동안에는 영하 20~30℃의 기온을 보이는데, 눈이 많이 내리기 때문에 운동이 불가능하고 야외로 나갈 수가 없다. 이러한 길고 혹독한 겨울 날씨 덕분에 단맛이 강하고, 열량이 풍부하고 촉감이 부드러운 기름진 요리가 발달하였는데, 이 때문에 지구상에서 가장 통통한 사람들이라는 별명도 있다고 한다. 그러나 서부 태평양 연안 지방은 해류의 영향으로 기후가 따뜻하고 비가 많이 오는 편이다. 중앙 평원은 대륙성 기후로 건조하나 치누크라는 남서풍으로 인해 기온이 높아진다. 동부 일대는 한류의 영향으로 다른 지방보다 춥지만 동남부 지역은 서안 해양성 기후로 과수 재배에 알맞다.

천연자원을 바탕으로 풍부한 자원에 힘입어 임업, 광업, 에너지 산업, 농업, 어업 등 일차 산업이 캐나다 경제의 큰 비중을 차지 하였지만, 1980년대에 들어서면서 환경을 파괴하지 않고 보호하는 방향으로 산업이 바뀌게 된다. 20세기에 들어서 캐나다는 좀 더 다양한 삼차 산업, 즉 교통, 건설, 금융업, 교육, 건강 통신. 관광 등의 서비스업에 주력하게 된다.

다양한 인종의 집합소를 이루고 있는 캐나다는 프랑스와 영국, 기타 이민족의 음식문화가 한데 어우러져 많은 국적의 요리들이 섞인 복합적인 요리가 발달한 것이 캐나다 음식의 특징이다. 콤비네이션 형식의 복합적인 요리는 하나의 쟁반에 자신이 선택한 음식을 한꺼번에 담아주는 형식이 대부분이다.

2. 역사

캐나다는 대서양을 건너온 유럽인들에 의해 세워진 나라이다. 캐나다라는 이름은 원주민이었던 이로코이족의 말로 부족이라는 뜻을 지닌 '카나타(Kanata)'에서 비롯되었다. 15세기 말에 유럽의 탐험가들이 북미 대륙을 찾았을 때만 하더라도 이곳의 주인은 에스키모인(이누이트)과 원주민이었다. 그 후 영국과 프랑스가 캐나다를 차지하기 위해 경쟁을 벌였고, 결국 영국이 승리함으로써 1867년 캐나다는 영국 연방국가가 되었으며 1931년에 영국 연방의 자치령으로 독립하였다. 그러나 캐나다에서는 영어뿐 아니라 프랑스어도 공용어로 사용하는데, 이는 주민의 81%가 프랑스계로 이루어진 퀘벡 주 때문이다. 퀘벡 주에서는 영어가 거의 통하지 않으며 프랑스어를 공식 언어로 채택하고 있다. 영국과 프랑스의 식민지 개척 이래 정부의 이민 장려책에 따라 유럽과 아시아로부터의 지속적인 이민으로 주민의 구성도 다양한데, 전체 인구의 약 50%는 영국계, 30%는 프랑스계로 구성되어 있으며 이 외 독일계, 이탈리아계, 네덜란드계 등도 있다. 인구의 대부분은 미국과의 국경 지대를 따라 오대호 지역에 띠 모양으로 뻗어 있는 한정된 지역에 거주하고 있다.

3. 캐나다 음식문화의 발전 과정과 일반적 특징

캐나다는 각지에서 몰려온 이민자들이 거주하는 다민족 국가로 미국처럼 정해진 정통 음식문화가 없다. 하지만 광활한 지형과 선조들의 수많은 문화적 특성을 바탕으로 세련된 입맛과 다양한 식성을 가지게 되었고, 끊임없이 새로운 맛을 추구하는 습성은 농식품 산업을 발전시킨 근간이 되었다. 페기 만 부두에서 목재로 된 상자에 담겨 공급되는 바닷가재와 컬럼비아산 브리티시 훈제 연어, 퀘백 주의 큼지막한 식빵에 이르기까지 각국의 전통 음식들에서 카멤베어 치즈, 단풍시럽 등 많은 식품을 발전시켜 왔다.

- 영국과 프랑스의 문화가 공존하므로 아직도 미국보다는 유럽에 가까운 정취를 가지고 있다.
- 다양한 국적의 요리들이 혼합된 콤비네이션 형태가 있다.
- 세계적인 농업국 및 임업국인 캐나다는 음식재료에 있어 풍성함을 나타낸다.
  - 벤쿠버 주의 연어, 프린스 에드워드 섬과 뉴펀들랜드 섬의 바닷가재와 새우와 게, 사스케체완 주의 육류 등

4. 지역별 음식의 특징

캐나다 각지의 음식에서 프랑스계와 영국계의 차이를 느끼게 된다.

| 스콘

1) 영국계 지역

아침 식사에 토스트와 피시 & 칩스나 스콘·머핀 등이 나오고, 영국 색이 강한 오타와에서는 어떤 요리에도 반드시 스콘이 나온다. 닭튀김에 메이플 시럽을 뿌려 먹는 요리가 있다.

| 바게트

2) 프랑스계 지역

아침 식사에 주로 크로와상이나 바게트 등의 빵과 케이크가 나온다. 정통 프랑스식 캐나다 요리에는 오리, 거위, 토끼고기와 메이플 시럽이 가장 주된 재료로 이용된다.

5. 일상식

1) 아침 식사

아침은 보통 오전 7시에서 8시 30분 사이에 제공되고 많은 가족들을 위해 빠르고 간단한 메뉴로 구성한다. 보편적으로 시리얼, 토스트, 베이컨, 달걀, 팬케이크에 우유와 커피를 곁들여서 먹는다. 도시에 사는 젊은이들은 커피숍에서 빵과 커피를 사먹으며, 많은 회사들이 아침에 도너츠와 베이글, 커피 등을 무료로 제공한다.

2) 점심

점심은 보통 12시와 1시 사이에 먹고 메뉴는 스프, 샐러드, 샌드위치, 주스 혹은 다양한 과일들로 구성된다. 전형적인 도시락은 샌드위치와 과일, 그리고 쿠키나 머핀을 포함하고 이외에도 패스트푸드나 중국요리, 멕시칸 요리 등 다양한 음식을 즐겨 먹는다.

| 머핀

3) 저녁 식사

저녁 식사는 보통 오후 5시와 6시 30분 사이에 이루어지며 하루 중에 가장 양이 많고 격식을 갖춘 식사로 가정에서 직접 먹는 편이다. 많은 사람들이 스프나 샐러드를 먹고 메인 요리 이후 디저트로 파이나 아이스크림 같은 요리를 먹는다.

| 샐러드

6. 특별식

1) 오카나간 아이스와인 페스티벌(Okanagan wine festival)

와인 산지로 유명한 오카나간 계곡에서 열리는 와인 축제로 각 계절별로 네 차례에 걸쳐서 개최된다. 겨울 축제 기간에는 아이스와인의 생산 과정을 볼 수 있으며, 와인 시음과 세미나 · 와이너리 투어 · 경매 등의 다채로운 행사를 시행한다.

2) 그랜드 리버 파우와우(Grand River Powwow)

북미원주민의 문화와 전통을 기념하여 매년 7월 온타리오 주 브랜트 퍼드에서 열리는 행사로, 파우와우는 인디언들의 질병 회복이나 성공적인 사냥을 비는 의식이다. 음악과 춤을 바탕으로 수공예품 등의 전시가 열리고 농구·축구·하키가 복합된 형태의 구기종목인 라크로스(lacrosse)를 한다. 행사 참석자들은 1992년 요리 올림픽에서 금메달을 수상한 캐나다 토속 요리팀의 멤버인 버사 스카이(Bertha Skye)가 선보이는 버팔로 버거, 사슴고기 스튜, 신선한 딸기 드링크, 조리안 만 산 생선구이, 다양한 육포, '세 자매(The three sisters)' 스프 등을 맛볼 수 있다.

- 원주민들의 토속 음식 : '세 자매(The three sisters)'로 불리는 콩, 옥수수, 호박은 수세기에 걸쳐 형성된 캐나다 원주민인 인디언 음식의 기본 재료가 된다. 물소, 순록 등 야생 고기를 즐겨 먹었다. 그랜드 리버 파우와우(Grand River Powwow)에서 원주민의 토속 음식을 맛볼 수 있다. 또한, 알러트 만의 유미스타 문화센터(U'mista Culture Center)에서는 말린 미역, 바비큐하거나 훈제한 생선, 생선을 발효시켜 얻은 기름 등이 제공된다.

7. 대표 음식

1) 해산물

캐나다는 세계 5대 어류 및 해산물 수출국인 만큼 동서로 바다가 있고 호수나 강이 많아 새우, 게, 연어 등 해산물과 농어, 송어, 빙어류 등의 담수어도 풍성하다. 서해안의 벤쿠버는 풍성하고 신선한 어패류로 유명하다. 맛있는 훈제 연어나 연어구이를 손쉽게 접할 수 있으며, 다랑어나 민물

| 훈제연어

가재·조개류도 종류가 많고 맛이 훌륭하다. 동해안의 프린스 에드워드 섬이나 뉴펀들랜드 섬은 바닷가재·새우·게요리가 유명하며, 대서양 연안의 세인트로렌스 강 하구는 세계 제일의 새우 맛으로 잘 알려져 있다.

2) 축산물

캐나다 중앙 내륙 지방은 넓은 평원 지대의 풍
성한 곡물로 인한 목축업이 발달하여 최상의 고
기를 사용한 스테이크나 바비큐를 맛볼 수 있으
며, 특히 세계적 육우 산지로 꼽히는 앨버타 주의
비프스테이크가 유명하다. 이와 함께 중부 지역
의 온타리오나 퀘벡 등을 중심으로 낙농산업도 발

| 스테이크

달하여 양질의 우유로 만드는 다양한 치즈도 선보이고 있다. 체다, 모짜렐라 등 전통
적인 제품을 비롯해 카멤베어, 블루스, 산양 치즈 같은 유럽 치즈도 선보이고 있다.

3) 메이플 시럽(Maple syrup)

캐나다의 메이플 시럽(Maple syrup)은 단풍나
무 수액으로 세계 생산량의 78%를 차지하는 캐
나다의 특산물이며, 그중 90% 정도는 퀘벡 지방
에서 생산된다. 현재 북미 대륙 동북부 지역에서
만 생산되는 메이플 시럽의 대표적인 산지라면
온타리오 주와 퀘벡 주를 들 수 있다. 단풍나무
수액은 매년 3월과 4월에 채취하며, 봄이 되면 야
생 단풍나무의 즙을 끓여서 끈적끈적한 호박색의
메이플 시럽을 만든다. 제조법은 17세기에 토착
인디언들에게서 식민 정착민들로 전해졌다고 한
다. 캐나다 남쪽 숲에서는 봄철 단풍나무에 V자
로 칼자국을 내고 작은 관을 연결하여 흘러내린

| 단풍나무

| 메이플 시럽

수액을 받아 모아서 큰 가마에 넣고 사흘 밤낮으로 끓이면 달콤한 메이플 시럽이 만
들어진다. 가정마다 각양각색의 맛을 내며, 농축 정도에 따라 호박색에서부터 갈색

까지 여러 종류가 생산된다. 캐나다 요리에 매우 다양하게 쓰이는 이 메이플 시럽은 열량이 설탕보다 적고, 꿀보다 부드러우며 섬세하고도 그을린 단풍나무의 독특한 향이 은은하게 배어 있다. 빵이나 핫케이크에 발라 먹거나 홍차에 넣어 먹기도 한다. 캐나다 어린이들은 메이플 시럽으로 '티레'라는 음식을 만들어 먹는데, 이것은 깨끗한 눈에 끓인 메이플 시럽을 길게 뿌리고 적당히 굳어 쫀득해지면 나무 막대기에 돌돌 말아 완성한 부드러운 맛의 얼음 캔디이다. 메이플 시럽은 캐나다 이외 지역에서도 인기가 있는데, 알코올 성분을 넣는 등 여러 가지 다양한 상품을 개발하여 더욱 각광받는 상품이 되었다.

4) 야생미(Wild rice)

야생미(Wild rice)라고 부르지만 실제로 야생은 아니며, 인디언들이 즐겨 먹던 흑갈색의 곡물이다. 독특한 향기와 씹히는 맛이 특징이며, 육류 요리에 곁들여 내기 위한 음식으로 활용된다.

5) 아이스 와인(Ice wine)

캐나다에서는 겨울철에 포도를 밭에서 얼린 상태 그대로 수확하여 단맛이 강한 고품질의 백포도주를 만드는데, 이 감미 포도주를 아이스 와인이라고 한다.

:: 그 외 ::

▶ 요리의 종류

이민자들의 구성이 다양한 캐나다는 요리에서도 그 색깔이 드러난다. 토론토나 몬트리올 등의 대도시에는 특히 많은 나라의 사람들이 모여 살기 때문에 각국의 음식을 정통으로 즐길 수 있다. 요리의 천국이라고 할 정도여서 프랑스요리, 이탈리아요리, 멕시코요리, 그리스요리 등은 물론이고 중국요리에서부터 일본요리, 베트남요리, 한국요리 등 동양 요리도 풍부하게 만날 수 있다. 게다가 많은 국적의 요리들이 접한 콤비네이션 형식의 복합적인 요리들도 가끔 만날 수 있는 것도 캐나다 음식의 특징 중 하나다. 굳이 캐나다요리라고 한다면 밴쿠버, 빅토리아, 핼리팩스 등 해안가에 위치한 도시에서 값싸고 맛있게 즐길 수 있는 연어나 가재 등의 씨푸드 요리와 캘거리를 중심으로 한 앨버타 주의 대평원에서 많이 사육되는 양질의 소를 재료로 해서 만든 스테이크가 세계적으로 유명한 캐나다 요리이다. 그리고 카페테리아에서 자주 발견할 수 있는 것 중의 하나가 콤보 스타일의 메뉴. 한 쟁반에 자신이 선택한 음식을 한꺼번에 담아주는 형식으로 푸짐하고 싸게 즐길 수 있다. 주로 중국요리나 멕시코 요리 등이 이런 형식이 많다.

▶ 음식 가격

음식 가격은 물론 패스트푸드점이 가장 싸고 다음으로 카페테리아나 퍼블릭 마켓 안의 음식 코너 등이 싼 편이고 일반 레스토랑이나 호텔 안의 레스토랑은 비싼 편이다. 아침은 토스트, 머핀, 베이컨, 달걀 프라이, 커피 등이 나오는 것이 C$5 전후, 점심으로는 파스타나 피자, 샐러드 등으로 가볍게 먹는 것이 보통으로 C$5~10 정도로 해결할 수 있다. 저녁으로는 풀코스의 정식이 주요 메뉴로, 대부분 적어도 C$15 이상이며 유명한 음식점에서 풀코스의 정식을 먹는다면 C$20 이상이 들고 비싼 경우에는 C$30~40 정도의 비용이 든다. 게시된 가격을 보고 레스토랑을 선택할 때 17% 정도의 세금과 팁을 계산에 넣는 일을 잊지 말도록 한다.

▶ 레스토랑에서의 자리 잡기

레스토랑에 들어갈 때는 종업원이 자리를 안내해줄 때까지 입구에서 기다리는 것이 보통이다. 마음대로 본인이 자리를 찾아가 앉지 않도록 한다. 간혹 스스로 자리를 찾아야 할 때는 입구에 팻말이 붙어 있으므로 이때는 자리를 찾아 앉은 다음 종업원이 주문을 받으러 올 때까지 기다리면 된다.

▶ 음식 주문하기

음식은 보통 레스토랑 입구에 안내판이 있으므로 자세히 본 뒤 자신의 취향에 맞는 메뉴가 있는 곳을 선택한다. 대부분 음식점에서 애피타이저, 앙트레(Entrees: 주메뉴), 디저트순으로 시키면 된다. 이 순서는 메뉴판에 대개 나와 있는 순서이다. 애피타이저로는 수프나 샐러드 등을 시키는 경우가 많고, 앙트레로 본 요리를 시킨 뒤 디저트로 케이크나 아이스크림 등을 먹는 것이 일반적이다. 풀코스를 준비하는 레스토랑에서는 디저트로 무료 커피를 제공하고 있으므로 사양 말고 즐겨보도록 하자.

▶ 예약

가격이 비싼 중급 레스토랑 이상은 예약을 하는 것이 좋다. 특히 주말 저녁 시간에는 많은 사람들이 이용하므로 반드시 예약해야 한다. 예약제 레스토랑인 경우 드레스 코드를 지키는 것이 좋다.

▶ 주문과 지불

고급 레스토랑인 경우 테이블마다 담당자가 정해져 있으므로 처음 자리를 안내한 종업원에게 주문과 지불을 부탁한다. 식사가 끝나고 지불할 때는 담당 종업원에게 청구서를 부탁한 후 돈과 함께 청구서를 주면 종업원이 계산을 한 후, 영수증과 함께 잔돈을 건네준다. 영수증을 받으면 약간의 팁(식사 요금의 10~17%)을 테이블 위에 남겨놓고 식당을 나오면 된다.

▶ 캐나다인들이 즐기는 먹거리

어느 도시를 가든지 간에 이탈리아나 멕시코요리가 많은 것이 특징인데, 이것은 그만큼 캐나다인들이 즐겨 먹고 좋아하기 때문이다. 또 하나 캐나다인들은 어디를 가나 간식 메뉴는 시저샐러드(Ceaser's Salad)로, 담백하게 만들어진 소스를 싱싱한 채소에 끼얹어 먹는다. 술은 독한 것보다는 주로 맥주나 와인을 많이 먹는데, 바나 펍에서 20~100여 종류의 맥주를 다양하게 즐긴다.

05
오세아니아의 음식문화

1. 호주

www.australia.gov.au

나라 이름: 오스트레일리아 (Australia)

수도: 캔버라

언어: 영어

면적: 7,741,220㎢ 세계 6위(CIA 기준)

인구: 약 23,232,413명 세계 56위(2017.07. est. CIA 기준)

종교: 가톨릭 약 26%, 성공회 약 21%, 그리스도교

기후: 온대성 기후, 사막성 기후, 반 건조성 기후

위치: 오스트레일리아대륙

전압: 240V, 50Hz

국가번호: 61(전화)

GDP(명목 기준): 1조 3,901억$ 세계 13위(2017 IMF 기준)

GDP(1인당 기준): 5만 6,135$ 세계 9위(2017 IMF 기준)

1. 개요

호주는 대륙 전체가 하나의 나라를 이루고 있는 유일한 국가이며, 대륙의 절반 이상이 오스트레일리아 서부 고원 지대이다. 이러한 까닭에 높은 산등성이와 고원, 분지들이 많이 있으며, 석유, 석탄, 우라늄 등 광물 자원이 풍부한 나라이기도 하다. 또한, 국토의 75%가 사막이며, 건조한 기후로 인하여 대부분의 도시가 해안선 주변으로 발달되어 있으며, 경제는 자유기업 체제로 제조, 금융, 무역업이 발달하였으며, 호주 경제에 많은 영향을 주고 있다. 음식문화 또한 유럽계 오스트레일리아 인으로 인하여, 유럽 특히 영국의 영향을 많이 받았으며, 풍부한 자원과 식재료로 인하여, 향신료를 많이 쓰지 않고, 깔끔하고 담백한 간단한 요리법이 발달하였다.

2. 역사

1) 대륙의 발견~1901년

호주라는 나라의 역사는 약 200년에 불과하다. 하지만 백인들이 오기 전의 역사는 오랜 세월을 거슬러 올라간다. 호주 원주민은 마지막 빙하 시대에 동남아시아에서 배를 타고 현재의 호주 대륙에 도착한 것으로 알려져 있다. 유럽 탐험가들이 발견한 최후의 대륙 '테라 오스트랄리스(Terra Australis)' 호주는 발견 당시 약 100만 명의 원주민들이 호주 대륙 전역에서 300여 국가 및 부족을 형성하고, 약 250개의 언어와 약 700개의 방언을 사용하며 살고 있었다고 전해진다. 그 당시 원주민들은 수렵과 채집 생활을 했으며, 교역을 하고 물과 계절별 식물을 찾으며 의식과 토템적 모임을 갖기 위해 널리 여행을 다녔다.

호주는 영국의 죄수들이 정착하게 된 대륙으로 알려지기도 하였는데 이의 원인은 1770년대로 거슬러 올라간다.

유럽 탐험가들이 발견한 호주는 1770년 제임스 쿡 선장이 보타니 베이(Botany Bay)에 상륙하면서 유럽인들은 마침내 이 거대한 남쪽 대륙에 대한 소유권을 공식적으로 주장하기 시작하였다. 영국의 죄수 폭증과 미국 독립혁명으로 야기된 혼란 해결 방안으로 탐험가이자 식물학자인 조셉 뱅크스(Joseph Banks)가 뉴 사우스웨일즈(New South Wales)에 새 유배지 건설을 제안하게 된 이후 1868년까지 약 16만 명의 남녀 죄수들이 호주로 호송되었던 것이 계기가 되었다는 것이다. 그러나 호주의 값싼 땅과 금광의 발견으로 말미암아 금광의 붐이 전세계적으로 확산이 되면서 일반 유럽인들이 이민을 오기 시작하였다. 즉 골드러시를 위해 달려온 수많은 사람들로 호주는 일확천금을 꿈꾸는 자들의 모험장이 되었다. 금이 한창 케일 때에는 1시간에 40kg의 금이 발굴이 되었다는 기록이 있을 정도였다고 한다. 금광시대로 인해 변화된 호주의 모습은 인구의 급증과 더불어 제조업의 발달, 그리고 문화의 교류 등의 발전이 있었다.

풍부한 일자리에 대한 소문이 영국을 비롯한 유럽 지역으로 퍼지게 되면서 호주로 모여드는 이민자의 수가 날이 갈수록 급격히 늘게 되었고 마침내 호주는 1901년 1월 1일에 6개 식민지의 연합으로 구성된 연방 국가로 거듭나게 되었다. 이처럼 유럽에서부터 넘어온 이민자들에 의해 호주의 음식문화도 유럽, 특히 영국의 음식문화를 그대로 받아들이게 되었다.

2) 1960년~현재

1960년대에는 다른 여러 나라에서와 마찬가지로 호주도 혁명적 분위기에 휩싸이게 된다. 새로이 자리를 잡게 된 인종 다양성, 대영제국으로부터의 독립성 증대 및 일반 국민들 사이에 베트남 전에 대한 반전 분위기는 호주 전역에 걸쳐 정치, 경제 및 사회적 변화를 촉진하였고 1967년, 연방정부가 원주민들을 대신하여 법을 제정할 권한을 가지며 이들을 장래의 인구조사에 포함시킬 것을 결정하는 국민투표에서 호주 국민들은 압도적 찬성 표를 얻어 그 결과 원주민과 백인 호주민들이 개혁을 주장하는 캠페인을 벌이게 되었다.

3. 호주 음식문화의 일반적 특징

- 영국의 영향을 많이 받아 음식문화에서도 영국 음식문화가 드러나는 경우가 많다.
- 쇠고기와 양고기 외에도 오리, 거위, 꿩, 칠면조, 타조 등의 가금류 소비가 많다.
- 소금, 후춧가루만을 사용하여 간단하게 조리한다.
- 고기류의 경우 바비큐로 이용하는 경우가 많다.
- 오렌지, 키위, 바나나, 망고 등의 과일과 유제품 가공품의 이용률이 높다.

4. 대표 음식

1) 부시 터커(Bush tucker)

호주 원주민인 애보리진(Aborigine)의 토속 음식. 캥거루, 에뮤(emu), 악어, 큰 도마뱀(goanna)의 고기와 위체티 크럽(wichetty grub)이라는 나무뿌리 유충 등을 먹는다. 특히, 캥거루는 아주 일반적이며 소고기와 비슷한 가격으로 많은 일반 슈퍼마켓에서 흔하게 찾을 수 있다. 호주 연안 지역에서는 주로 생선과 갑각류를 조리해 먹었다. 콴동(quandong), 문트리(muntrie), 라이베리(riberry), 데이빗슨 플럼 (Davidson's plum), 핑거라임(finger lime) 등의 과일과 레몬 머틀(lemon myrtle), 마운틴 페퍼(mountain pepper), 애니시드 머틀(aniseed myrtle) 등의 향신료, 번야(bunya nut)와 상업적으로 대규모 유통 판매가 가능했던 마카다미아 등의 견과류를 식재료로 사용했다.

2) 베지마이트(vegemite)

이스트 추출물과 채소즙에 소금으로 간한 스프레드. 초콜릿색을 띠며 채소의 풍미가 진하고 짠맛이 강하다. 빵이나 크래커에 발라서 먹거나, 수프나 스튜 등 다양한 요리에 활용한다.

3) 래밍턴(lamington)

사각으로 자른 스폰지케익에 초콜릿 코팅을 하고 코코넛가루을 뿌린 호주 전통 과자로 카페, 베이커리, 슈퍼마켓 등에서 흔히 볼 수 있는 디저트이다.

4) 파블로바(Pavlova)

구운 머랭 위에 크림과 과일을 얹어 달게 먹는 디저트이다. '파브(pav)'는 겉은 바삭하고 속은 부드러운 케이크를 뜻한다. 러시아의 전설적인 발레리나 안나 파블로바가 1926년 월드 투어로 호주와 뉴질랜드를 방문할 당시, 웰링턴(wellington)호텔의 조리사가 그녀를 위해 만들었다고 한다.

5) 피시 앤 칩스(Fish and chips)

영국의 영향을 받은 영국 음식

6) 캥거루 요리(호주에서 많이 서식함)

콜레스테롤이 적은 건강식

7) 댐퍼(damper)

소다를 넣은 밀가루 반죽을 장작불로 구워낸 빵

| 새우샐러드

| 호주맥주

::: 대표 음식 레시피 :::

미트파이 (6개 분량 기준)

1 재료

파이지 재료 : 강력분 100g, 박력분 100g, 차가운 버터 100g, 소금 1/2작은술, 차가운 물 3큰술
필링 재료 : 돼지고기 간것 400g, 잘게썬 양파 1/2개, 삶아 으깬 감자 150g, 허브솔트 1작은술

2 만드는 법

〈파이지 만드는 법〉

① 두 번 체친 밀가루에 소금과 깍뚝썬 차가운 버터를 넣고 스크래퍼로 버터를 잘라가며 밀가루와 고루 섞는다.

② 차가운 물을 넣고 뭉쳐 냉장고에서 1시간 가량 휴지시킨다.

〈필링 만드는 법〉

① 잘게 썬 양파는 오일을 약간 둘러 노릇하게 볶고 돼지고기 간 것에 볶은 양파와 삶아 으깬 감자, 소금, 후추를 넣고 치댄다.

〈미트파이 만드는 법〉

① 휴지가 끝난 파이지 반죽은 밀대로 밀어 틀에 얹어 자른다.

② 미리 만들어 놓은 필링을 ①에 채운다.

③ 파이지 반죽으로 뚜껑을 만들어 덮은 후 190℃로 예열한 오븐에서 35~40분간 구워 완성한다.

2. 뉴질랜드

나라 이름: 뉴질랜드(New Zealand)

수도: 웰링턴

언어: 영어, 마오리어

면적: 268,838㎢ 세계 76위(CIA 기준)

인구: 약 4,510,327명 세계 126위(2017.07. est. CIA 기준)

종교: 성공회 17%, 가톨릭 14%, 개신교 11%

기후: 서안 해양성 기후

위치: 오스트레일리아 남동쪽

전압: 230V~240V, 50Hz

국가번호: 64(전화)

GDP(명목기준): 2,008억$ 세계 51위(2017 IMF 기준)

GDP(1인당기준): 4만 1,629$ 세계 19위(2017 IMF 기준)

www.govt.nz

1. 개요

    천혜의 아름다운 자연과 장엄함과 신비로움을 가득 담은 지상 낙원, 뉴질랜드는 남서태평양에 자리한 섬나라이다. 뉴질랜드의 원주민인 마오리족과 영국을 중심으로 한 유럽인들의 대규모 이주로 뉴질랜드는 마오리 문화와 유럽의 문화가 공존하게 되었다.

    뉴질랜드에는 여러 가지 전통 음식이 있으며, 특히 자연에서 키운 양, 사슴, 쇠고기의 주요 생산국으로서 낙농 제품이 풍부하며 상품이 우수하다. 과일과 채소 또한 풍부하며, 대부분 주식으로 고기, 생선과 채소를 균형 있게 섭취하며, 보통 저녁을 정식으로 취급한다.

2. 뉴질랜드 음식문화의 일반적 특징

- 목축업이 발달하여 질 좋은 양고기, 사슴고기, 쇠고기, 돼지고기 등의 주요 생산국이며 따라서 육류 요리가 발달하였다.
- 바다로 둘러싸여 있기 때문에 어패류를 이용한 해산물 요리가 풍부하다.
- 사계절이 있으면서도 연중 온화한 기후 덕분에 계절별로 다양하고 풍부한 과일과 채소를 즐긴다.
- 마오리족의 음식문화와 영국의 음식문화가 공존하며 융화하여 발전해 왔다.

3. 일상식

1) 아침 식사

뉴질랜드의 아침 식사는 다른 영미권 국가와 비슷하다. 이 지역 사람들은 구운 베이컨, 달걀, 버섯, 소시지, 토마토, 토스트를 커피나 차 또는 주스에 곁들여 다소 비중 있는 아침 식사를 즐긴다. 또 다른 전형적인 아침 식사는 팬케이크, 오트밀, 요거트, 해쉬브라운이다. 여름에는 토스트, 시리얼, 주스, 과일을 선호하고, 겨울에는 오트밀이나 위트빅스(Weet-Bix)를 따뜻한 우유에 타먹는 것을 좋아한다. 아메리카식 아침이 갈수록 보편화되고 있으며, 통상적으로 레스토랑에서 주말 브런치 식사를 구매할 수 있다.

| 위트박스

| 오트밀

2) 점심

아침 또는 브런치를 먹고난 후 점심은 주로 샌드위치나 햄버거, 파이 등으로 간단하게 먹는다. 요즘은 외식 문화가 발달하여 유명한 패스트푸드점이 많이 들어와 있다.

3) 저녁 식사

정식 코스요리이며, 스프로 시작해서 양고기나 쇠고기 등의 육류를 사용한 주요리를 먹고 음료나 와인, 차 등을 마시며, 달콤한 디저트로 마무리한다. 이 요리에는 채소류를 첨가하며, 육류는 대체로 오븐을 이용해 굽는 조리법을 이용한다. 주요리 이후 디저트와 홍차로 마무리한다. 아침, 점심, 저녁 중 저녁 식사에 가장 많은 비중을 둔다고 할 수 있다.

4. 특별식

1) 와인 앤 푸드 페스티벌(Wine & Food Festival)

와인 앤 푸드 페스티벌은 대부분의 와인 산지에서 매년 늦여름이나 가을에 정기적으로 개최되는 축제이다. 경치가 아름다운 야외에서 각종 와인과 음식을 음미할 수 있다.

2) 크리스마스

뉴질랜드의 크리스마스는 시기적으로 한여름에 해당된다. 따라서 다른 나라의 전통적인 겨울 축제인 크리스마스와는 달리 뉴질랜드는 그들만의 축제 문화를 정착하였다. 구운 칠면조 요리와 디저트로는 푸딩 등을 즐기는 유럽과는 달리 뉴질랜드에서는 정찬보다 간단하고 덜 기름진 음식으로 춥지 않은 계절에 맞게 크리스마스를 즐긴다. 크리스마스에는 온 이웃이 한 집에 모여 음료나 바비큐 파티를 열고, 서로 축하 인사를 건넨다.

3) 안작데이(Anzac Day)

안작(Anzac)은 '호주와 뉴질랜드 합동 연합군(Australia and New Zealand Army Corps)'의 약자로 제1차 세계대전에 호주와 뉴질랜드가 '안작'이라는 연합군을 구성하여 참전했는데, 터키에서 벌어진 전쟁에서 전사한 군인들을 추모하는 날로 우리나라로 치면 현충일이다. 이 날은 안작쿠키(Anzac Cookie)를 먹는다. 이 쿠키는 쉽게 만들 수 있고 경제적이며 저장이 용이하면서 영양가가 높아 참전 군인의 가족이 외국에 보내는 구호 물품으로 많이 사용하는 것에서부터 유래하였다.

5. 대표 음식

1) 항기 음식(Hangi food)

항기 음식은 마오리족의 전통음식으로 온천 지역인 로토루아의 땅에서 나오는 지열을 이용한 돌찜구이 요리이다. 항기는 '돌항아리(Hangi stone)'라는 뜻으로 땅속에 구덩이를 파고 그 안에 돌멩이를 집어넣는다. 그 위에 나뭇잎으로 싼 돼지고기, 닭고기, 민물생선, 호박, 감자 등의 음식을 얹고 흙을 덮는다. 그리고 한참 기다리면 돌의 열기과 음식물 자체의 수분으로 찜이 되는 것이다. 오랜 기다림 끝에 덮은 포장을 하나씩 거둬내면 완성된 항기 요리가 그 모습을 드러낸다. 이렇게 펄펄 끓는 땅속을 언제 어디서든지 요리를 해 먹을 수 있는 즉석 화덕으로 이용함으로써 마오리족은 그들만의 독특한 음식문화를 발전시켜 왔다. 디저트로는 유럽인들이 가지고 들어온 케이크나 샐러드가 함께 준비되는데 과거에는 백인들과 마오리족이 그들의 음식을 함께 먹으며 이야기꽃을 피웠다고 한다.

2) 미트파이(Meat Pie)

미트파이는 파이 껍질 속에 쇠고기나 닭고기를 간 것을 듬뿍 넣어 만든 대중적인 파이이다. 최근에는 다진 쇠고기나 닭고기 외에도 스테이크 파이를 비롯하여 양고기, 사슴고기 등을 넣기도 한다.

3) 음료

뉴질랜드에서 유명한 탄산음료와 주류로써 와인과 맥주에 대해 알아보자.

- L&P : Lemon & Paeroa의 약자로, 뉴질랜드에서 가장 유명한 탄산음료이다. 1904년 '파에로아' 라는 도시 근처에서 미네랄워터에 레몬을 섞어 만든 음료에서부터 유래되었으며 현재는 세계적인 음료로 발전하였다.
- 와인 : 포도 재배를 위한 적절한 기후 조건을 가진 뉴질랜드에서는 자연 친화적인 방법으로 재배한 포도를 이용하여 만든 와인이 유명하다. 뉴질랜드 와인은 우아하고 기품 있는 맛과 신맛이 적당히 함유되어 있는 특징이 있다. 1840년에 와이너리가 처음으로 탄생했고, 1870년 이후부터는 상업용 와인이 생산되기에 이르렀다. 현재 뉴질랜드에서 생산되는 와인의 80% 정도는 화이트와인이며 나머지는 레드와 스파클링 와인이다. 품종은 화이트와인으로는 샤르도네(Chardonnay), 소비뇽블랑(Sauvignon Blanc)이며 레드와인으로는 피노누아(Pinot Noir)가 명성이 높다. 최근에는 독일 와인 품종으로 유명한 리슬링(Riesling)이 뉴질랜드에서도 많이 재배되고 있다.
- 맥주 : 도시마다 자체 맥주의 상표를 가지고 있을 만큼 뉴질랜드 사람들은 맥주를 즐기는데, 물이 맑고 깨끗해 맥주의 맛이 좋다. 오클랜드는 라이온 레드(Lion Red), 크라이스트처치는 캔터베리 드래프트(Canterbury Draft)가 유명하다.

6. 뉴질랜드의 식사 예절

- 식사 중 소리를 내지 않고 먹어야 한다.
- 식사 중 팔꿈치를 식탁에 올려선 안 된다.
- 식사 중 먹고자 하는 음식이 멀리 있을 때 팔을 길게 뻗거나 하여, 옆 사람에게 피해를 주어선 안 된다. 이때는 건네어 달라고 정중히 부탁하고, 본인의 의사를 표현한다.
- 다른 사람이 식사를 마칠 때까지 식탁에서 기다린다.
- 더 식사를 하고 싶지 않을 때에는 정중히 의사를 표현한다.
- 고급 식당이나 예의를 갖추어야 하는 식당에는, 복장을 갖추어야 한다.

Fish and chips (4인분 기준)

1 재료

도미(흰살 생선) 2마리 분량, 감자 2개, 고구마 1개, 튀김 기름, 소금 약간, 맥주 1/3컵, 밀가루 1/3컵

* 생선은 눈이 선명하며, 피부에 탄력이 있는 싱싱한 것으로 준비한다.

2 만드는 법

① 흰살 생선을 가시를 발라내고 손질하여 소금, 후춧가루로 밑간한다.

② 감자와 고구마를 새끼손가락 크기로 자른다.

③ 맥주와 밀가루를 1:1 동량으로 섞어 튀김반죽을 만든 후 ①의 생선에 옷을 입힌다.

④ 튀김기름의 온도를 170~180℃로 맞추어 ②의 감자, 고구마를 1분 30초 간 노릇하게 튀기고 흰살 생선을 1~2분 이내로 튀겨낸다.

06
아프리카의 음식문화

1. 남아프리카공화국

나라 이름: 남아프리카공화국(Republic of South Africa)

수도: 프리토리아(행정수도),

　　　케이프타운(입법수도), 블룸폰테인(사법수도)

언어: 영어, 아프리칸스어, 줄루어

면적: 1,219,090㎢ 세계 25위(CIA 기준)

인구: 약 54,841,552명 세계 25위(2017.07. est. CIA 기준)

종교: 그리스도교 약 74%, 아프리카토착종교 약 15%, 이슬람교

기후: 아열대성 건조

위치: 아프리카 남부

전압: 220V, 230V, 50Hz

국가번호: 27(전화)

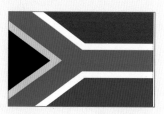

www.gov.za

GDP(명목기준): 3,440억$ 세계 33위(2017 IMF 기준)

GDP(1인당기준): 6,089$ 세계 88위(2017 IMF 기준)

1. 개요

　아프리카 대륙 최고 남쪽에 위치한 남아공은 행정 수도 프리토리아와 사법 수도 불름폰테인, 입법 수도 케이프타운 이와 같이 삼권이 분리된 3개의 수도를 가진 나라이다. 뚜렷하진 않지만, 덥지도 춥지도 않은 4계절을 가진 좋은 기후를 가지고 있으며, 동쪽, 서쪽, 남쪽, 삼면이 대서양과 인도양 바다로 둘러싸여 세계에서 가장 아름다운 긴 해변을 가지고 있는 나라이다. 금과 다이아몬드의 산지로 유명하며, 고대 문명의 뿌리를 가지고 있으며, 손으로 하는 수공예품이나 고전과 현대의 복합적인 문화를 엿볼 수 있다. 남아공의 음식문화도 수천 년의 역사와 광활한 자연 속에서 풍부한 음식재료와 함께 발전하였는데, 전통적인 야생 육류 요리와 팝, 플레이스, 보보티, 브레이스 등이 있고, 현대의 퓨전요리인 더반 카레나 케이프말레이도 인기 있는 요리이다.

2. 역사

남아프리카공화국은 수렵과 채집 생활을 하던 부시먼족(Bushman)과 가축 사육을 하던 텐토트족(Khoi-khoi)이 거주하면서 15세기 이전까지는 백인이 없이 원주민들만이 생활하였다. 그러나 15세기 오스만투르크가 아시아로 가는 육로를 차지함으로써

유럽 상인들이 아프리카를 돌아 아시아로 가는 바다의 실크로드를 찾게 되었고, 15세기 말 포르투갈 선박이 대서양을 넘어 인도양으로 가는 길에 남아프리카공화국을 발견하게 되었다. 그 후 1650년경부터 귀금속과 노예 보급을 위해 네덜란드인들의 동인도 회사가 남아프리카공화국의 케이프타운에 정박함으로써 최초로 백인이 거주하게 되었고, 이들의 식민 기지가 만들어진 후 영국을 비롯한 유럽인들이 몰려들게 되었다. 이를 계기로 남아프리카공화국에는 유럽 각지의 다양한 음식문화가 기존 남아프리카공화국의 음식문화와 융합하여 발전하게 되었다.

3. 남아프리카공화국 음식문화의 일반적 특징

- 지형과 기후 조건으로 인한 다양한 음식재료가 풍부하고, 향신료 중 육두구나 피멘토나무의 열매, 후추를 많이 사용하여 왔고, 지금까지 일반 음식에 널리 사용되고 있다.
- 영국요리를 비롯한 이탈리아, 중국, 인도, 프랑스 등 다양한 나라의 요리가 공존하고 있으며, 말레이시아로부터 유래한 보보티가 전통 음식이다.
- 케이프타운을 중심으로 한 와인 생산지에서 양질의 와인이 생산되고 있다.

4. 일상식

1) 아침 식사

아침 식사로는 곡류 요리인 밀리(mielies)와 팝 (pap)을 먹는데, 이는 옥수수를 볶은 후 갈아서 옥수수 죽을 만들고 여기에 사워밀크와 설탕을 곁들인 것이다.

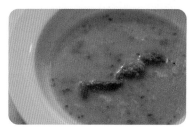
| 옥수수 우유 고깃국

5. 특별식

1) 클레인카루 쿤스테피스 (Klein Karoo Kunste Fees)

클레인카루 쿤스테피스는 매년 4월에 오우츠후른에서 열리는 축제로, 아프리칸스 음악, 공연, 시 등의 문화와 더불어 전통 음식인 브레코스(boere-kos)를 함께 즐긴다.

6. 대표 음식

남아프리카공화국에서는 식사와 더불어 음료를 마시는 일도 중요하게 여기고 있다.

1) 스모스누크 (smoorsnoek)

스누크라는 생선을 잘게 썰어 채소와 향신료를 첨가하여 익힌 요리이다. 생선 스튜와 비슷한데 밥에 곁들여 먹는다.

| 스모스누크

| 스테이크

2) 야생동물 요리

남아프리카공화국에서는 악어, 타조, 하마, 사슴, 기린, 염소, 멧돼지 등 야생동물을 재료로 한 다양한 육식 요리를 즐긴다. 아프리카 정글에 서식하는 동물들이 주재료가 되는 악어스테이크, 타조스튜, 야생 고기 등은 남아프리카공화국에서만 맛볼 수 있는 이국적인 요리이다.

3) 빌통(Biltong)

빌통은 쇠고기나 타조, 사슴 등의 남은 고기를 오래 저장하기 위해 소금, 후추, 고수, 식초, 초석을 넣고 문지른 후 말려서 만들던 음식이 발전된 것으로 프라이팬에 구우면 고기의 향긋한 맛과 고수의 향이 잘 어우러진다. 육포의 맛과 비슷한데, 고기를 얇게 썰어 말리기도 하고, 통으로 말려서 썰어 먹기도 한다.

4) 브리디(Bredie), 브라이(Braai)

브리디는 양고기를 토마토 등의 채소와 함께 삶아낸 남아프리카공화국의 전통 음식이며, 일종의 스튜 조리법이며, 브라이는 양고기에 소스를 뿌려 구워낸 바비큐 조리법인 백인 전통 음식이다.

5) 사모사(Samosa)

사모사는 다진 고기에 칠리나 채소를 혼합해 속에 넣고 만든 삼각형의 패스츄리로 향긋하고 맛있다. 간식으로 즐기기도 한다.

6) 난도스(Nando's)

난도스는 닭고기 요리로 맛이 뛰어난 일종의 패스트푸드로, 남아프리카공화국의 페리페리 치킨을 마리네이드에 절인 후 칠리, 마늘, 후추, 레몬주스, 허브로 만든 소스로 양념해 불에 구운 인기 있는 요리이다. 매콤한 것이 특징이다.

7) 초콜릿 바

남아프리카의 주요 수출품은 크런치, 페퍼민트, 크리스피, 플레이크, 키켓 등 다양하고 엄청난 양의 초콜릿 바를 생산하여 수출한다.

| 초콜릿 바

8) 와인

350여 년의 오랜 역사를 가진 와인 생산국 남아프리카공화국이 처음 수출한 와인은 주로 슈넹블랑(Chenin blanc)을 재료로 한 화이트와인이었으며, 떫고 시며 덜 익은 탄맛을 지니고 있어 질이 떨어진다는 평가를 받았다. 그러나 20세기에 들어 남아프리카공화국은 와인 산업의 시초답

| 아프리카 와인 시음

게 뛰어난 자연 조건을 이용하여 케이프타운을 중심으로 다양하고 부드러운 와인을 생산하게 되었다. 현재 남아프리카공화국에는 4700여 개의 와이너리가 있으며 오크통의 도시로서 피노누아, 샤르도네, 쇼비뇽블랑 등 다양한 포도 품종을 이용한다.

7. 남아프리카공화국의 식사 예절

- 남아프리카공화국의 식사 예절은 유럽과 유사하다.
- 커트러리를 이용하여 음식을 먹으며 포크는 왼손, 나이프는 오른손으로 잡는다.
- 대부분의 남아프리카공화국 사람들은 상대방을 자신의 집에서 접대하는데, 가정에서의 업무적인 식사 자리에는 보통 안주인이 참석하지 않는다.
- 음식을 씹고 있을 때에는 커트러리를 그릇에 놓아둔다.
- 음식을 입에 넣고 이야기하는 것은 실례라고 여기므로 음식물을 모두 삼킨 후 이야기를 한다.
- 음주 시에는 서로 따라주지 않고 혼자 따라 마시는 것이 보통이다.
- 식사 시간보다 음료를 마시는 시간이 더 긴 경우가 많다.

2. 케냐

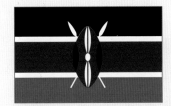

나라 이름: 케냐(Kenya)

수도: 나이로비

언어: 영어, 스와힐리어

면적: 580,367㎢ 세계 49위(CIA 기준)

인구: 약 47,615,739명 세계 30위(2017.07. est. CIA 기준)

종교: 개신교 약 45%, 가톨릭 약 33%, 토착종교

기후: 건조성 기후, 사바나 기후

위치: 아프리카동부해안

전압: 220~240V, 50Hz

국가번호: 254(전화)

GDP(명목기준): 783억$ 세계 67위(2017 IMF 기준)

GDP(1인당기준): 1,677$ 세계 144위(2017 IMF 기준)

1. 개요

케냐 내에는 문화와 전통이 다른 40개 이상의 부족들이 살고 있기 때문에 생활 상태나 풍습을 한마디로 표현하기는 어렵다. 도시 지역이나 농경지에서는 곡식과 채소, 고기 등 비교적 다양한 재료를 구할 수 있으나, 목축 또는 유목민 지역에서는 가축의 고기와 피, 젖을 주식으로 한다. 유목민들의 환경은 대개 경작이 극히 어려운 기후와 토질을 가지고 있다. 이들이 사육하는 동물은 소, 낙타, 염소, 나귀, 양 등이며, 야생동물은 별로 잡아먹지 않는다. 원주민인 마사이족들의 음식들도 이제는 많이 보편화되어서 부족 특유의 음식보다는 구하기 쉬운 재료를 사용하여 음식을 장만하는 경우가 많다.

2. 케냐 음식문화의 일반적 특징

| 망고

| 파파야

| 두리안

| 파인애플

케냐에는 채소와 과일의 종류가 풍부하다. 채소로는 양배추, 당근, 양파, 감자, 오이, 토마토 등이 있고 과일로는 바나나를 비롯해 파파야, 두리안, 망고, 파인애플, 오렌지, 무화과, 수박 등 갖가지 열대과일을 계절에 따라 맛볼 수 있다. 이처럼 다양한 음식재료를 가지고 여러 음식이 만들어지는데, 특히 바나나를 이용한 음식은 거의 주식이라 할 수 있을 만큼 많이 먹는다. 바나나는 주로 썰어서 콩, 채소 등과 함께 잎으로 싼 후 쪄서 먹으며, 기름에 튀기거나 구워 먹기도 한다.

주식은 옥수수·기장·오이·토마토 등의 주산물을 주로 먹는다. 주된 음식으로는 고기 스튜와 우갈리(Ugali)라는 옥수수 죽을 먹는다.

전통 술로는 기장·옥수수·코코넛으로 담근 술이 있다. 케냐의 원주민인 마사이족은 평소에 육류, 우유, 나무껍질, 꿀을 즐겨 먹는다. 손님이 오면 기르던 가축을 잡아 대접을 하는데 특히 귀한 손님에게는 동물의 간을 대접한다. 또한, 특별한 의식 때에는 염소의 동맥을 따서 피를 마시기도 한다.

동아프리카의 음식은 감자와 옥수수인 마이즈(Maize)와 같은 기본적인 재료를 가지고 아주 간단히 만들 수 있다. 고기를 넣고 푹 튀겨낸 삼부사스(Sambusas)와 콩과 감자, 콩과 옥수수를 넣고 끓여 만든 기대리(Githeri), 채소

수프와 같은 수쿠마 위키(Sukhuma wiki) 등과 같은 토속 음식이 있다. 특별히 케냐에서만 즐길 수 있는 음식으로는 얼룩말, 타조, 악어와 물소 등 야생동물의 고기를 석탄에 구어 먹는 '냐마쵸마(Nyama Choma)' 가 있다.

3. 대표 음식

케냐의 대표적인 음식은 다음과 같은 것들이 있으며, 쌀과 생선을 즐겨 먹는다.

1) 우갈리(Ugali)

옥수수가루로 만든 죽 같은 음식

2) 아이로(Irio)

옥수수, 콩, 감자 등을 끓여서 함께 으깨어 먹는데, 고기나 채소 스튜에 넣어 먹기도 한다.

3) 챠파티(Chapati)

밀가루 전병 같은 것으로 만두처럼 속을 넣어 먹기도 한다.

4) 수쿠마 위키(Sukuma wiki)

케일과 여러 채소를 넣고 볶아 만든 음식. Wiki는 영어로 week를 뜻하는데, 이음식을 먹고 일주일을 견디어낸다는 데서 유래했다.

5) 냐마쵸마(Nyama choma)

꼬치구이와 비슷하며 케냐의 대표적 관광 상품이다. Nyama는 고기란 뜻이고, 이 고기는 주로 염소고기이지만, 우리들이 사파리에서 볼 수 있는 동물들(악어, 코끼리, 얼룩말 등)의 고기도 먹을 수 있다.

6) 챠이(Chai)

홍차와 우유를 섞어 만든 음료수. 요즘 우리나라에도 '데자와' 라는 제품을 시판하고 있다.

3. 탄자니아

나라 이름: 탄자니아합중국(United Republic of Tanzania

수도: 도도마

언어: 스와힐리어, 영어, 아랍어

면적: 947,300㎢ 세계 31위(CIA 기준)

인구: 약 53,950,935명

　　　세계 26위(2017.07. est. CIA 기준)

종교: 기독교 40%, 이슬람교 30%, 토속종교 30%

기후: 열대기후

위치: 아프리카동부

전압: 230V, 주파수: 50Hz

국가번호: 255(전화)

GDP(명목기준): 516억$ 세계 81위(2017 IMF 기준)

GDP(1인당기준): 1,040$ 세계 158위(2017 IMF 기준)

1. 개요

탄자니아는 국토의 대부분이 산지로 구성되어 있는데, 북부에는 해발 5,985m의 킬리만자로 산이 있고, 해발고도 4,000m 이상의 산도 많이 있다. 국토의 대부분이 평야와 고원으로 이루어져 있지만 해안 지대는 땅이 좁고 낮다. 탄자니아는 국토의 대부분이 산지로 구성되어 있으며, 서부에는 빅토리아·탕가니카·니아사의 세 호수가 국경선을 접하고 있다. 130개의 부족으로 이루어진 탄자니아는 부족끼리 배타성이 강해서 각자의 음식문화에 큰 차이를 보였으나, 니에

레레 대통령의 융합 정책에 따라 근무지 발령, 학교 진학, 결혼 등의 방법으로 음식의 평준화를 이루게 되었다. 현재에는 국가적인 옥수수 주식 장려책으로 인하여 옥수수가 주식으로 자리 잡게 되었다.

2. 탄자니아 음식문화의 일반적 특징

탄자니아 음식은 케냐와 거의 차이가 없고, 재료나 조리법도 비슷하며 케냐에서처럼 나마쵸마(Nyama Choma, 구운 고기)가 중요한 요리로 자리 잡고 있다.

그러나 해안 지역이나 잔지바르, 그리고 펨바 섬에서는 해산물로 만든 전통적인 스와힐리 음식이 다양하게 있다. 가장 일반적인 맥주는 사파리라거(Safari Lager)이며, 현지의 독주는 하얀 럼 스타일의 혼합 술로 콘야기(Konyagi)라고 하는 것이 있다.

탄자니아 사람들은 보통 하루에 두 번의 식사를 하며 차를 항상 마신다. 매일 먹는 보편적이며, 대표적인 음식인 우갈리는 탄자니아의 주식인데 곡식 가루를 뜨거운 물로 반죽하여 저어 만드는 음식으로 주로 옥수수가루를 사용하고 또한 카사당밀이나 쌀을 더하기도 한다.

우갈리 자체에는 간을 하지 않아 싱거우므로 삶은 콩이나 나물 등 소금에 삶은 음식이나 고기, 생선을 곁들여 먹기도 한다. 해안 지역 사람들은 밥이 주식이지만 북부 사람들은 요리용 바나나가 주식이다. 우갈리에 생선 스튜, 채소나 육류를 곁들여 오른손으로 먹는다. 사람들은 식사 전이나 후에 큰 물그릇에다 손을 씻는다. 탄자니아 음식은 매우 다양하지만 탄자니아인들은 보통 염소·닭·양 고기를 좋아한다.

필라우(Pilau)는 카레, 시나몬, 커민, 매운 후추, 정향 등으로 양념한 밥으로 매우 맛있다. 비툼부아(Vitumbua)는 간식으로 먹기도 하고 차와 곁들여 먹기도 하는 튀긴 달콤한 빵이다.

아침 식사로는 마살라(Masala)로 양념한 우유를 넣은 차와 갓 구운 프랑스식 빵을 먹는다. 우유를 끓인 후 거기에 차·마살라·설탕을 넣어 마신다.

마사이족 요리는 특이하게 육류 · 우유 · 피 · 동물지방 · 나무껍질 · 꿀만을 재료로 사용한다. 이 지역에서는 소를 치며 살아가는 부족이 주를 이루고 있어서 이들의 식생활에도 소가 차지하는 비율이 매우 크다.

이밖에 우유, 염소의 고기는 그들의 주요한 식량이다. 이들은 우유와 소의 피를 섞어 마시기도 하고, 소의 피를 응고시킨 것을 간식으로 먹기도 한다. 농경 부족과의 물물교환을 통해서 옥수수 등의 곡식을 얻어서 요리해 먹기도 한다.

3. 대표 음식

1) 우갈리(Ugali)

탄자니아의 주식으로, 이탈리아의 Polenta와 비슷하다. 주로 옥수수 가루를 사용하며 이외에 카사바 가루, 당밀, 쌀가루 등을 사용하기도 한다. 'Shima' 혹은 'Saza'라고도 불리며, 비슷한 음식을 서부아프리카에서는 'Fufu' 라고 한다.

2) 필라우(Pilau)

아프리카를 식민지화 한 영국이 아프리카의 효과적인 통치를 위해서 동인도회사를 통하여 인도에서 사람들을 강제 이주시켰는데, 그때 아프리카로 건너온 사람들이 만들어 먹던 인도음식으로 아프리카 사람들도 즐겨 먹는다.

3) 챠파티(Chapati)

납작한 빵인 차파티는 인도음식으로, 영국 식민지 시절에 전해져서 오늘날 동부아프리카에서 주로 먹는다.

4) 비툼부아(Vitumbua)

간식으로 먹기도 하고 차와 곁들여 먹기도 하는 튀긴 달콤한 빵이다.

5) 사모사(Samosa)

삶은 감자를 으깨어 다양한 향신료를 혼합한 후 춘권피에 싸서 튀긴 튀김 만두

6) 필라우(Pilau)

길쭉한 쌀로 지은 밥에 양파, 당근, 콩 등의 채소와 함께 향신료(터메릭, 큐민 등)를 넣어 볶은 볶음밥

7) 우갈리(Ugali)와 수쿠마위키(Sukuma wiki)

우갈리는 옥수수가루를 끓는 물에 잘 개어서 떡처럼 만든 음식으로 수쿠마위키와 함께 먹는데, 수쿠마위키는 케일, 토마토, 양파 등을 함께 볶아 만든다.

4. 에티오피아

나라 이름: 에티오피아 (Ethiopia)

수도: 아디스아바바

언어: 암하라어, 영어

면적: 1,104,300㎢ 세계 27위(CIA 기준)

인구: 약 105,350,020명 세계 12위(2017.07. est. CIA 기준)

종교: 에티오피아정교 43.5%, 이슬람교 31%, 정령신앙

기후: 온대동계 건조성기후

위치: 아프리카대륙북동부

전압: 230V, 주파수: 50Hz

국가번호: 251(전화)

GDP(명목 기준): 797억$ 세계 66위(2017 IMF 기준)

GDP(1인당 기준): 860$ 세계 162위(2017 IMF 기준)

1. 개요

에티오피아 음식은 그 종류나 조리 방법에 있어서 복잡하지 않고 단순하며 간단한 편이다. 그리고 재료의 맛을 그대로 느낄 수 있는 있는 음식들이 많다. 전통적인 음식은 주로 스튜 종류로 고기나 채소를 넣어 끓여서 먹는다. 에티오피아 음식을 하기 위해서는 '베르베르(berbere)'라고 불리는 양념장이 필요하다. 양파, 파프리카, 마늘, 생강, 클로브, 카다몬, 코리앤더 등을 물과 기름을 넣고 갈아서 만든 양념장(red paste)같은 것으로 매콤한 맛이다. 에티오피아 문화에 따르면 최고의 베르베르를 만드는 여자는 좋은 신랑을 만난다고 한다. 그리고 주식인 '인제라(Injera)'는 떼프가루를 물에 풀어 반죽한 다음 넓게 밀전병을 부친 것으로 넓게 펼쳐진 인제라에 채소나 고기볶음, 스튜 등을 올려 놓고 손으로 싸서 먹는다. 에티오피아의 전통 음식 중의 하나인 'Wot'은 베르베르를 넣어 만든 매콤한 스튜로 소, 양, 닭, 염소고기나 콩류를 재료로 해서 만든 음식이다.

2. 대표 음식

1) 인제라(Injera)

'떼프'는 에티오피아에서만 주로 재배하는 수수의 일종으로, 떼프를 수확해 가루로 빻아서 사용한다. 만들 때에는 솥뚜껑을 뒤집은 것같이 생긴 조리 도구에 반죽을 부어 인제라를 만든다.

2) Wot(stew)

잘게 썬 고기와 '베르베르'라 불리는 매콤한 향신료를 섞어 만든 음식으로 닭을 넣으면 Doro Wat, 쇠고기를 넣으면 SikSikWat, 채소를 넣으면 ShiroWat이라고 한다.

3) Kitfo(spiced raw beef)

Kitfo는 쇠고기를 갈아서 매콤한 양념을 해서 볶은 고기 볶음으로 인제라와 함께 먹는다.

4) Dabokolo

밀가루에 꿀이나 설탕을 넣어 반죽하여 튀긴 과자로 간식으로 인기가 많다.

3. 아프리카의 식사 예절

- 식사할 때 오른손으로 식사한다.
- 집안 어른이 먼저 식사를 시작한 후에 식사가 시작된다.

참고 : koica 지구촌체험관

07

자연환경과 종교,
의식에 관한 식생활

CHAPTER 7

자연환경과 종교, 의식에 관한 식생활

1. 기후에 따른 식생활

식생활은 기후에 따라 열대 기후, 온대 기후, 건조 기후, 한대 기후, 냉대 기후로 나눌 수 있다. 해당 기후는 각 지역에 생산되는 작물이나 사육하는 가축 등에 직접적인 영향을 미치기 때문에 이에 따라서도 음식의 종류와 식생활이 달라진다.

1) 열대 기후 지역

가장 추운 달이 영상 18℃ 이상인 열대 기후 지역에서는 강수량에 따라 강수량이 60mm 이상인 열대 우림기후와, 60mm 이하인 사바나 기후, 평균 강우량이 1200~1900mm에 달하는 고온다습한 열대 몬순 기후로 나눌 수 있다. 사바나 기후는 다시 비가 오지 않는 건기(乾期)와 비가 오는 우기(雨期)로 구분된다. 추운 지방에 사는 사람들은 몸을 녹이기 위해 뜨거운 음식을 즐겨 먹었는데, 이런 경우 손으로 먹을 수 없었던 반면 열대 기후에 사는 사람들은 조리한 후 음식을 식혀 먹거나 차가운 음식을 먹었기 때문에 도구의 사용이 불필요 했다. 또한, 찰기가 적은 쌀로 지은 밥이나 물기가 없는 납작한 빵을 주로 먹었기 때문에 손을 사용하였기에 열대 기후에 해당하는 지역의 사람들은 손으로 식사를 하는 수식 문화를 가지고 있다. 이에 대한 가장 큰 이유가 바로 기후 때문이다.

① 열대 우림기후 지역

위도 0~5°의 적도 부근에 위치하는 열대 우림 기후는 아프리카 콩고 강 유역과 동남아시아의 말레이 반도 부근에 위치한다. 일년 내내 덥고 습윤하며 강우량이 많고, 열대 우림기후에는 정글이 형성되며 기온이 높기 때문에 다른 지역의 사람들에 비해 에너지를 더 많이 필요로 한다. 토양은 염기와 규산 등이 용탈되어서 배수가 매우 잘 되지만, 농업에는 좋지 않다. 모기가 많이 자생해 말라리아와 같은 병이 생기기도 한다. 따라서 소화가 잘되면서도 고열량을 내는 지방을 이용한 음식을 많이 섭취하며 조리법으로는 주로 튀긴 음식이 발전하였다. 고온 다습하여 음식이 부패하기 쉬우므로 음식에 향신료를 많이 사용하여 소독, 방부 효과를 봄과 동시에 불쾌한 냄새와 맛은 줄이고 자극적인 맛과 고유의 향을 증가시킨다. 과일의 종류가 다양하고, 쌀은 찰기가 적으며 목축을 통해 고기와 유제품을 섭취한다.

② 사바나 기후 지역

사바나 기후의 지역은 보통 열대 우림 기후 주변을 둘러싸는 형태로 나타나는데, 건기에는 부족한 강우량으로 식물의 생장이 활발하지 못하며, 강우량이 많은 우기에 식물이 성장을 한다. 평균 기온이 약 27℃로 매우 더운 편이며, 열대 우림 기후와는 달리 우기와 건기가 매우 뚜렷하다. 토양은 박테리아가 많이 있고, 유기질 대부분이 분해되어 배수가 매우 잘되며 보통 붉은 적색을 띤다.

인도와 인도차이나 반도의 내륙, 아프리카 수단, 모잠비크, 서인도제도, 남미의 야노스, 캄푸스, 오스트레일리아의 북부지역 등에 분포한다. 사바나 기후의 지역에는 열대 초원이 형성되어 야생동물이 서식하기에 좋다.

2) 건조 기후 지역

평균 강수량이 500mm 이하인 건조 기후 지역은 우크라이나, 미국 그레이트플레인즈, 아르헨티나의 팜파스, 오스트레일리아의 대찬정분지, 중앙아시아 등이 해당된다. 강수량 500mm 이하에서는 나무가 제대로 자랄 수 없기 때문에 무(無)수목 기후라고도 하는데, 강수량이 부족해서 수목이 자라기 힘든 기후를 말한다. 주로 중위도 고압대의 회귀선 부근에 분포하며 증발에 의한 기온의 일교차와 연교차가 크다.

연간 강우량이 250mm~500mm 이상인 경우에는 스텝 기후라고 부르고, 그 이하인 경우에는 사막 기후라고 한다.

① 스텝 기후

사막보다는 강수량이 많아서 단초의 초원을 이루며 서남아시아, 중앙아시아와 아프리카의 스텝 기후 지역에서는 유목이 이루어지며, 밀농사가 이루어지며, 비옥한 토양으로 곡창 지대가 형성된다.

② 사막 기후

아프리카의 사하라 사막이 대표적인 사막 기후에 해당하는데 연 강수량이 250mm 이하이며, 사막에는 식물이 자라기 힘들며, 인간이 살아가기에 부족한 점이 많지만 오아시스나 외래 하천 유역에는 마을이 형성되고 이슬람의 필요 영양식인 대추야자, 주식인 밀 등이 재배된다. 이들은 그들의 환경에 맞게 다양한 식생활을 영위한다. 현대에는 지하수나 하천 개발로 지하자원 개발에 주력하고 있는 추세이다.

3) 온대 기후 지역

4계절이 뚜렷이 구별되는 온대 기후 지역은 가장 추운 달의 평균 기온이 3℃ 이상으로 사람이 가장 살기 좋은 기후를 보이는 지역이다. 따라서 이곳의 인구밀도는 다른 지역보다 높은 편이며, 계절풍의 영향에 따라 온난 습윤, 온난 동계 건조 기후로 나눌 수 있다.

온난 습윤 기후에 해당하는 지역은 동부 아시아, 남북 아메리카의 동부 지역, 오스트레일리아의 동부 지역이 온난 동계 건조 기후는 중국 남부, 인도, 인도차이나 반도 등이 해당된다. 온대 기후 지역은 사람이 살기에 아주 좋은 기후이며, 농업, 목축업 등이 발달하였으며, 여러 종류의 먹을거리가 생산, 재배되어 음식의 종류가 다른 기후의 지역보다 풍요롭고 많은 생산량의 식재료를 통해 건조식품을 비롯한 식품 가공법이 발달하였다. 쌀은 찰기가 많은 것을 이용한다.

4) 냉대 기후 지역

냉대 기후 지방은 온도차가 비교적 크게 나타나며, 가장 따뜻한 달의 평균 기온은 영상 10℃ 이상이며 가장 추운 달의 평균 기온은 영하 3℃ 이하이므로 연교차가 가장 큰 지역이다. 대체로 유라시아 대륙에 광범위하게 걸쳐 나타나는데, 강수량에 따라 냉대 습윤 기후와 냉대 동계 건조 기후로 구분된다. 4계절이 뚜렷하여서 감자나 낙농업 등 농사가 잘되고, 먹을거리가 풍성하지만 겨울이 유난히 길어서 절인 음식이나, 가공된 음식이 발달하였다. 냉대 습윤 기후는 스칸디나비아 반도, 시베리아, 알래스카 등에 나타나며 여름이 고온이어서 여름은 겨울과 반대로 매우 짧다. 냉대 동계 건조 기후는 연교차가 세계 최대이며, 중국 북동부 지역으로부터 시베리아 동부 지역에 걸쳐 나타난다.

5) 한대 기후 지역

한대 기후 지역은 주로 극지방에서 볼 수 있는 기후로 가장 따뜻한 달의 평균기온이 영상 10℃ 이하에 해당하는 곳을 말한다. 너무 추워서 식물이나 사람이 살기 힘든 지역이다. 크게 아극 기후, 극기후, 고원 기후로 구분된다. 1년의 반인 6개월을 밤과

백야가 반복되어 해를 볼 수 없고, 또 6개월은 낮만 계속되어서 달을 볼 수 없는 지역도 있다. 0℃를 기준으로 그 이하는 영구 빙설 기후, 그 이상이면 툰드라 기후라고 부르기도 한다. 이곳에서는 작물의 재배가 쉽지 않기 때문에 음식의 종류가 적고, 추운 날

씨 때문에 부패가 잘 일어나지 않으므로 생선을 날로 먹거나 가공을 거의 하지 않고 음식재료로 사용하기 때문에 음식의 맛은 거의 담백한 편이다. 다만 순록이나 곰 등 추운 지방에 사는 동물들의 수렵이 발달하여 자연산 녹용이나 녹각 등의 수확을 많이 하며, 이들을 이용한 유제품을 음식에 많이 이용한다.

과거 기원전부터 시작하여 현재에 이르기까지 사람들은 종족의 번영과 안녕을 위하여 신의 보호를 받고자 하였다. 문명이 발달하기 전부터 질병이나 기후로 인한 재난이 있을 때마다 인간들은 인류의 기원을 생각하며, 창조주가 누구일까라는 의문과 함께 자연 현상들 앞에 모든 사물에 영혼이 깃들어 있음을 강하게 믿고 있었으며, 거친 날씨가 이어진다든지 흉한 일이 겹치면, 벌을 받는 것이라고 생각하였다. 이들에 겐 산, 강, 나무, 태양, 달, 별, 돌 등에 생명이 존재하거나 혹은 영혼이 깃든 존재라고 믿었다.

원시인들은 이러한 것들에게 제사 의식을 행하기도 하고, 두려워하며, 신성시 여기고 섬겼는데, 차츰 인류의 지혜와 문명이 발전하게 되자 원시 신앙에 대치되는 다양한 종교가 형성되기 시작하였다. 과학이 발전함으로 종교는 정치적인 도구로 쓰이기도 하고, 국민을 지배하기에 아주 좋은 수단이 되기도 하였다.

인류는 신에게 감사하는 마음을 표하기 위해 음식을 바치거나 특정 음식을 금기로 삼았기 때문에 종교에 따른 다양한 식생활 문화가 나타나게 되었다. 그리하여 때로는 이들 식생활 습관이 종교 자체의 상징이 되는 경우도 많았다. 이처럼 국가의 종

교와 사상이 음식에 대한 규정, 금기사항, 음식을 먹는 습관, 풍습 등에 영향을 미쳤고 이것이 현재에까지 이어지고 있다.

2. 종교에 따른 식생활

1) 이슬람교

중동은 사막 나라들이 대다수이다. 전 세계 산유량의 40%를 차지하는 천연자원으로 대부분 석유 발굴로 인하여 원유를 판 돈으로 국민들이 생활하고 있는 부자 나라이다. 중동 산유국들의 경우 석유 자본을 통하여 이들의 경제 규모는 엄청나게 성장하였고, 하나의 종교적인 동맹체로 결성한 이슬람국들의 군사력과 대폭적인 군비 증강으로 서구 세력을 위협하게 되었다.

8000년 전 사우디아라비아에서 시작된 이슬람교는 이라크, 이란, 요르단, 시리아, 터키, 이집트, 알제리, 모로코, 나이지리아, 에티오피아, 말레이시아, 인도네시아, 파키스탄 등 전 세계에 걸쳐 전파되어 있다. 이들은 알라신을 절대적인 정신적 지도자로 섬기며, 회교 반군들은 죽음을 두려워하지 않고 전쟁에 임한다.

이슬람(Islam)이란 어휘는 순종, 복종, 평화, 순결이라고 하는 의미를 포함하고 있는 아랍어의 '쌀라마' 라는 동사에서 파생되었다. 이슬람법의 차원에서 볼 때 절대자의 목적과 의지에 순종하고 창조주의 법칙에 내 자신을 온전히 맡긴다는 뜻이다. 쌀라마의 또 다른 의미는 '화합과 평화' 라는 뜻도 가지고 있다.

마을의 스피커를 통해 제사장이 알라를 애절하게 부르면 사람들은 머리에 흰 두건을 쓰고는 하루에 다섯 번씩 메카를 향해 절을 하며, 자신을 뉘우치며 회개하는 기도를 한다. 알라를 부르는 그 간절한 소리는 인간들의 마음 깊숙이 숨어 있는 허무와 무의미를 느끼게 한다. 예배당에는 그들이 모시는 알라의 표지도 없고, 아무것도 없는 벽면을 보고 절을 한다. 오직 메카를 향해 절을 하는 것이다. 이슬람교도 최고의 소원은 성지인 메카를 가보는 것이다.

모하메드 연구에 있어서 가장 중요한 문헌은 코란과 하디스와 Sirah이다. 현재 코란은 사우디아라비아의 남서쪽 도시인 메카에서 만들어진 무슬림의 성전이다. 무슬림들은 코란을 예언자 모하메드를 통해 주신 Allah의 계시로 본다. 아랍의 남자들은 법적으로 네 명의 여자를 거느릴 수 있다. 여자는 단지 종족 번식의 수단일 뿐 그 이상의 일을 수행하지 않는다. 복장도 검정색이나 흰색의 도포로 얼굴까지 뒤집어쓰고, 머리엔 항상 히잡을 두르고 있으며, 목덜미나 손목, 발목 등 신체의 일부가 다른 사람에게 보여선 안 된다. 사우디는 철저한 통제 국가이므로 사업상이 아니면 입국하기가 쉽지 않다. 중동 국가들에 있어서는 특히 무슬림들의 철칙인 술을 마시지 않는 것부터 왕이 지배하는 것, 절대적인 통치권이 외부인의 방문으로 무너질 위험이 있기 때문에 철저한 통제를 한다.

무슬림들은 죽은 짐승의 고기와 피, 돼지고기, 목 졸려 죽은 고기 등을 금기하고 있으며 이 식품 이외의 모든 음식은 섭취가 가능하다. 다른 종교와 차이점이라면 이슬람교를 제외한 대부분의 종교에서는 낙타를 금기 식육으로 구분하고 있으나 이슬람교에서는 낙타의 식용을 허용하고 있다.

이슬람교에서는 '라마단'이라는 단식월이 종교적 행사로 이어지고 있는데, 태음력(太陰曆)의 9번째 달을 라마단이라고 하여, 이 달엔 단식을 하는데, 라마단이란 아랍어로 '더운 달'을 의미한다. 또한, 천사 가브리엘(Gabriel)이 모하메드에게 '코란'을 가르친 신성한 달로 해가 뜰 때부터 해가 질 때까지 의무적으로 금식을 해야 하며, 하루 5번의 기도를 한다. 병자나 어린이, 노인 임산부 등 금식을 하지 못한 경우는 별도의 시간을 정해서 금식을 한다.

2) 힌두교

| 카라주호, 에토틱 힌두 사원

힌두교의 발생은 기원전 1500년 이전 고대 인도의 종교 사상인 베다에서 비롯되었으며, 베다는 종교로서 그리고 글로서 오늘날 남겨진 문학 가운데 가장 오래된 것으로 알려져 있다.

4000년 전 인도에서 발원된 힌두교는 인도 대륙 전역에 전파되어 있으며, 여러 신들의 존재를 부정하지 않는 다신교적 일신교(택일신교)로서 교주(敎主), 즉 특정한 종교적 창시자가 없는 것이 특징이며, 브라만(Brahman)을 신앙의 대상으로 삼는다.

힌두교는 범신론적 인본주의 사상에서 출발하여 모든 자연 현상 속에서 나타날 수 있는 모든 형태의 사물, 즉 나무나 돌 또는 동물 등을 신성시하는 원시 종교 형태를 이루고 있는데, 체계화된 사상 체계와 많은 신들에 대한 다신 숭배에 이르는 방대한 믿음과 행위들이 모두 포함되기 때문에 어떠한 종교보다도 많은 교리와 사상이 복합적으로 혼합되어 있어서, 교리나 의식 등 표현이 너무 다양하다.

이들은 엄격한 카스트 제도를 가지고 있어 사람들은 사회적 계급으로 나누며, 카스트 제도는 출생 성분에 따라 나뉘기 때문에 바뀔 수 없고 이를 철저히 지킨다. 현대로 오면서 카스트 제도는 형식상 무너졌지만 아직까지도 많은 부분에서 카스트 제도가 지켜지는 것을 알 수 있다. 카스트의 순위가 높을수록 육식은 금지하고 달걀을 먹는 것조차 거부한 채 철저하게 채식을 섭취한다.

힌두교에서는 작은 생명체라도 죽이는 것이 브라만에게 해를 입히는 것과 같다고 생각하기 때문에 생명을 죽이지 않고 특히 소를 신성시한다. 따라서 쇠고기와 술은 절대 금기 식품으로 받아들여진다. 이슬람 문화권과 마찬가지로 오른손을 신성시 여겨 음식을 먹을 때는 오른손만을 사용하며 왼손을 사용하는 것은 예의바르지 못한 행위로 간주한다.

3) 크리스트교

약 2000년 전 예루살렘에서 시작된 크리스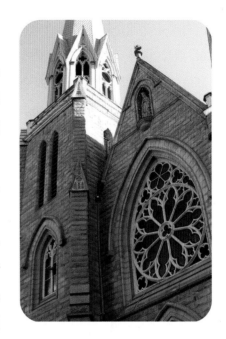
트교는 역사적 변천을 겪는 동안 가톨릭, 그리
스 정교회, 개신교 등 3갈래로 나뉘어졌다. 천
지 만물을 창조한 유일신을 하나님으로 섬기
고, 독생자 예수 그리스도를 구세주로 믿으며,
영혼의 구원을 위해 기도한다.

크리스트교는 팔레스티나에서 시작하여 로
마 제국의 국교가 되었고, 이어 페르시아, 중
국, 인도 등으로 번져나갔다. 8세기경 그리스
정교회가 고대 헬레니즘의 전통 위에서 갈려
나가고, 후에 로마 가톨릭교회는 다시 16세기 종교 개혁에 의해 구교와 신교로 갈라
지게 되었는데, 현재 이 세 교회가 대립되어 있다.

크리스크교의 사상은 성서에 기초를 두고 있으며, 이 성서는 예수 이전의 구약성
서와 예수의 탄생 이후 가르침이 담긴 신약성서로 구성돼 있다. 크리스트교는 예수
가 십자가를 통하여 보여준 사랑의 윤리에서 비롯된 사랑을 가장 중시한다. 유대교
가 율법에 따르는 자만이 하나님의 나라(천국)에 간다고 명시하고 있는 반면, 크리스
트교는 그 기준을 사랑에 두고 있다는 점에서 이 두 종교에 차이가 있다.

우리나라에서는 특히 신교를 크리스트교(기독교)라 하고 있으며 구교를 가톨릭(천
주교)라 부르고 있다. 예수(Jesus)를 신앙의 대상으로 삼으며 종교나 종파에 따라 금
기 식품에 약간의 차이를 보이기는 하지만 보통 금기 식품은 아래와 같다.

포유류의 경우 발굽이 갈라져 있고, 되새김질을 하는 소, 양, 염소, 사슴 등의 동
물만 먹고 되새김질은 하지만 발굽이 갈라져 있지 않은 동물이나 그 반대의 경우(낙
타, 너구리, 멧돼지, 토끼 등), 되새김질도 하지 않고 발굽도 갈라져 있지 않은 동물
(말, 당나귀 등), 야생동물(사자, 여우, 늑대, 고양이 등)은 금기 식품으로 분류하여
먹지 않는다.

어패류의 경우에는 지느러미와 비늘이 있는 물고기만을 먹으며 조개, 오징어, 문어, 뱀장어, 게, 거북이 등과 같이 지느러미나 비늘이 없는 어패류는 먹지 않는다. 조류의 경우 깃털은 있지만 날지 못하는 타조 등과 맹금류, 잡식성의 조류인 독수리, 매, 까마귀, 갈매기, 부엉이, 박쥐 등은 먹지 않고 깃털이 있어 하늘을 날 수 있으며 육식을 하지 않는 조류(오리, 비둘기, 닭 등)는 식용 가능한 식품으로 분류한다. 그 외 두더지, 날다람쥐, 카멜레온 등 네 개의 다리로 지상을 기어 다니는 동물이나 메뚜기를 제외한 모든 곤충은 금기한다.

먹는 식품뿐 아니라 식생활에 있어서도 크리스트교는 엄격한 규칙을 가지고 있었다. 초기 크리스트교회에서는 하루 저녁에 한 끼만 먹되 음식의 종류도 채소와 생선 및 달걀만 허용하였다. 이는 9세기에 들어 완화되었다. 밀라노에서는 36일간 단식을 하였으나 현대에서는 단식이 완화되었다.

4) 불교

기원전 1000년 중엽 인더스 강 유역에서 발원된 불교는 인도, 스리랑카, 동남아시아, 중국, 한국, 일본 등 전 세계에 걸쳐 전파되어 있다. 불교는 고대 인도에서 카스트 제도가 신분과 직업을 고정시키고, 브라만교가 점차 타락한데 대한 불만이 높아감에 따라 석가모니가 차별주의에 반대하고 깨달음과 자비, 윤회사상을 주장한 데서 시작되었다.

우리나라는 중국으로부터 불교가 전파되었는데, 후에 우리나라에서 일본으로 교권이 확대되면서 불교는 세계적인 종교로서 자리를 굳히게 되었다. 14세기 이후부터 오늘날에 이르기까지 발상지인 인도에서는 이슬람교에 밀려 세력이 약화되었으나 한국을 비롯한 스리랑카, 미얀마, 타이, 캄보디아, 몽골 등의 지역에 걸쳐 많은 신자를 확보

하고 있다.

불교는 부다(Budda)를 신앙의 대상으로 삼고, 궁극적 진리를 깨달아 모든 번뇌를 떨쳐 버리고, 절대 자유의 경지에 이른 자를 일컫는다. 중생들은 윤회를 하지만 부처는 윤회하지 않으며, 보통 부처라고 하면 석가모니 부처님을 가리킨다.

보살은 보리살타 Bodhi-sattva라고 하여 줄여서 쓰는 말이며, bodhi는 깨달음이라는 뜻이고, sattva는 중생이라는 뜻이다. 또한, 부처를 이루기 직전의 존재라고볼 수 있으며, 문수보살, 보현보살, 관음보살, 지장보살, 미륵보살 등이 있다.

모든 생명의 존엄성에 대한 신앙에 따라 육식을 금지하고 채식주의를 옹호한다. 인육, 개고기, 육식동물의 고기, 낙타, 털이 많은 동물의 고기 등은 불결한 음식으로 간주되어 금기한다.

3. 식사 도구에 따른 분류

식사 문화를 도구에 따라 구분하면 크게 젓가락을 사용하는 저식 문화권(箸食文化圈), 포크와 나이프를 사용하는 문화권, 손을 사용하는 수식 문화권(手食文化圈)으로 나눌 수 있다. 숟가락이나 이와 유사한 도구는 모든 문화권에서 공통으로 사용한다. 저식 문화권은 한국, 중국, 일본, 베트남이 해당되며, 포크와 나이프를 사용하는 나라는 유럽, 러시아, 북미, 중남미가 해당된다. 수식 문화권에는 인디아, 동남아시아, 중동, 아프리카가 있다. 이와 같이 식사 도구에 따라 음식을 먹는 방법이 달라지는 이유는 국가와 민족마다 기후, 종교, 먹는 음식이 다르기 때문이다.

1) 저식(箸食) 문화권

3000~5000년 전 중국의 화식(火食) 문화로부터 발명된 젓가락은 중국어로 콰이즈(筷子)라고 한다. 쾌(筷)는 대나무 죽(竹)과 빠를 쾌(快)가 합쳐진 글자로 '음식을 빨리 먹기 위한 죽물(竹物)'이라는 뜻이다. 중국 황실에서는 음식에 독이 들어 있는

지를 미리 알기 위해 은젓가락을 사용하였으며 전한(前漢) 시대부터는 일반적인 대중이 사용하였다. 중국인들은 면(麵)류를 편하게 먹기 위해 젓가락을 사용했다고 알려지고 있다. 숟가락으로 먹을 경우 국물과 기름의 뜨거운 열로 인해 입을 데이기 쉽기 때문이다. 숟가락의 경우 당나라 이후 차를 마시는 풍속이 일상생활로 자리 잡으면서 국물이 있는 음식을 덜 먹게 되면서부터 퇴보했다.

한국은 젓가락과 숟가락을 동시에 놓고 국물이 있는 음식과 밥은 숟가락을 사용하며 금속 재질의 그릇을 이용하기 때문에 뜨거운 국물이 담긴 그릇을 직접 들고 먹지 않고 숟가락을 이용하여 먹는다. 음식의 구성에 있어서도 한국은 국물이 있는 음식과 없는 음식을 병용하여 구성하기 때문에 숟가락의 사용이 퇴보하는 타 국가들에 비해 현재까지도 숟가락이 젓가락과 함께 상에 오르고 있다.

일본은 중국 수나라로부터 한 쌍의 젓가락이 전해진 후 귀족들 사이에서 숟가락과 함께 사용되었으며 나라 시대에 들어와서 서민들에게 젓가락이 보편적으로 사용되었다. 가정에서 손님을 초대하였을 때에는 대부분 한 번도 쓰지 않아 깨끗하다는 의미로 하얀 종이로 싼 나무젓가락을 내놓는다.

중국의 젓가락은 플라스틱이나 대나무, 상아 등을 이용해 만드는데 끝이 뭉툭하고 길이가 길며 위아래 굵기의 차이가 적은 반면 일본의 젓가락은 나무를 이용해 만드는 것이 보편적이고 생선의 가시를 발라먹기에 적당하도록 끝이 뾰족하고 길이가 짧은 것이 특징이다. 한국의 경우 금속 재질로 만들며 형태는 납작하고 위아래 굵기의 차이가 적어 다양하고 작은 반찬을 집기에 적당한 모양을 갖추고 있어 같은 저식 문화권 내에서도 젓가락의 모양은 상이함을 알 수 있다.

2) 수식(手食) 문화권

인디아, 태국을 비롯한 동남아 각국, 중동 지역, 그리고 아프리카에서는 손으로 식사를 한다. 종교적으로는 이슬람교, 힌
두교 중심의 국가에서 오른손으로 음식을
먹는 식생활문화가 지켜지고 있다. 전 세
계 인구의 40%가 아직도 인류 문화의 근
원인 수식 문화권에 있는데, 엄격한 수식
매너가 있다. 이들 나라에서는 손으로 음
식을 집어 먹을 때 느끼는 촉감을 맛을 즐김과 동시에 대체로 따뜻한 기후의 지역에
위치한 나라가 많아 차가운 음식을 먹을 때 굳이 숟가락이나 젓가락, 포크, 나이프
등의 도구를 사용할 필요가 없었기 때문에 수식 문화가 자리 잡게 되었다.

3) 포크 · 나이프 문화권

포크가 처음 사용된 나라나 발명자는
알려져 있지 않으나 중동에서 기원전
1000년 이전에 끝이 두 갈래로 갈라진 포
크가 알려져 있었다는 설이 있다.

중세의 유럽에서는 상류층에서도 큰 그릇에 담긴 음식물을 손으로 먹거나 집안의
연장자가 도구를 써서 개인에게 나눠주면 손으로 음식을 먹는 것이 일반적이었다. 11
세기 비잔틴 제국을 거쳐 이탈리아로 전해진 포크는 16세기 이탈리아와 스페인의 상
류사회에서 개인용 나이프, 포크, 스푼을 사용하였으며 17세기 프랑스 궁정요리 중에
서 이런 도구를 이용하여 식사를 하는 문화가 확립되었다. 이후 18세기경에 이르러 포
크가 대중적인 식사 도구가 된 이후 유럽에서 사용하는 이런 식사 도구는 불, 중, 남아
메리카, 호주 등으로 이민 온 백인들을 통해 전 세계에 확산되었다. 이 무렵 독일에서
오늘날과 같이 끝이 약간 구부러져 네 갈래로 갈라진 포크가 사용되었다고 한다.

이와 같이 포크와 나이프를 사용하는 문화권의 나라는 대부분 육식을 즐기는 나
라임을 알 수 있다. 고기를 자를 때 포크로 잡아주면 쉽게 자를 수 있고, 자른 고기를
찍어 먹기에도 편리하기 때문이다.

4. 기념일 음식의 접근에 따른 분류

대부분의 나라에서 음식 섭취에 있어 축연(Feasting) 또는 금식(Fasting) 주기를 가지고 있다.

1) 축연(Feasting)

특정한 날 잔치나 향연을 열고 평소와는 다른 특별식을 만들어 즐기는 것을 말한다. 이는 생일이나 결혼기념일 등 개인적인 기념일, 설날, 추석 등의 세시풍속일, 크리스마스나 석가탄신일과 같은 종교적 기념일 모두에 해당한다. 대부분 축연 시에는 흩어졌던 가족들이 모두 모여 음식을 함께 준비하고 푸짐하게 차린 음식을 나누어 먹는 풍습을 가진다.

2) 금식(Fasting)

국가나 종교에 따라 금식을 하는 경우는 부분적인 금식과 완전히 금식하는 경우로 나뉜다. 금식은 보통 종교와 관련 있는 경우가 많으며, 축연 때처럼 개인적인 일이나 세시풍속일에는 금식을 하는 경우는 드물다.

부분 금식은 식사를 부분적으로 금하는 것으로 육식만 금하거나 특정 요일이나 특정 달에 특정 음식만 금식하도록 하는 것이다. 이에 반해 완전 금식은 식사를 일절 금하는 것으로, 유대교도는 전날 일몰 후부터 다음날 일몰까지, 이슬람 국가에서는 일출에서 일몰까지 완전히 금식하는 것을 예로 들 수 있다. 그러나 이 기간이 끝나면 가까운 이웃이나 가족들과 모여 음식을 나누기도 한다.

08
기호식품에 따른 분류

CHAPTER 8
기호식품에 따른 분류

1. 향신료

1) 향신료

- 향신채(Herb) : 조리나 치료의 목적으로 사용되는 잎, 꽃, 줄기, 뿌리, 수피, 종자 등 모든 식물의 단편을 의미한다.

- 향신료(Spice) : 향신채를 건조시킨 식물성 재료. 라틴어로 '약품' 이란 뜻을 가지며, 한국의 '양념' 과 유사하다. 같은 식물에서 허브와 스파이스를 동시에 얻을 수도 있다.

향신료를 세계적인 역사로 보았을 때, 향신료를 구하기 위하여, 바스코 다 가마 (Vasco da Gama)의 아프리카에서부터 인도로의 항로 개발과 마젤란의 세계 일주를 보면 여행의 목적 중 하나는 향신료를 구하기 위함이었다고 한다. 이를 보면 유럽인들의 음식에 대한 미적 감각이나, 미래 지향적인 추구성은 음식문화 발전에 밑바탕이 되었다고 볼 수 있다. 이로 인하여 유럽인들의 세계 식민지화가 유행처럼 번져 나가기 시작하였다.

특히, 인도산 후추와 계피는 유럽인들의 입맛을 사로잡았는데, 인도양을 건너 홍해를 북상하여 이집트에 도달하기까지의 항로가 이때에 개발되기도 하였다. 값이 비싼 탓에 향신료를 로마인들은 그들 스스로 운반해서 쓰기도 하였다. 중세에 접어들면서는 중동의 아랍 상인을 거치지 않고는 원하는 향신료를 구할 수가 없게 되었고, 그때부터 몰루카 제도의 특산물이었던 정향(clove)과 넛멕(nutmeg)이 중요한 스파이스로 쓰이게 되었는데, 장거리를 위험을 무릅

쓰고 운반해 오기도 했다. 당시 이슬람의 주권자인 칼리프(calif)와 술탄(sultan)이 이것에 관세를 과대하게 부가하여 더 비싸게 되었는데, 은과 같은 가격의 후추는 화폐로서 통용되기도 하였다.

유럽인들이 이토록 향신료에 집착하게 된 것은 그 당시 음식재료가 풍부하였지만 별다른 조리법이 없었고 소금으로만 간해서 먹는 자연식 위주로 음식의 맛이 없었기 때문이라고 본다. 향신료를 음식에 넣어 먹음으로써 미식과 더불어 질병을 예방할 수 있었다. 향신료를 사용하여 체계적인 조리법과 파티 문화가 꽃을 피웠기 때문에, 상류 사회에선 너도 나도 육류에선 없어선 안 될 후추를 찾아 나서게 된 것이다. 후추와 함께 정향, 시나몬이 세계 3대 향신료로 알려졌다. 정향은 소독약 냄새가 나며 서양에서는 일찌감치 방부제로 사용하기도 했다.

| 마늘 | 고추 | 대추

| 산초 | 백후추

- 한국의 향신료 : 파, 마늘, 양파, 고추, 후추, 생강, 참깨, 들깨, 계피, 겨자, 미나리, 깻잎, 갓 등

2) 향신료의 용도

향신료는 약효가 높고 소량으로도 풍미를 내어 서양 음식을 만들 때 빼놓을 수 없는 재료이다. 물에 우려내어 허브차로 이용하기도 하고 민간 약재로도 널리 사용되며 식초나 오일을 만들기도 한다.

- 허브 식초 : 병에 로즈메리, 바질, 딜, 페퍼민트, 마조람, 타라곤 등의 허브를 잠기도록 넣어 매일 흔들어 주며 만든 지 3주 후면 완성된다. 과일 샐러드에는 로즈메리, 페퍼민트로 만든 허브 식초가 어울린다. 닭이나 오리 등의 가금류 조리 시에 사용하면 식재료 특유의 비린내를 감하고 한층 더 좋은 맛을 낼 수 있다. 시중에 로즈메리로 만든 허브 식초를 팔기도 한다.

- 허브 오일 : 병에 로즈메리, 바질, 타라곤 등의 허브가 잠길 만큼 넣고 밀봉하여 볕이 잘 드는 곳에서 1주일 정도 두고 그 후에 그늘진 곳에서 보관한다.

3) 향신료의 종류

| 월계수잎

| 파슬리

| 넛멕 가루

| 넛멕

| 타라곤

- 월계수잎(BAY LEAF) : 베이 로렐(BAY LAUREL) 의 잎으로 로렐이라고 부르기도 한다. 보통 말려서 잎 모양 그대로 쓰지만 생잎을 뜯어서 음식에 넣기 도 한다. 피클과 헝가리안 스프에는 필수로 들어가 며, 스튜나 소스의 부향제로 쓰인다. 달콤 쌉싸름 한 맛이 자극적이다.

- 파슬리(PARSLEY) : 잘게 다진 잎을 스튜, 스프, 파스타, 고기 소스 등에 뿌려 사용한다. 마늘 향을 다소 제거해주므로 마늘이 첨가된 요리에 함께 사 용하면 좋다. 파슬리에 물을 뿌린 후 비닐백에 담 아 냉장 보관하면 신선하게 보관할 수 있다.

- 넛멕(NUTMEG) : 달콤한 향과 쌉싸름한 맛이 있 다. 열매를 사용하며 주로 다진고기 요리, 생선 요 리, 감자 요리와 제과・제빵에 사용한다.

- 딜(DILL) : 향긋한 향이 특징이다. 장시간 가열 시 향이 사라지므로 조리의 마지막 단계에서 넣어야 한다. 육류 요리, 해산물 요리, 크림치즈, 드레싱, 피클, 빵, 커리 등에 사용한다.

- 타라곤(TARRAGON) : 증류 과정을 통해 술이나 가공식품에 보편적으로 사용되고 화장품의 향을 가하는 데도 쓰인다. 맛이 복잡 미묘하며 과도하게 사용하면 향이 지나쳐 오히려 음식 맛을 떨어트리 므로 적당량을 사용한다. 닭요리, 드레싱, 스프, 소 스의 풍미를 더하는데 사용된다.

- 오레가노(OREGANO) : 잎을 사용하며 향긋하고 매운맛에 약간의 쓴맛을 띤다. 토마토, 칠리와 잘 어울려서 이탈리아요리, 멕시코요리에 많이 사용한다.

| 오레가노

- 정향(CLOVE) : 꽃봉오리를 말려서 사용하며 인도요리에 많이 사용된다. 가루로 이용하기도 하고 국물을 낼 때에는 양파 등에 꽂아 사용한다. 체온을 높이는 효능이 있다.

| 정향

- 마조람(MARJORAM) : 오레가노와 비슷하나 부드럽고 고급스러운 맛을 지니고 있다. 대개 신선한 것보다 가루를 많이 쓰며, 잎과 줄기를 함께 고기요리 · 생선요리 · 샐러드 · 콩요리 · 스프 등에 넣어 맛을 낸다. 허브차로 마시기도 한다. 잎에는 많은 철분과 칼슘, 비타민 A와 C가 들어 있다. 요리가 다 되었을 즈음에 넣어야 깊은 맛을 살릴 수 있다.

| 로즈메리

- 로즈메리(ROSEMARY) : 바늘 모양의 뾰족한 잎으로 청량한 향을 지녔지만 약간 맵고 쓴맛을 띤다. 고기의 누린내를 없애는 효과가 있어 육류 요리에 주로 사용된다. 우스터소스 향의 주성분 중 하나이며, 임산부가 섭취 시에는 유산이나 기형아 출산의 원인이 될 수 있으므로 조심해야 한다.

- 바질(BASIL) : 토마토와 궁합이 좋아 토마토 요리에 반드시 첨가되는 향신료이다. 피자, 스파게티, 육류 요리, 생선 요리, 버섯 요리, 닭과 달걀 요리 등과 잘 어울린다. 이탈리아, 프랑스에서 애용하며, 향기가 강한 큰 잎보다 어린잎을 사용하는 것이 좋다.

| 바질

| 타임

| 샤프란

- 타임(THYME) : 쏘는 듯이 자극적인 향을 특징이다. 살균과 방부의 효과가 있어 육가공품이나 케첩, 피클 등 저장 식품의 보존제로 사용된다. 조리 시간이 긴 스튜, 스프, 토마토소스 등의 요리에 주로 쓰인다.

- 샤프란(SAFFRON) : 꽃잎의 수술을 말려 실고추와 흡사하게 생긴 샤프란은 풀과 꿀의 향이 나며, 생산에 노동력의 소모가 심한 비싼 향신료로 알려져 있다. 치자처럼 음식을 노랗게 물들이는 식용 색소로 쓰인다. 주로 쌀요리, 케이크, 과자, 버터, 치즈 등을 만들 때 사용된다.

- 파프리카(PAPRIKA) : 빻은 파프리카 씨로 육류 요리, 채소 요리, 소스나 드레싱 등의 요리에 붉은색 강조하고 매운맛을 낼 때 쓰인다.

- 세이지(SAGE) : 강한 향을 지니고 있으며, 기름기 있는 육류의 지방을 분해시키고 냄새를 제거하는 효능이 있다. 주로 돼지고기 요리, 생선 요리, 커리, 소스에 사용한다.

- 아니스(ANISE) : 강하고 달콤한 맛으로 해산물 요리와 스튜, 스프, 제과 · 제빵에 많이 사용되며 차를 만들어 마시기도 한다.

| 계피

- 계피(CINNAMON) : 계피는 나무껍질을 말린 것으로 품위 있는 향과 청량하고 달콤한 맛이 특징이다. 각종 빵류, 음료 등에 주로 사용된다.

- 머스터드(MUSTARD) : 코를 찌르는 겨자의 매운맛은 가수분해로 인한 것으로 따뜻한 물에 녹으면 효소가 활성화되어 매운맛도 증가한다. 소시지, 피클, 인도요리 등에는 씨를 통째로 사용하고 스테이크, 샌드위치, 핫도그, 샐러드 등에는 개어 놓은 것을 쓴다. 향이 오래도록 보존되지 않는다는 단점이 있다.

- 후추(PEPPER) : 대표적인 향신료로서 후춧가루보다 통후추가, 흰 후추에 비해 검정 후추가 매운맛이 더 강하다. 고기나 생선의 역한 냄새를 제거해준다. 미각을 자극하여 식욕을 증진시키는 효과가 있다.

| 삼색후추혼합

- 바닐라(VANILLA) : 열매에서 향을 추출하여 가루나 시럽으로 만들어 쓰는 향료이다. 케이크, 생크림, 아이스크림, 음료 등에 널리 사용된다.

- 코리앤더(CORIANDER) : 파슬리과의 식물로 대다수의 음식이나 제과에 다양하게 쓰인다. 해독작용이 있어서 약재로도 많이 쓰였다.

| 코리앤더

- 칠리(CHILI) : 멕시코의 고춧가루로 매운맛이 아주 강하다. 말린 칠리 가루로 만들어 매운 향미를 낼 때 소량 첨가한다.

- 강황(TURMERIC) : 생강과에 속하는 노란색 향신료이다. 주로 방향제, 착색제로 조리에 사용되는 범위가 넓다. 커리의 맛과 색을 내는 주요 성분이다.

| 칠리페퍼

- 카다멈(CARDAMOM) : 인도의 대표 정통 향신료로 커리와 필라프 등에 빠짐없이 들어간다. 맛은 레몬과 비슷하며 커피의 맛을 돋우거나 제빵에 쓰인다.

고수	레몬그라스	마살라
심황	팔각	회향
올스파이스	커민	아지웨인
터머릭	적후추	발사믹

2. 차

- 차나무에서 딴 찻잎으로 만든 것을 말한다.
- 식사 중(전, 후) 또는 여가 시에 즐겨 마시는 기호음료를 말한다.

차나무의 원산지인 중국은 오래전부터 차를 마시기 시작하였고, 매 식사 시마다 차를 따라 마시는 생활이 음식문화의 한 공간으로 자리 잡고 있다. 차나무는 중국의 서남부 지방인 운귀고원(云貴高原)과 서상판납(西雙版納) 지역에서 처음 발견되었고, 처음에는 약용으로 쓰였다가 차차 기호식품화가 되었다. 차는 당나라 시대부터 즐겨 마시는 음료의 기능을 하게 되었는데, 각 소수민들에게 전해지면서 없어서는 안 될 필수품이 되었다. 이때부터 차는 사람들의 건강과 치료뿐만 아니라 미용과 음료로써 오늘날까지 내려오고 있다.

우리나라에서는 선덕여왕(632~647)때 차를 마시기 시작했다는 기록이 《삼국사기》를 통해 엿볼 수 있지만, 홍덕왕(828) 때에 당나라로 간 사신이 왕명으로 차 종자를 가지고 와서 지리산에 심었다고 한다. 자생설과 외래설이 있지만 그때부터 본격적인 종자의 파종이 이루어 졌음을 알 수 있다. 또한, 고구려의 생활에서도 차 문화가 있었음을 고구려의 벽화에서 엿볼 수 있다.

유럽에서 처음 차를 마시게 된 나라는 네덜란드였다. 유럽의 여러 나라 중 처음으로 항로를 개척하기 시작한 나라가 포르투칼이며, 그 당시의 처음의 교역 상품으로는 차는 들어 가지 않았고, 향신료와 실크가 주를 이루었는데, 1602년에 설립된 네덜란드의 동인도회사가 차를 교역품으로 취급하고서야 차가 알려지게 되었다. 1610년 무렵 중국과 일본으로부터 차를 수입해 오던 동인도회사는 오랜 시간의 운송과 적도 부근을 지나면서 온도의 변화롤 싣고 오던 녹차가 붉게 변하여 버렸다. 처음 실을 때의 모습과 달라진 녹차는 발효되어 홍차가 되어버렸고, 이후 18세기 후반의 중

국에서는 영국의 영향으로 반 발효차를 개발하게 되었는데, 유명한 우롱차가 탄생되었다.

중국에서는 실용차 위주의 차 문화이며, 일본은 격식을 중요시하는 다도를, 우리나라에서는 다예라 하여 예법을 중요시하는 문화이다. 우리나라에서의 차는 쓰는 장소와 때에 따라 호칭이 달라지는데 '다'로 읽는 경우와 '차'로 읽는 경우가 있으며, '다'와 '차' 두 가지로 모두 읽히는 경우도 있다. 차는 기호음료로서 잎이나 뿌리 등을 우려서 마시기도 했으며, 오곡을 볶아 우려 마시기도 하고, 나무 열매를 달여 마시기도 했다. 이처럼 차 문화는 오랜 기간 역사 속에서 질병을 치료하는 치료 음료로서, 현대에서는 건강과 사교를 위한 기호음료로서 자리매김하고 있다.

1) 찻잎의 수확 시기로 따른 분류

- 첫물차 – 곡우 이전에 차나무의 순만을 채취하여 만든 차. 차의 카테킨과 카페인 성분이 가장 많은 시기여서 최고급차에 속하며, 하얀 솜털 같은 것이 붙어 있어서 백호라고 부르기도 한다.

- 두물차 – 곡우 이후에 자란 새싹으로 만드는 차이며 여름에 수확한다. 보통 세작급의 녹차를 만드는데 사용되는데 해마다 수확하는 정도에 따라 질이 다르다. 두물차는 첫물차보다 더 자란 잎이므로 차를 제조하는 과정에서, 비교적

안정된 형태와 좋은 맛을 낼 수 있다. 두 장 정도의 잎을 가지고 있다.

- 세물차 – 잎이 단단하며 맛이 좋고 카페인 함량이 적어서 일반인들이 선호하는 상품이다. 세 장 이상의 잎을 가지고 있으며 중작급으로 분류되며 세 번째로 딴 잎이다.

- 네물차 – 수확 시기보다는 잎의 크기에 따라 대작급으로 분류되며, 찻잎이 크고 질기므로 말려서 분쇄하거나 넣고 끓여서 주로 사용한다. 카페인의 양이 매우 적으며 고소하다.

2) 발효 정도를 기준으로 한 분류

- 녹차(綠茶 : Green tea) – 녹색인 차. 건조되어 말랐지만 산화되지 않아 신선한 차. 일본과 한국에서 주로 애용 되는 차. 녹차는 첫물부터 마신다.

- 반발효차 – 10~70% 정도 산화된 차. 청색 또는 청녹색을 띤다. 우롱차(Oolong) 또는 청차라고도 한다. 한국 녹차를 발효시킨 황차가 이에 속한다.

- 발효차 – 80% 이상 발효되어 검은빛이 도는 차. 차를 우리면 찻물 색은 붉은빛 또는 적황금색을 띤다. 중국의 명차이며 건강에 좋은 차로 알려져 있으며 부자들이 즐겨 마신다. 홍차(Black tea)가 이에 속한다. 영국은 홍차와 우유를 섞는 밀크티를 주로 마신다. 흑차(黑茶)를 보이차라고 하며, 오랜 시간 발효를 시켜 끓여서 먹는 차이며, 긴 시간을 거쳐 오래 발효시킨 차가 상급이다. 발효차는 첫 탕은 버리고 마신다.

| 보이차

| 보이차 티백

3) 가공 상태를 기준으로 한 분류

- 부조차 : 차를 따서 말린 다음 자연 건조시켜 솥에 덖는 차를 말한다. 찻잎을 덖는 정도에 따라 차의 맛과 향이 달라진다.

- 증제차 : 찻잎을 따서 한 번을 쪄서 덖은차를 말한다. 찻잎을 수증기로 찌는 정도에 따라서 빛깔과 맛과 향이 달라진다. 찌는 법에는 시루에 찌는 법, 볶아서 찌는 법, 데쳐서 찌는 법 등 찌는 방법이 다양하다. 일본에서는 증제차를 가공할 때 대부분 수증기에 쪄서 색을 더 파랗게 하며 차를 우려낸 물 역시 좀 더 푸르고 싱싱하게 보이게 한다.

- 발효차 : 찻잎을 여러 가지 방법으로 발효시켜 만드는 차이며, 찻잎의 발효 시점과 발효 정도에 따라서 빛깔과 향기가 달라진다. 차를 덖기 전에 발효시키는 것과 덖은 후에 발효시키는 방법이 있다.

- 떡차/병다 : 찻잎을 짓이기거나 압축시켜서 떡이나 벽돌 모양의 덩어리 차를 만든다. 동전 모양의 돈차 역시 이에 해당되며, 발효차의 짓이긴 상태에 따라서 상품 등급이 달라지며, 시간에 따라 맛이 변하게 된다. 이는 덩어리 내부에서도 계속적인 발효가 진행되기 때문이며, 오래될수록 가치가 올라가는 장점이 있어 유통기한과는 무관하다고 볼 수 있다.

- 가루차/말차 : 전통적인 방법으로 당나라, 송나라 때 마시던 녹차병차이며, 행다법의 일부이다. 병차를 갈아서 마시는 전통적인 방법과 미리 갈아 놓은 잎차를 마시는 방법 두 가지가 존재한다.

- 분쇄차 : 가공 중에 부서진 차를 모아서 분쇄해서 마시는 방법이 있는데, 현재에는 이 방법이 차를 우리기에 더 좋다고 여겨 저급의 찻잎을 모아 일반용으로 제작하기도 한다. 근래에는 고급차를 일부러 분쇄하여 티백에 넣어 비싼 값에 팔기도 한다.

4) 차 쉽게 마시는 법

차를 마실 때는 즐긴다는 생각을 하고 잡념을 버린다. 물은 알칼리수를 사용하며, 맑은 돌틈에서 솟아난 석간수를 최고로 치고, 일반 지하수나 생수, 수돗물은 하룻밤 재웠다가 쓰면 불순물이 가라앉아서 차를 끓여 마시기에 좋은 상태가 된다. 차의 종류에 따라 어떻게 마실지를 미리 생각해 두고, 발효차인지 가루차인지 일반 증제차인지 구분을 지어 놓는다. 온도 80~90도 정도의 물을 사용하되, 물을 팔팔 끓여서 다구들을 정리하고 데워 놓는다. 한 사람당 2~3g의 분량으로 제조하며, 뜨거운 물을 바로 넣으면 떫은맛을 내는 탄닌

| 장미차

| 쟈스민차

성분이 빠른 시간에 빨리 추출되어 나오기 때문에 좋지 않다. 첫물은 보통 10~20초 사이에 우러나온다고 본다. 찻잎이 같이 따라 나올 수 있기에 거름망을 이용한다. 찻잔은 왼손으로 받치고 오른손으로 왼손을 살며시 감싸고 마시며, 후루룩하는 소리가 나면 안 된다. 천천히 향을 음미하면서 조용히 마신다. 다구에는 차를 우리는 다관이 있고, 뜨거운 물을 식히거나 우려낸 차를 덜어 놓는 숙우, 개인별로 마시는 찻잔이 있으며 찻잔을 씻어내는 퇴수기가 있다.

5) 차가 사람에게 미치는 영향

- 차의 암 발생 억제 효과가 있다
- 식중독 예방 효과가 있다.
- 혈압 상승 억제 효과가 있다.
- 구강 질환 및 구취 제거, 예방 효과가 있다.
- 중추신경을 자극하여, 위액 분비 촉진과 이뇨작용 등이 있다.

- 콜레스테롤 수치를 저하하는 효과가 있다.
- 노화 억제 및 다이어트에 효과가 있다.
- 중금속 제거와 당뇨 억제 효과가 있다.

3. 커피

커피나무는 꼭두서니과에 속하는 쌍떡잎식물이며, 열대산 상록관목이다. 그 열매를 가공하여 기호식품으로 사용한다. 커피나무가 잘 자라고 커피 열매, 즉 체리가 많이 생산되는 좋은 지리적 여건은 남, 북위 23.5도의 커피 벨트 내에 속해야 하며, 연간 온도는 15~30°C이어야 한다. 연간 강수량이 평균 1500mm 이상이어야 하며, 배수가 잘되고 화산재가 퇴적한 알칼리 토양이 적합하다. 바람이 적고 습도가 높지 않으며, 온도는 서

| 커피나무

늘한 곳이 최적이다. 커피나무를 식재하기에는 비탈진 곳이 좋으며, 강한 햇볕을 피해 큰 나무 아래에 심는 것이 좋다. 묘목을 심은 후 2년부터 열매를 맺으며 수확할 수 있으며, 15년까지 수확할 수 있다. 커피는 건조 방법에 따라 자연 건조법, 습식법, 건식법이 있다.

① 자연 건조(Natural Coffee) : 햇볕에 2~3주 말리는 방법.

　　　　　　　　　　　　물이 부족한 지역에서 건조하는 방식

　　　　　　　　　　　　바디가 좋고 단맛 풍부, 신맛이 약하다.

　　　　　　　　　　　　가공비가 적게 들지만, 해충의 피해가 있다.

② 습식법(Fully-Washed) : 바디가 약하고 신맛이 강하며 품질은 고르고 우수함.

　　　　　　　　　　　　공정이 까다롭고 물을 이용하기 쉬운 지역에서 사용.

　　　　　　　　　　　　위생적이지만 비용이 많이 든다.

③ 건식법(Semi-Washed) : 세척을 하고난 후 통에서 발효시켜 과육 분리 후 건조

　　　　　　　　　　　　시키는 방법

커피의 (어원)

에티오피아 커피나무가 야생으로 자라고 있는 곳의 지명인 'Kaffa'는 아랍어로 '힘'을 뜻하며, 힘과 정열을 뜻하는 희랍어 'kaweh'로 통한다.

영국에서는 '아라비아의 와인(the wine of arabia)'으로 불리며, Coffee란 말이 영국에서 제일 먼저 사용되었다.

아라비아	Qahwa-아랍어	독어	kaffee
유럽	cafe	그리스	kafeo
폴란드	kawa	페르시아	qehve
영어	coffee	터키	kahveh
네덜란드	koffie	체코슬로바키아	Kava

1) 커피 이야기

에티오피아에서 시작된 커피 이야기는 에티오피아 고원 아비시니아의 양치는 소년 칼디의 이야기와 아라비아의 수도사 세크오마르의 전설을 안고 있다. 커피는 수도승의 잠을 깨우는 신비의 열매로써 널리 알려지게 되었고, 농부들의 식사 대용인 죽이나 아랍의 만병 통치약으로써의 기능을 하였다.

9세기 무렵 아라비아 반도에 전해져 처음 재배되었는데, 이후 이집트와 시리아, 터키로 전해 졌다고 한다.

터키에 도착한 커피는 커피콩을 말리고 볶은 후 분쇄하여 끓여 마시게 되었는데,

지금의 터키식 커피가 그것이다.

12~13세기경 이슬람권에 침입한 유럽군들에 의해 커피가 알려지면서, 유럽인들이 커피를 마시기 시작하였다. 처음엔 이교도의 음료라 하여 기독교에서 배척하였지만 로마 황실에서 커피를 인정함으로써 이슬람권의 커피를 허용하게 되었다. 이리하여 유럽 전역으로 퍼진 커피는 유럽인들의 커피 농장 방문과 사업으로 이어졌다.

아랍인들의 커피의 외부 유출을 막기 위하여 유럽인들의 커피 농장 방문을 엄격히 제어했으나, 후에 메카로 향하는 순례자들에 의해서 커피가 유출되었다. 이로 인해 네덜란드와 유럽 등지로 커피가 급속히 퍼져나가기 시작하였으며, 커피 시장이 활성하게 되었고 커피에 관련된 회사와 무역이 급성장하게 되었다.

2) 한국의 커피

인류가 커피를 사랑하기 시작한 것은 약 6~7세기경으로 추정되며, 에티오피아, 예멘, 브라질, 인도, 유럽 등 여러 단계를 거쳐 미국이란 나라에 들어오면서, 커피 최대 소비국인 미국은 경제 대국답게 커피 개발을 하기 시작하였다. 액기스를 추

| 미국 스타벅스 1호점(씨애틀)

출하여 분사하는 방식인 인스턴트커피와 커피와 프림, 설탕을 종합적으로 가공한 일회용 커피를 개발하기도 했다. 30ml의 에스프레소를 뜨거운 물과 함께 섞어 마셔 아메리카노를 유행시키기도 했다. 우리나라는 약 100여 년 전에 고종황제가 아관파천 당시 커피를 처음 마셨다는 기록이 있으며, 우리나라 최초의 호텔인 손탁호텔에서 커피가 처음 소개되었다고 한다. 그러나 일반인들에게 커피는 일제강점기의 다방 문화와 6·25전쟁을 거치면서 미군 부대를 통해 커피가 흘러나오면서 대중화되기 시작하였다. 커피가 사업으로서 성장할 수 있는 계기가 된 것은 86아시안게임과 88

올림픽을 통하여 외국인들의 방문이 잦아지고, 내국인들의 외국여행이 자율화가 되면서 여러종의 커피 및 다양한 문물을 접하면서부터이다. 이때부터 커피 전문점이 성행하게 되었고, 우리나라 커피 프랜차이즈점 1호는 1999년 이화여대 앞의 미국 시애틀에 본사를 둔 스타벅스 1호점이다.

3) 커피의 분류

커피는 보통 2개의 타원형의 bean이 서로 마주보고 있으며, 마주보는 면이 평평하여 Flat bean이라고 한다. 커피의 분류는 재배 고도에 의한 분류와 원두 크기에 의한 분류, 크기에 의한 분류, 결점두의 수에 따라 분류되며 등급이 매겨진다. 이는 커피의 등급을 매기는데 중요한 부분을 차지한다.

일반적으로 스크린은 커피콩 100g을 다양한 크기의 망에 통과시켜 콩의 크기에 따라 등급을 매긴다. 거름망에 통과시킨 콩은 1등급에서 9등

| 유럽 국제 시험잔

급까지 분류되는데, 커피콩의 사이즈가 클수록 더 고급이며, 등급도 높고 가격도 비싸다.

(Large Bean 〉 Bold to Large Bean 〉 Bold Bean 〉 Gold to Bold Bean 〉 Good Bean 〉 Medium to Good Bean 〉 Medium Bean 〉 Small to Medium Bean 〉 Small Bean)

또한, 생산 고도에 의한 등급을 매기는 나라들이 있는데 밤, 낮의 기온차가 큰 고지대 일수록 커피 열매가 더 단단하고, 신맛이 많으며, 향이 뛰어나 커피의 품질을 더 높게 평가한다. 해발 1,500m 이상에서 재배된 커피콩을 SHG(Strictly High

Grown), SHB(Strictly Hard Bean)이라고 하고, 해발 1,000m 이상에서 재배된 콩을 HG 또는 HB라고 부른다.

미국의 스페셜티협회(SCAA)에서는 결점 두수와 크기와 커핑 테스트를 통하여 맛과 향기까지 평가하여 등급을 책정한다. 대부분 등급을 정할 때 평가 이하의 커피는 제거한다.

[아라비카와 로부스타]

	아라비카	로부스타
원산지	에티오피아	콩고
재배고도	700~2000m	200~800m
성장조건	병충해에 약하다.	병충해에 강하다.
기온	12~24˚C	24~30˚C
평균 강수량	1.500~2,000mm	2,000~3,000mm
주요 생산국가	브라질, 콜럼비아, 에디오피아, 케냐, 탄자니아 등	베트남 인도네시아, 인도 등

| 피베리

- 특이한 콩 피베리(peaberry) 원래 커피콩은 한 개의 체리에서 두 개의 빈이 정상인데 1개 또는 3개인 경우가 있다. 1개인 경우를 피베리라고 하며, 3개인 경우를 트라이앵글러(Triangler)라고 한다. 이는 성장 과정에서 영양분의 공급을 받지 못했다든지 제대로 자라지 못한 상태이다. 피베리는 적은 양이 산출되기 때문에 비싼 가격에 판매된다. 또한, 카라콜리로라고 부르기도 한다.

커피의 보관 방법(생두 기준)

* 자연 건조 : 10년 보관 사용 가능

* 수세식 건조 : 3~4년 보관

* 생산지의 저장창고에 있는 그린빈의 상태 : 12개월 이하

* 볶은 커피 Ball 체크벨브가 있는 밀폐용기 : 약 1년

* 질소 충전된 볶은 커피 : 약 24 개월

* 볶은 커피의 산화를 최대한 억제하기 위한 기피해야 할 요인 : 빛, 산소, 습기

4) 세계 3대 커피

① 블루마운틴 커피

해발 2500m가 넘는 자메이카 섬 동쪽에 있는 산 이름의 블루마운틴은 카리브 해가 내려다보이는 산 중턱에서 커피가 생산된다. 영국의 식민지 때 왕실의 커피로 선정되어, 왕실에서 관리한 커피로 유명하며, 최고의 향과 품질을 자랑하며 커피의 황제라고 불린다.

② 하와이 코나 커피

에티오피아의 아라비카종이지만, 해발4000m
이상인 마우나케아 산과 마우나로아 산이 화산섬
이어서 재배의 최고 조건을 갖추고 있어서 특유
의 풍부한 맛과 향을 낸다. 커피 등급을 스크린
사이즈로 구별하며 19 이상인 것을 엑스트라펜시
라고 한다.

| 하와이 코나커피

③ 예멘 모카 마타리

세계 최초의 아라비카 커피가 경작된 예멘은 향이 짙고 흙냄새와 다크 초코 향이 강안 최고급 커피 모카로 유명하다. 분쇄할 때 향은 더욱 강해지며, 기품 있고 정교

하며 적당한 산도의 균형 있는 커피이다. 예멘 모카, 모카 마타리, 모카 히라지, 사나니가 있는데 그중 모카 마타리가 특유의 쓴맛과 떫은맛, 신맛으로 으뜸이다. 커피의 여왕으로 불린다.

5) 커피 추출 기구

맛있는 커피를 마시기 위한 노력은 꾸준히 연구되고 있으며, 커피 추출 기구로는 이브릭, 핸드드립, 모카포트, 사이폰, 프렌치프레스, 커피메이커, 더치, 머신 등이 있고, 추출 방식에는 침출식 추출법, 순환식 추출법, 가압식 추출법 등이 있다.

| 더치커피

| 커피 추출 기구

에스프레소

이탈리아어로 '빠르다'란 의미의 Espresso는 증기압을 이용한 커피 머신이 개발됨으로 인해 일반인들에게 소개되었다. 터키식 커피의 끓이는 차와는 다른 커피의 성분 중 좋은 맛성분만을 추출하여, 오감을 자극하게 되었다. 짧은 시간에 추출된 에스프레소는 3~4mm의 크레마를 가지고 있으며, 쓴맛과 신맛이 있지만 초콜릿의 달콤한 맛을 함께 느끼며, 유럽과 미국 아시아의 전 세계인의 입맛을 사로잡았다. 이에 커피를 접한 사람들은 조금 더 맛있는 커피를 개발하기에 앞장서고 있으며, 산지의 재배에서 유통, 가공 과정, 소비자에게 이르는 모든 과정을 소개하며 계속적으로 발전하고 있다.

6) 맛있게 즐기는 커피 메뉴

① 에스프레소

14g커피 커피원두를 갈아서 25~30ml의 양으로 원액을 추출하여, 에스프레소 잔(Demitasse)에 제공하며, 마시고 난 후의 입안의 향과 느낌을 즐기는 커피이다.

에스프레소 추출량에 따른 명칭

- Espresso Solo – 에스프레소 1잔 (20~30ml)
- Espresso Double – 에스프레소 2잔이며, 2샷이라고 한다.(40~60ml)
- Doppio – 더블과 같은 뜻. 진한 커피를 원할 때 쓰는 말.(40~60ml)
- Lungo – 에스프레소 1 샷 레귤러 잔에 맞추어 양을 많이 뽑아내는 것.
  1샷에 뜨거운 물을 부어 마심.(75~95ml)(아메리카노)
- Ristretto – 강한 샷. 보통 에스프레소보다 적은 양(15~20ml)

② 아메리카노

이탈리아의 에스프레소에 미국인들의 커피처럼 즐기는 메뉴이다.

에스프레소에 뜨거운 물을 넣고 옅게 희석하여 마시는 커피를 말하며, 150~180ml의 양으로 큰 머그잔으로 나가며, 에스프레소 양에 따라 농도를 조절할 수 있다.

| 아메리카노

③ 카페라떼

300~360ml의 량으로 에스프레소(Caffe) 1잔과 약 60도로 데워진 우유(Latte)를 결합한 메뉴이며, 주로 아침에 식사 대용으로도 많이 마시며, 부드럽고 고소한 맛이 특징이다. 라떼는 개인의 기호에 따라 커피의 양을 가감할 수 있고, 설탕뿐아니라 각종 향 시럽을 첨가할 수 있다. 거품의 유무는 상관이 없고 취향에 따라 마실 수 있다.

| 라떼아트

④ 카푸치노

카페라떼와는 다르게 거품이 중요시되는 메뉴이다. 같은 재료를 쓰지만, 거품의 양이 커피의 표면에 1cm 이상 덮여 있어야 잘된 카푸치노라 할 수 있다. 150~180ml의 잔을 사용하며, 아래는 좁고 위는 넓은 잔이라야 한다. 우유 스티밍을 하고 난 뒤 우유와 거품이 잘 섞이게 흔들어 줘야 하며 잘된 카푸치노에 개인의 기호에 따라 시나몬이나 초콜릿가루를 뿌려서 즐길 수 있다.

⑤ 카페모카

에스프레소와 우유, 초콜릿과 휘핑 크림으로 구성된 고소하며 달콤한 부드러운 맛의 메뉴이다. 잔 바닥에 액상 초콜릿 15~20ml를 붓고, 그 위에 에스프레소를 추출한 다음 스푼으로 잘 저어준 뒤 우유로 잔의 80%까지 채운다. 초콜릿시럽이나 가루로 장식을 하기도 한다.

⑥ 카페 비엔나

아메리카노 위에 휘핑 크림을 올리는 메뉴로 휘핑 크림을 먼저 먹고, 나중에 커피를 마신다. 커피 맛이 더 쓰게 느껴질 수 있으므로 커피에 미리 설탕이나 시럽을 넣어서 잘 저어준다. 크림은 잔의 벽쪽에서부터 원을 그리며 윗면을 채우고, 땅콩이나 아몬드로 장식하고, 기호에 따라 여러 가지 장식을 할 수 있다.

참고 : 올 어바웃 에스프레소, 이승훈, 2010, 서울꼬뮨

7) 커피에 대하여

요즈음 주변을 돌아보면 많은 커피집들이 보인다. 커피 열풍을 타고 쉽게 접근한 사람들은 커피가 좋다는 이유로 사업을 시작하기도 한다. 적은 자본으로 손쉽게 열 수 있기 때문이겠지만, 어떠한 커피를 어떠한 형태로 소비자에게 전달할 것이며, 어떠한 방법으로 접근을 할 것인지, 가격을 얼마를 받을 것인지를 정확히 계획하여 주요 타깃을 선정한 후, 사업에 임할 수 있어야 하겠다. 마케팅 용어로 보면 7P는 아니더라도 4P는 제대로 알고 시작해야 할 것이다.

7P : 마케팅 믹스 요소로서 Product(제품), Price(가격), Place(장소), Promotion(촉진), Process(프로세스), Physical Evidence(내외부 환경), People(사람들)

4P : Product(제품), Place(장소), Promotion(촉진), Price(가격)

하루아침에 오픈했다가 석 달이 지나면 없어지는 커피 전문점이 많이 있으며, 대형 프랜차이즈점들의 공격적인 마케팅에 대적할 준비가 되지 않은 상태에서 창업을 한다는 것은 정글에 홀로 남은 것과 같은 상황이 된다. 작지만 큰 시장임에 틀림이 없기에 좀 더 체계적인 연구가 필요하다고 본다.

우리가 흔히 음식문화에 관한 식생활을 논할 때, 음료가 차지하고 있는 부분은 극

히 열악하고 미비하다. 우리의 음식문화는 중량적으로 볼 때 무거운 식사 위주의 식문화에, 너무 치우쳐 있는 것이 현실이다. 가벼운 음료지만, 인류의 치료 약에서 기호 음료로써 발전해온 커피가 소비자 개개인의 기호에 맞는 맞춤형 커피를 마심으로 질 높은 문화를 형성할 수 있고, 사교의 꽃을 피울 수 있는 연회 음료로써 발전할 수 있으리라 본다.

커피는 가격 면에서도 음식에 뒤지지 않는 비중 있는 음료이며, 매출을 극대화할 수 있는 장점이 있다. 커피를 다시 바라보며, 우리 문화에 깊숙이 자리 잡은 커피를 조금 더 즐기며 사랑할 수 있게 되길 고대하며, 어떻게 접근할 것인가를 생각하고, 연구할 필요가 있겠다.

[우리나라의 커피 전문점 현황]

참고문헌

----

1. 《전쟁이 요리한 음식의 역사》. 시대의 창. 도현신 저.

2. 《음식으로 찾아가는 47개국 문화여행》. 자작나무. 원융희 저.

3. 《함께 떠나는 세계 식문화》. 백산출판사. 유한나 · 계수경 · 김효연 · 김진숙 저.

4. 《새롭게 쓴 세계의 음식문화》. 교문사. 구성자 · 김희선 저.

5. 《세계의 식문화와 식공간》. 교문사. 황규선 · 한명애 · 강희정 · 한인경 · 김상순 · 박현주 · 최향숙 · 원명숙 저

6. 《문화와 식생활》. 효일. 김혜영 · 조은자 · 한영숙 · 김지영 · 표영희 저.

7. 《조선왕조 궁중음식》. 사단법인 궁중음식연구원. 황혜성 · 한복려 · 정길자 저.

[저자 소개]

정정희   연성대학교 호텔외식조리과 겸임교수
정수근   서정대학교 호텔조리과 교수
권오천   경남도립 남해대학 호텔조리제빵과 교수
한재원   정화예술대학교 외식산업학부 교수
이상민   서울호서전문학교 호텔조리제과제빵계열 교수
조미정   서울호서전문학교 호텔조리제과제빵계열 교수

흥미롭고 다양한
세계의 음식문화

2018년 3월 7일 1판 1쇄 발행
2021년 2월 26일 1판 2쇄 발행

지은이 : 정정희 · 정수근 · 권오천
　　　　한재원 · 이상민 · 조미정
펴낸이 : 박정태

펴낸곳 : **광　문　각**

10881
파주시 파주출판문화도시 광인사길 161
광문각 빌딩
등　　록 : 1991. 5. 31 제12-484호
전화(代) : 031)955-8787
팩　　스 : 031)955-3730
E-mail : kwangmk7@hanmail.net
홈페이지 : www.kwangmoonkag.co.kr

ISBN : 978-89-7093-883-7　　93590

정가 : 29,000원

한국과학기술출판협회회원